Introduction To Business Automation
With Excel VBA

できるビジネスパーソンのための
Excel VBAの仕事術
Excel業務の自動化を基礎から学ぶ

西沢 夢路
Yumeji Nishizawa

SB Creative

■本書中のシステム・製品名および会社名は、一般に各社の登録商標または
は商標です。
■本書では、TM、®マークは明記していません。

©2016　本書の内容は、著作権法上の保護を受けています。
　　　　著作権者、出版権者の文書による許諾を得ずに、本書の内容の一部、あるいは全部を
　　　　無断で複写・複製・転載することは禁じられております。

はじめに

　本書の目的は、読者のみなさんがVBAを使って「効率よくExcelの処理ができるようになる」ことです。Excelのワークシート関数や基本操作ができれば、ある程度の仕事はこなせるはずです。しかし「同じ処理の繰り返し」、「複雑な工程の定型業務」、「Excel以外のソフトとの連携」などの処理は、VBAを使えば驚くほど効率化が図れ、またミスも少なくなります。

　たとえば「A001.xlsx、A002.xlsx・・・A100.xlsxという名前の100個のブックを作って、データを順に貼り付ける」　こんな処理が必要になったらどうしますか。もしVBAを使わなければ、同じような操作をひたすら繰り返すことになるでしょう。しかしVBAだったら、たった数行のプログラムを作って実行するだけです。

　本書は、「Excelの基本処理はできるがVBAを利用したことがない」、「早急に、VBAで業務処理を行う必要がある」、「業務で役立つことが前提、とにかくVBAが使えるようになりたい」という方々には特に適していると思います。

　業務でよく使われるサンプルを用意し、業務で応用できる技術とコツを解説していきます。VBAの理屈もサンプルの処理を例にして解説します。解説の密度を上げますが、わかりやすく説明することを意識して執筆しました。

　Excelは、さまざまなジャンルの仕事に対応できる強力なツールです。しかしVBAを使わないExcelは、その能力の半分以上を無駄にしているといっても過言ではないでしょう。本書の解説に無駄はないはずです。どうぞ本書でExcelVBAを学び、「Excelで何にでも対応できる人」へのレベルアップを目指してください。

2016年8月

西沢夢路

目 次

CONTENTS

CHAPTER 01
VBAを体験してみる

01 VBAとは 002

02 VBAを学ぶ前の準備 003

03 VBEでプログラムを記述する 004
- 手順解説01 VBEを起動して標準モジュールを挿入する 004
- 手順解説02 日時を表示するプログラムを記述する 005
  - ポイント01　VBEとは 006
  - ポイント02　プロシージャとは 006
  - ポイント03　途中で改行するときは 007
  - ポイント04　インデントを入れよう 007

04 プログラムの実行と保存 008
- 手順解説01 「日時表示」のプログラムを実行する 008
  - ポイント01　もしエラーが発生したら 008
  - ポイント02　関数って何だろう？　－MsgBoxとNow－ 010
  - ポイント03　Excelの画面からマクロを実行する 010
  - ポイント04　VBEの終了 011
  - ポイント05　マクロの保存 012

05 ショートカットキーや図形にプログラムを登録する 013
- 手順解説01 画像のクリックで日時を表示する 013
  - ポイント01　文字列の扱い 014
  - ポイント02　「定数」って何？ 014
- 手順解説02 ショートカットキーでマクロが実行できるようにする 015
  - ポイント01　ショートカットキーを増やすテクニック 016

06 ユーザーにデータを入力させて処理する 017
- 例01 ユーザーに入力させた日数後の日時を表示する 017
  - ポイント01　InputBoxの働き、「=」の意味 017
  - ポイント02　変数とは 018
  - ポイント03　MsgBoxの引数 018
  - ポイント04　InputBoxの(　)にこだわる 018

- 例02 「価格」と「割引率(%)」から販売価格を計算する 019
  - ポイント01　サンプルプログラムでやっていること 020
  - ポイント02　演算・演算子とは 020
    - Tips01　ユーザーが入力した名前に「こんにちは」と「さん」を付けて表示 021

iv

目　次

Tips02　鶴亀算 021

CHAPTER 02
オブジェクト、プロパティ、メソッド

01　オブジェクトとコレクション 024
例 01　セル範囲にいっきにデータを入力する 024
ポイント01　オブジェクトとは 024
例 02　合計の数式を入力して計算する 025
ポイント01　文字列や数式を入力するには 026
ポイント02　コレクションとは 026
ポイント03　1つのWorksheetオブジェクトを指定する 026

02　プロパティ 028
例 01　B列〜I列の幅を半角5文字ぶんにして、現在のセルの高さを表示する 028
ポイント01　プロパティとは 028
ポイント02　オブジェクトを指定する方法 029
ポイント03　オブジェクトの階層構造とApplicationオブジェクト 029
例 02　セル「A11」のデータをセル範囲B3:F8にコピーする 030
ポイント01　Valueプロパティの省略 031
例 03　表のタイトル行を緑色で塗りつぶす 031
ポイント01　セルの背景色を設定する 032
ポイント02　Colorプロパティで設定する値 032
Tips01　RGB関数で色を指定する 033

03　メソッド 034
例 01　パソコンに文章を読み上げさせた後、メッセージを表示する 034
ポイント01　SpeechオブジェクトのSpeakメソッド 034
ポイント02　メソッドの引数を指定する方法 035
例 02　ワークシートのデータを音声で読み上げる 036
ポイント01　RangeオブジェクトのSpeakメソッド 037
Tips01　Clearメソッド 037
Tips02　ClearContentsメソッド 037
Tips03　ClearFormatsメソッド 037
Tips04　PrintOutメソッド 038
Tips05　Activateメソッド 038

CHAPTER 03
繰り返し処理と条件分岐

01　繰り返し1：For 〜 Nextステートメント 040
例 01　1、2、3…10の連番を入力する 040
ポイント01　Cellsプロパティの使い方 040
ポイント02　For 〜 Nextで処理を繰り返す 041
Tips01　増加値を負の値にする 042

v

目 次

Tips02	セル範囲A1:J1に1〜10の値を入力する	042
Tips03	掛け算九九表を作る	042

02 条件分岐1：If〜Thenステートメント 044

例01 成績ごとに異なるメッセージを表示する 044
　ポイント01　条件分岐の方法 044
　ポイント02　比較演算子 045
　　Tips01　セル範囲C2:C11の空白セルに「値なし」と入力して黄色にする 045
例02 「はい」と「いいえ」の質問を二重に組み合わせる 047
　ポイント01　Ifのネスト 047
　ポイント02　MsgBoxで「はい」と「いいえ」を表示 048

03 条件分岐2：Select〜Caseステートメント 049

例01 入力されている文字列ごとに色を分けて塗りつぶす 049
　ポイント01　Select〜Caseステートメント 049
　　Tips01　値の大小で分岐 050
　　Tips02　If〜ElseIfステートメント 051

04 繰り返し2：Do〜Loop Untilステートメント 053

例01 メールアドレスに@が入っていないと永遠に受け付けない 053
　ポイント01　Do〜Loop Untilステートメント 053
　ポイント02　InStr関数 054
　ポイント03　ダイアログボックスのタイトルに任意の文字列を表示 054
　　Tips01　Do〜Loop Whileステートメント 055
例02 B列とC列の値の積をD列に入力、これを空白になるまで繰り返す 055
　ポイント01　Do Until〜Loopステートメント 056
　　Tips01　Do While〜Loopステートメント 056

05 同じオブジェクトを何度も記述しない方法 057

例01 「フォントをHG正楷書体-PRO」「サイズを8」「色を青」を一度に設定する ... 057
　ポイント01　同一のオブジェクトに対する複数の処理を記述 057
　ポイント02　Fontオブジェクト 058
　ポイント03　オブジェクト変数とSetステートメント 058
　　Tips01　Withステートメントをネストさせる 059

06 オブジェクトに対する連続処理：For Each〜Nextステートメント ... 060

例01 すべてのワークシートの名前をセル「A1」に入力する 060
　ポイント01　For Each〜Nextステートメント 060
　ポイント02　すべてのワークシートに対して処理 061
　　Tips01　セル範囲D5:M14の数値をすべて100倍にする 061
　　Tips02　入力されていないセルだけ黄色で塗りつぶす 062

CHAPTER 04
セル範囲を指定する

01 Rangeオブジェクトのいろいろな取得方法 064

例01 2つのセル範囲を一度に塗りつぶす 064

ポイント01	複数のセル範囲を指定する	064
ポイント02	Rangeオブジェクトを取得するさまざまな方法	065
ポイント03	[ ]を使った取得	066
例02	ユーザーがドラッグで選択した範囲を印刷する	066
ポイント01	InputBox関数とInputBoxメソッド	067

02 「そこに続いている領域」を指定する 068
例01 B3に続く範囲（アクティブセル領域）だけを印刷する 068
ポイント01 アクティブセル領域 068
ポイント02 「使われたセル領域」を指定するときは 069

03 「シフトした領域」、「サイズを変更した領域」を指定する 070
例01 アクティブセルがある行のA列からG列をセル「A15」にコピーする 070
ポイント01 Offsetプロパティ 070
ポイント02 Copyメソッド 071
例02 Resizeプロパティを使ったコピー 071
ポイント01 Resizeプロパティ 072
ポイント02 OffsetとResizeの違い 072

04 「領域の端」を指定する 073
例01 入力したデータを表の最後にコピーする 073
ポイント01 データがある最下行の1つ下を指定する 074
ポイント02 Endプロパティの使い方 074
Tips01 Endプロパティのいろいろな使い方 075

CHAPTER 05
時間にかかわる処理

01 指定した時間に実行する 078
例01 指定した時間に「人の声アラーム」を鳴らす！ 078
ポイント01 プロシージャからプロシージャを実行する 078
ポイント02 指定した時間に実行させる 079
ポイント03 アラーム音について 079

02 指定した時刻までプログラムを停止する 080
例01 カウントダウン 080
ポイント01 プログラムを停止するテクニック 080
Tips01 セル「A1」に、単純に10秒間経過時間を表示 081
Tips02 ストップウォッチ 081
Tips03 ステータスバーでカウントダウンする 083

03 時間の経過とともに図形の位置を移動させる 084
例01 アニメーションで矢印が移動して、アクティブセルを指し示す 084
ポイント01 オートシェイプの座標 085
ポイント02 アクティブセルの座標 085
ポイント03 アニメーション的に動く仕組み 085
Tips01 オートシェイプ、写真、クリップアートをそれぞれ動かす 086
Tips02 オートシェイプを挿入後、右に動かす 086

目 次

CHAPTER 06
ワークシートやブックの操作

01 ワークシートを追加する 090
例01 ワークシート「第2四半期」の後に「第3四半期」のワークシートを作る 090
ポイント01 ワークシートを追加するには 090
ポイント02 Nameプロパティ 091
ポイント03 Setを使って同じ処理をしてみると・・・ 091
Tips01 プロパティの値を別のプロパティに設定する 091

02 ワークシートの削除 092
例01 警告なしで「Sheet1」シートを削除する 092
ポイント01 ワークシートの削除 092
ポイント02 警告が出ないようにする 093
例02 使っていないワークシートを削除する 093
ポイント01 ワークシートが未入力か否かの判断 095
ポイント02 一番左のワークシートだけを残す仕組み 095

03 ワークシートをコピーする 096
例01 すべてのワークシートを同じブックにバックアップ 096
ポイント01 ワークシートのコピー 096
ポイント02 ワークシートを数える 097
ポイント03 ワークシートをバックアップする仕組み 097
Tips01 ワークシートの移動（Moveメソッド） 097

04 ワークシートの保護 098
例01 ワークシートを編集できないようにする 098
ポイント01 ワークシートの保護 098
Tips01 現在開かれている他のブックを保護する 100
Tips02 シートモジュールに記述する 100

05 存在を確認してからブックを開く 101
例01 存在している場合だけブックを開く 101
ポイント01 ブックを開くOpenメソッド 101
ポイント02 対象となるファイルの存在を確認する 102
例02 エラーを回避してブックを開く 102
ポイント01 On Error GoToステートメント 103
ポイント02 On Error GoToステートメントを使うメリット 103

06 「ファイルを開く」ダイアログボックスを使ってブックを開く 105
例01 ダイアログボックスを使って確実にブックを開く 105
ポイント01 GetOpenFilenameメソッド 105
Tips01 「キャンセル」ボタンの選択に対応する 106
Tips02 Dialogsコレクションを使う 106

07 ブックを保存する 108
例01 アクティブなブックを「日時のファイル名」でバックアップ 108

viii

目 次

ポイント01	ブックの保存	108
ポイント02	マクロを含んだブックでの注意	109
ポイント03	日時データを任意の形式で表示	109
Tips01	Saveメソッド	110

08 ブックを閉じる 111

例01	「ブックを新規作成→日時入力→警告なしで保存」の自動処理	111
ポイント01	ブックの新規作成	111
ポイント02	ブックを閉じるCloseメソッド	112
ポイント03	上書き時、処理が停止しないようにする	112

CHAPTER 07
ファイルとフォルダの操作

01 ファイルをコピーする 114

例01	Excelのブックだけを選んでコピーする	114
ポイント01	外部オブジェクトを利用するには（CreateObject関数）	114
ポイント02	CopyFileメソッド	115
Tips01	サンプルプログラムを1行で記述	116
Tips02	ファイル名を変更してコピー	116
Tips03	同名のファイルがある場合はコピーせずにメッセージを表示	116

02 ファイルを削除する 118

例01	ワイルドカードで指定したファイルを一度に削除する	118
ポイント01	ファイルを削除する方法	118
Tips01	FileSystemObjectを使わずにファイルを削除する	119

03 ファイルを移動する 120

例01	フォルダにあるすべてのファイルを移動する	120
ポイント01	ファイルを移動するMoveFileメソッド	121
Tips01	ファイルを「myごみ箱」に移動	121

04 連続的なファイルの処理 122

例01	フォルダにあるすべてのファイルの名前を表示する	122
ポイント01	フォルダにあるすべてのファイルを指定する	123
ポイント02	すべてのファイル名をつなげて出力する	123
例02	すべてのファイルの名前を変更して別のフォルダに移動する	124
ポイント01	「移動元」と「移動先」を表す文字列	124
例03	ファイルのプロパティをワークシートに入力する	125
ポイント01	パス名からFileオブジェクトを取得する	125
ポイント02	Fileオブジェクトのプロパティ	126
例04	フォルダにあるすべてのブックを開いて書き込み、上書き保存	126
ポイント01	連続的にすべてのブックを開いて編集、保存する流れ	127
ポイント02	Excelのブック以外を処理しないようにする工夫	127

05 フォルダを作成する 128

例01	フォルダを100個作る！	128

ix

| ポイント01 | フォルダを作成する方法 | 128 |
| ポイント02 | folder1、folder2・・・とならないようにする工夫 | 129 |

例 02　存在しないときだけ「folder」フォルダをCドライブに作る 129
| ポイント01 | フォルダの存在を確認する方法 | 130 |
| Tips01 | Notを使ってサンプルプログラムと同じ処理をする | 130 |

06　フォルダをコピー 131

例 01　「folder」で始まるすべてのフォルダを別のフォルダにコピーする ... 131
| ポイント01 | フォルダをコピーするCopyFolderメソッド | 131 |

07　フォルダを削除する 133

例 01　フォルダの作成日が2016年以前だったら削除する 133
ポイント01	中のファイルを含めたフォルダの削除	133
ポイント02	フォルダの作成日時	134
Tips01	更新日が2016年以前のサブフォルダだけ連続削除	135
Tips02	異なるドライブへのフォルダ移動	135
Tips03	削除前に確認のメッセージを表示する	135

08　ダイアログボックスでフォルダを選択する 137

例 01　ダイアログボックスを使ってフォルダ内の全ファイルをコピーする ... 137
ポイント01	フォルダをユーザーに選択させるには	139
ポイント02	ユーザーが選択したフォルダ名を取得する	139
ポイント03	コピー先フォルダ名を取得しコピー	139
ポイント04	FileDialogとDialogはどう違うのか？	140

CHAPTER 08
イベントプロシージャ

01　イベントプロシージャを作る 142

手順解説01　ブックのイベントプロシージャを作る 142
ポイント01	イベントとは？	143
ポイント02	イベントプロシージャとモジュール	143
ポイント03	イベントプロシージャの記述方法	144

例 01　ブックを開くと10分後に自動保存して強制終了 145
ポイント01	10分後にメッセージを表示し強制終了する仕組み	146
ポイント02	myStopが実行する内容	146
Tips01	ブックを終了するとき「日時のファイル名」でバックアップ	146

02　ワークシートへの操作をきっかけに処理が始まるプログラム ... 147

手順解説01　ワークシートのイベントプロシージャを作る 147
ポイント01	Enter を押したときのアクティブセル移動	148
ポイント02	移動方向を元に戻す	149
ポイント03	ワークシートに対するイベント	149

03　セルの変化に対するイベント 150

例 01　データを修正すると、「日時」「訂正場所」「訂正後データ」を自動記録 ... 150
| ポイント01 | 変更されたセルに関するデータ | 151 |
| ポイント02 | データを最下端の下に追加して入力 | 151 |

目　次

Tips01　アニメーションで矢印が移動して、入力する行を指し示す 152

CHAPTER 09
ウィンドウを操作する

01　ウィンドウを分割する 154
例 01　ウィンドウを分割し、最下行の下をアクティブにする 154
ポイント01　ウィンドウの分割 155
ポイント02　アクティブセルが上のウィンドウにこないように 155
ポイント03　ウィンドウ分割の解除 155
Tips01　左右に分割／解除するには 155
Tips02　ウィンドウが分割していなかったら分割、分割していたら分割解除 ... 156
Tips03　クリックした位置の上で上下分割 156

02　ワークシートを並べて表示する 157
例 01　すべてのワークシートを並べて表示する 157
ポイント01　ウィンドウをワークシートの数だけ用意 158
ポイント02　すべてのワークシートが、別々のウィンドウに表示されるようにする ... 158
ポイント03　ウィンドウを並べて表示する 158

03　表示倍率の変更 159
例 01　ドラッグした領域を拡大して表示する 159
ポイント01　表示拡大率を変える 160
ポイント02　ドラッグした範囲を拡大表示 160
Tips01　拡大率を少しずつ変更し、アニメーションのように画面を拡大していく ... 160
Tips02　現在の拡大率の半分の拡大率を設定する 160

04　ワークシートの表示・非表示 161
例 01　新しく非表示のワークシートを作って、秘密の文字列を入力する 161
ポイント01　ワークシートを非表示にする 162
ポイント02　xlVeryHiddenで非表示にしたワークシートを再表示するには ... 162

CHAPTER 10
グラフを操作する

01　グラフを作成する 164
例 01　3-D棒グラフを作成する 164
ポイント01　埋め込みグラフのオブジェクトとは 164
ポイント02　埋め込みグラフを新規作成 165
ポイント03　グラフの種類を設定 166
ポイント04　グラフの元データの設定 167

02　グラフシートを作成する 168
例 01　3D縦棒グラフのグラフシートを作成する 168
ポイント01　グラフシートの作成 169
ポイント03　オブジェクトの違い・・・「埋め込みグラフ」と「グラフシート」 169

xi

目 次

03 軸の最大値／最小値、凡例、タイトルを設定する 170
　　例01　数値軸の最大値と最小値を設定する 170
　　　ポイント01　軸の最大値／最小値を設定する方法 171
　　例02　埋め込みグラフの、凡例の表示・非表示を切り替えるボタンを設定 171
　　　ポイント01　表示・非表示を切り替える仕組み 172
　　例03　グラフのタイトルを表示する 172
　　　ポイント01　タイトルの設定 173
　　　Tips01　タイトルの表示・非表示を切り替える 173
　　　Tips02　グラフシートのタイトルを表示 173

04 グラフの変化を強調する 174
　　例01　「月」ごとの変化を折れ線グラフのアニメーションで表現する 174
　　　ポイント01　グラフアニメーションの手順 175
　　　ポイント02　コピーの方法 176
　　例02　3D縦棒グラフをアニメーションでゆっくりと回転させる 176
　　　ポイント01　3Dグラフを回転させる処理 177
　　　ポイント02　ActiveChartプロパティ 177
　　　Tips01　円グラフをアニメーションで動かす！ 177

CHAPTER **11**

他のアプリケーションを操作する

01 Excel以外のアプリケーションを利用する 180
　　例01　Excelからメモ帳を起動する 180
　　　ポイント01　Shell関数 180
　　　ポイント02　Shell関数によるアプリケーションの制御は「非同期」 181
　　　ポイント03　フォーカスを持って起動 181
　　　ポイント04　フォーカスを持つって何？ 182

02 実行ファイルに引数を指定してShell関数を実行する 183
　　例01　ワークシートのURLをInternet Explorerで開く 183
　　　ポイント01　引数を指定してアプリケーションを実行する 184
　　　ポイント02　ドラッグした範囲のURLのすべてのWebページを開く 184
　　　Tips01　質問の解答によって起動するアプリケーションを切り替える 185

03 キーコードを送って制御する 186
　　例01　電卓で「20万円の3割引きはいくらか？」のパフォーマンスをする 186
　　　ポイント01　SendKeysステートメントとは 187
　　　ポイント02　送信するキーの記述方法 187
　　　ポイント03　SendKeysでうまく動作しなかったら… 188
　　　Tips01　VBEで入力中のコードをすべて選択しメモ帳に貼り付ける 188

04 Wordを操作する1 189
　　例01　ExcelからWordを起動して差し込み印刷を実行する 189
　　　ポイント01　Wordの制御開始 190
　　　ポイント02　Wordの文書を開き、ExcelからWord文書に差し込み印刷 190
　　　ポイント03　変更を保存せずにWord文書を閉じて終了する 191

05 Wordを操作する2 192

例01 Word文書のデータをワークシートに取り込む 192
　　ポイント01 Word文書における段落の数え方 193
例02 指定フォルダにあるすべてのWord文書からデータを抜き出す 193
　　ポイント01 フォルダにあるすべてのWord文書からデータを抜き出す処理 194

06 Internet Explorerを操作する 195

例01 Yahoo!で自動検索を行う 195
　　ポイント01 Internet Explorerを起動しWebページにアクセス 196
　　ポイント02 相手側の準備ができるまで待つ 196
　　ポイント03 検索窓に関するHTMLの記述 197
　　ポイント04 検索窓をどう表すのか 198
　　ポイント05 検索窓に入力するには 198
　　ポイント06 送信するには 199
　　Tips01 Yahoo! JAPANに自動ログインする 199

07 Outlookを操作する 200

例01 ワークシート上のデータを使って自動メール送信 200
　　ポイント01 Outlookの起動 201
　　ポイント02 NameSpaceオブジェクトへの参照を作成 201
　　ポイント03 新規メールの作成 202
　　ポイント04 メールアイテムに「宛先」、「件名」、「本文」を設定して送信 202
　　Tips01 「Cc」「Bcc」「添付ファイル」を設定する 203

CHAPTER **12**
ユーザーフォーム

01 コマンドボタンを使う 206

例01 印刷するだけのシンプルなユーザーフォームの作成 206
手順解説01 ユーザーフォームの作成 206
　　ポイント01 ユーザーフォームって何？ 209
　　ポイント02 ユーザーフォームを作成するには 209
手順解説02 プログラムを記述する 210
　　ポイント01 ユーザーフォームのオブジェクト 212
　　ポイント02 コントロールにはイベントプロシージャを設定 212

02 テキストボックスを使う 213

例01 ユーザーフォームに入力したデータをワークシートに挿入する ... 213
手順解説01 ラベルとテキストボックスの追加 213
手順解説02 プログラムの入力 214
　　ポイント01 最下端の下にデータを入力する仕組み 215
　　ポイント02 ラベルコントロール 215
　　ポイント03 テキストボックスコントロール 216
　　Tips01 テキストボックスのプロパティ 216
　　Tips02 未入力だと赤色、入力すると水色になるテキストボックス 217

xiii

目 次

03 スピンボタンを使う 218
例 01　年齢をスピンボタンで入力させる 218
手順解説01　ユーザーフォームにスピンボタンを追加する 218
ポイント01　スピンボタンの変更に対するイベントプロシージャ 219
ポイント02　最下端の1，2列目にデータを追加する 220
Tips01　スピンボタンのプロパティ 220

04 オプションボタンを使う 221
例 01　「性別」をオプションボタンで選択させる 221
手順解説01　オプションボタンの配置 221
ポイント01　オプションボタンの選択をワークシートに取り込む 222
ポイント02　別グループのオプションボタンを作るには（その1）............................... 223
ポイント03　別グループのオプションボタンを作るには（その2）............................... 224

05 チェックボックスを使う 225
例 01　チェックボックスで「会員」、「非会員」を選択する 225
手順解説01　チェックボックスの配置とプログラムの記述 225
ポイント01　チェックボックスの値を取得する 226
Tips01　チェックボックスで淡色表示の状態も調べる 227

06 リストボックスを使う 228
例 01　リストボックスから「職業」を選択できるようにする 228
手順解説01　リストボックスの設定方法1 228
ポイント01　リストボックスで選択した値の取得 230
ポイント02　リスト項目の追加 230
Tips01　ListIndexプロパティの利用 230
例 02　リストボックスの項目をワークシートから取得する 231
手順解説02　リストボックスの設定方法2 231
ポイント01　RowSourceプロパティで選択項目を設定する 232
Tips01　Listプロパティに配列として設定する方法 233

07 多機能なテキストボックス 234
例 01　多機能なテキストボックスを設定する 234
手順解説01　テキストボックスの作成とプログラムの記述 234
ポイント01　テキストボックスのIMEモードを指定 237
ポイント02　パスワードを非表示にする 237
ポイント03　ユーザーフォームをリセットする方法 238
Tips01　テキストボックスの主なプロパティ 238
例 02　ふりがなを自動入力する 239
手順解説02　イベントプロシージャの追加 239
ポイント01　氏名を入力すると、自動的に「ふりがな」を取得する仕組み 239
ポイント02　カタカナをひらがなにする仕組み 240
例 03　正しい入力が行われないと先に進めないユーザーフォーム 240
手順解説03　イベントプロシージャの追加 241
ポイント01　「キーワードを含むか否かをチェック」する機能 242
ポイント02　フォーカスとは 242
ポイント03　実行すると、最初のテキストボックスがアクティブに 242

目 次

CHAPTER 13
さまざまなデータ処理

01 データの抽出 244
   例 01 オートフィルタをかけてコピーする 244
      ポイント01 データの抽出方法 244
      ポイント02 抽出した状態をコピー 245
      ポイント03 オートフィルタを中止 246
        Tips01 上位10%、下位10項目を抽出する 246
        Tips02 表示されているセルだけをコピーする 247

02 データを並べ替える 248
   例 01 セル範囲A2:D12をセル「D2」の降順に並べ替える 248
      ポイント01 並べ替えるには 248
   例 02 「並べ替えの範囲」と「キー」をドラッグで選択する 249
      ポイント01 ドラッグで並べ替える 250
        Tips01 複数のキーでソートする 250
        Tips02 あえてランダムに並べ替える 251

03 検索と置換 252
   例 01 「(株)」を「株式会社」に置換する 252
      ポイント01 VBAで置換をするには 252
   例 02 A列から「松尾」の文字を含むセルを探し、該当するセルを水色にする ... 253
      ポイント01 Findメソッド 254
      ポイント02 エラー処理 254
        Tips01 Findメソッドの活用例 255
   例 03 D列に「非会員」の文字を含むレコードをシアンで塗りつぶす 255
      ポイント01 連続してFindメソッドを実行するには 255
      ポイント02 プログラムの流れ 256

04 ピボットテーブルを使う 257
   例 01 ピボットテーブルを作成する 257
      ポイント01 PivotTableWizardメソッドで新規作成 258
      ポイント02 ピボットテーブルの名前 258
      ポイント03 各フィールドの位置を設定 258
   例 02 ピボットテーブルの値を新規ワークシートにコピーする 259
      ポイント01 これは何を行うプログラムなのか？ 260
      ポイント02 ピボットテーブルの選択とコピー 261
      ポイント03 値のみの貼り付け 261
      ポイント04 ピボットテーブルを削除 262
   例 03 既存のピボットテーブル「myPiv」を更新する 262
      ポイント01 ピボットテーブルの更新 263
        Tips01 複数のピボットテーブルをすべて更新する 263
   例 04 ちょっと複雑な自動処理 263
      ポイント01 ピボットテーブルを利用した自動処理を実現する 264

XV

目 次

CHAPTER 14

ワークシート関数とオリジナル関数

01 ワークシート関数をVBAで使う 266

例 01 「アルファ」の文字列がいくつあるかを調べる 266
　　ポイント01　ワークシート関数をVBAで使う 266

例 02 VBA関数とワークシート関数の違い 267
　　ポイント01　「算術型の丸め処理」と「銀行型の丸め処理」 267
　　ポイント02　ワークシート関数とVBA関数の処理が異なるとき 268
　　　Tips01　入力した住所から都道府県名だけを取り出して表示する 269

02 オリジナル関数を作る 270

例 01 偏差値を返すワークシート関数を作る 270
　　ポイント01　ファンクションプロシージャの基礎知識 271
　　ポイント02　引数の設定方法 271
　　ポイント03　偏差値の計算方法 271
　　ポイント04　「偏差値」は普通のワークシート関数と同じに扱われる 272

APPENDIX

01 本書でExcelVBAを勉強するための準備 274

1 サンプルのダウンロード 274
2 マクロを含むブックを開いたときの警告 274
3 「開発」タブを表示する 275
4 ファイルの拡張子が表示される設定にする 277

02 変数の扱い 278

1 変数の設定規則 278
2 変数の宣言 278
3 データ型 279
4 ExcelVBAでの変数の扱い 280
5 変数を宣言しないと問題が発生することも・・・ 280
6 変数の適用範囲 281

03 Accessのデータベースを読み込む、書き込む 283

1 ADOでAccessデータベースに接続する 283
2 Accessのデータをワークシートにコピーする 283
3 Accessのデータベースにレコードを挿入する 286
4 ワークシートのデータをAccessのデータベースに挿入する 288

xvi

CHAPTER

01

VBAを体験してみる

Alt + F11 でVBEを起動し、「MsgBox ～」とキーを叩いて実行。まずは、手が勝手に動くようになるまでVBAに慣れましょう。最初はダイアログボックスを表示して、時刻を表示するまでの操作です。

01 VBAとは..P.002

02 VBAを学ぶ前の準備..P.003

03 VBEでプログラムを記述する..P.004

04 プログラムの実行と保存...P.008

05 ショートカットキーや図形にプログラムを登録する....................P.013

06 ユーザーにデータを入力させて処理する................................P.017

VBAとは

01

Excelは膨大な機能を持ち、データを巧みに処理します。メニューコマンドや関数（→P.10）を使うことで、さまざまなデータ処理が可能です。しかしExcelは、「セルに関数を入れたり、メニューを選択したりしなければ処理できない」というアプリケーションではありません。手順をあらかじめ文字で表しておけば、人が操作することなく、自動的に処理することも可能です。

> ▶「プログラム」とは、コンピュータに処理させたい命令を、文字などで記述したもの。

たとえば「Range("A1:X100")=123」という1行のプログラムを実行すればセル範囲A1:X100に123が入力されますし、「ActiveSheet.PrintOut」を実行すればワークシートの印刷が始まります。

この、Excelへの命令を書く決まりが**VBA**（Visual Basic for Applications）というプログラミング言語です。世の中にはいろいろなプログラミング言語がありますが、ExcelVBAの特徴は、実際に目に見えるセルにデータを保管したり、セルの内容を直接処理したりということが可能なことです。ワークシートやブックという、日頃利用している具体的な対象が存在し、処理結果を直接確認できるため、ExcelVBAによるプログラムは直感的にわかりやすくなっています。また初心者に優しい仕様になっているため、プログラムの学習に適しています。

> ▶「マクロ」とは、VBAを使って作成したプログラムの総称。

Visual Basic（ビジュアルベイシック）は、Microsoft社が開発した、「Windowsで動くソフトウェア」を作るためのプログラミング言語です。このVisual Basicの一部の機能を、Excelでも使えるように応用したのがExcelVBAです。**WordでもPowerPointでも、同じようなマクロを作ることができます。**

Excelの機能は膨大であり、本書で学ぶ機能は、全体のほんの数パーセントかもしれません。しかしExcelVBAの基本と、実用とするために必要な知識は、本書で網羅してあると思います。どうぞご安心ください。

> ▶わかりやすくする具体的な方法はこれから勉強するが、「構造をシンプルにする」、「変数名（→P279）をわかりやすくする」、「コメント（→P19）を入れる」、「インデント（→P7）をつける」などを実行する。

MEMO **ビジネスパーソンに送る、VBA活用の3か条**

(1) わかりやすいプログラムを書く！

大きなプログラム、複雑なプログラムは、時間がたてば作った本人にも解読困難になってしまうものです。他人や将来の自分のためにも、プログラムはとにかくわかりやすいものを作りましょう。

(2) 無理にVBAを使わない！

VBAは強力ですが、もし目的となる処理がワークシート関数だけで実現するのでしたら、無理にVBAを使う必要はありません。

(3) ワークシートを編集したらプログラムも見直す！

ワークシートに埋め込んだ数式なら、列や行の挿入、削除を行ってもセル番地が自動的に変更されます。しかし、マクロに書かれたセル番地は自動的に修正されることはありません。ワークシートを編集したら必ずマクロも見直すことを忘れないでください。

VBAを学ぶ前の準備

　VBAは便利なものですが、悪意ある人に利用されると「大変危険な道具」になってしまいます。VBAを使った悪質なメールの被害（マクロウィルス）が多数報告されています。このため近年、特にマクロに対するセキュリティには神経を使う必要があります。

　初期設定では、マクロを含むブックを開こうとすると警告が表示され、「コンテンツの有効化」等を行わなければ、プログラムは実行されないようになっています。詳細は、P.274をご覧ください。

●マクロを含むファイルを開くと警告が表示される

　また本書では、**「開発」タブ**が表示され、ファイルの拡張子が表示されているものとして解説を行います。これらはExcelおよびWindowsの初期設定では非表示になっています。P.275の手順に従って、表示されるように設定を変更しておいてください。

●「開発」タブを表示しておくこと

　ちなみに「**拡張子**」とはファイルの種類を表す文字列のことです。ファイル名の末尾に付いている「．（ピリオド）＋半角英数字3、または4文字」で表します。たとえばExcelの標準のブックは「.xlsx」の拡張子を持ちます（→P.108）。

●「拡張子」を表示しておくこと

ファイルには「.xlsx」や「.xlsm」の拡張子が付いている

03 VBEでプログラムを記述する

　VBAに慣れるには、エラーを恐れずどんどんプログラムを書いて、そして実行することが必要です。ここで実行する「MsgBox Now」はExcelだけでなく、WordでもPower PointでもOutlookでも実行できます。どんどんプログラムを書いて、試して、VBAに慣れ親しんでください。

手順解説 01　VBEを起動して標準モジュールを挿入する

サンプル
「現在の日時表示」

▶「開発」タブが表示されていなくても、Alt + F11 を押せばVBEが表示される。覚えておくと便利。

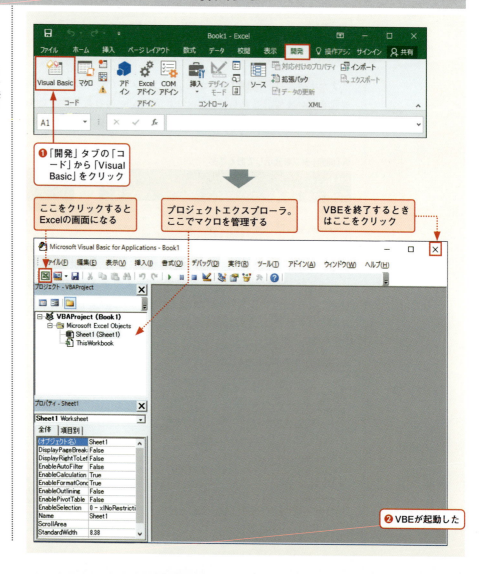

VBEでプログラムを記述する

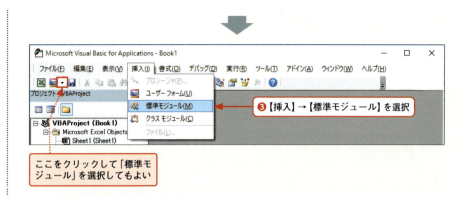

手順解説 02 日時を表示するプログラムを記述する

▶文字列と文字列の間に入れる空白は全角でも半角でも、どちらでもよい。

▶「msgboxnow」のように間をあけずに記述すると、VBEは「MsgBox」であると判断できず、「msgboxnow」というプロシージャ（→P.6）の実行を試みる。「msgboxnow」というプロシージャが存在しなければエラーになる。

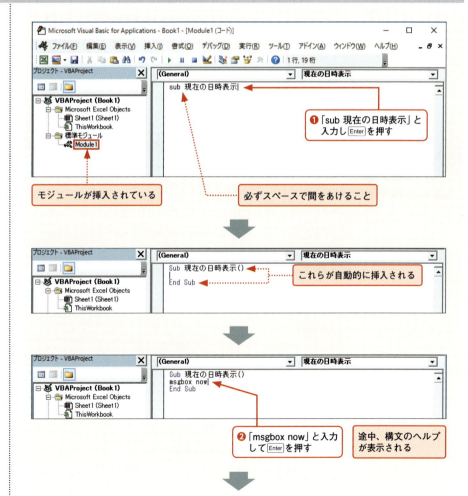

CHAPTER 01 VBAを体験してみる

大文字、小文字を適切に変えてくれる

ポイント01　VBEとは

　マクロは、Excelに付属のVBE（Visual Basic Editor）で作成します。「開発」タブが表示されていれば、「コード」の「Visual Basic」でVBEは起動しますし、あるいは Alt + F11 キーで素早く起動することもできます。試してみてください。

　プログラムはモジュールに記述します。VBEが起動したら、最初に**標準モジュール**を挿入して、プログラムを書く場所を確保する必要があります。

　VBEでプログラムを記述していくと、自動的に「End Sub」が入力されたり、スペルの大文字・小文字が勝手に変わったり、ヘルプが表示されたりします。このようにVBEは、さまざまなところで、プログラムの記述を助けてくれます。

　VBAのプログラムは、すべて小文字（あるいは大文字）で記述するとよいでしょう。たとえば「msgbox」と入力すれば「MsgBox」のように自動的に大文字・小文字が変わります。もし、変わらなければ「これはスペルミスを含む」と判断できます。実はこの方法は、手軽で確実なスペルミスの防止策なのです。

▶プログラムを書く場所としては、他にシートモジュールやブックモジュールなどもあるが、それらについては後述する。

ポイント02　プロシージャとは

　VBAでは1つのプログラムをプロシージャと呼びいくつかの種類がありますが、一番基本的なプロシージャを**Sub（サブ）プロシージャ**といいます。Subプロシージャを作る場合は、次の形式に則って記述する必要があります。

構文　Subプロシージャ

```
Sub プロシージャ名()
    行いたい処理
End Sub
```

　先ほどのサンプルの場合は、「現在の日時表示」がプロシージャ名、「MsgBox Now」が「行いたい処理」ということになります。このようにプロシージャ名には日本語も使用できますが、使用できない文字もあります。これに関する制約は後に解説する変数名の場合と同じですので、P.278を参照してください。

　なお、**1つの標準モジュールには複数のプロシージャを記述できる**ので、プロシージャを作るたびに標準モジュールを挿入しなければならないということはありません。

006

●1つの標準モジュールに複数のプロシージャが記述できる

ポイント03 途中で改行するときは

「MsgBox　Now」など1つの命令文は、必ず1行で書かなくてはいけません。勝手に改行するとエラーになってしまいます。もし途中で改行するときは次のように、「　_」(**スペースとアンダーバー**)を付けてから行う必要があります。

●改行して記述する場合

```
Sub 現在の日時表示()
MsgBox _
Now
End Sub
```

▶ただし「MsgBox」など文字列の途中で改行することはできない。

ポイント04 インデントを入れよう

このサンプルの場合、プログラムの本体は1行しかありませんので不要なのですが、プログラムが長くなったときはすべてのコードが左寄せになっていると見づらいので、インデントを入れておくことをおすすめします。インデントとは行頭を字下げすることで、プログラムの構造に合わせてインデントを入れておくと、プログラムが読みやすく、また誤りも少なくなります。

●インデントを入れた例

```
Sub ifで条件分岐()
    ken = InputBox("今期の販売件数を入力してください")
    If ken>=100 Then
        MsgBox "目標達成"
    Else
        MsgBox "目標に届きません"
    End If
End Sub
```

インデントを設定する場合、行の先頭で Tab を押します。VBEではある行にインデントを入れておくと、次の行ではそのインデントを自動的に引き継いで字下げしてくれます。本書のサンプルプログラムでは、適宜インデントを設定しています。

04 プログラムの実行と保存

MsgBoxやNowの意味は後で解説しますので、とりあえずマクロを実行してみましょう。プログラムの実行は、VBEからもExcelからも行うことができます。また実行時にエラーが出た場合の対処や、プログラムの保存方法についても解説します。

手順解説 01 「日時表示」のプログラムを実行する

▶ F5 を押しても実行できる。

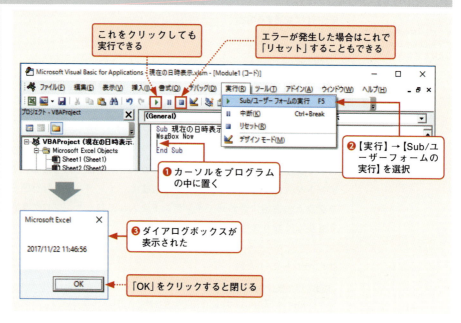

ポイント01 もしエラーが発生したら

スペルの間違いなど、文法上で誤りがある場合は警告が出ます。エラーが発生すると、次が表示されます。

●スペルの間違いによるエラー表示

●実行時エラー表示

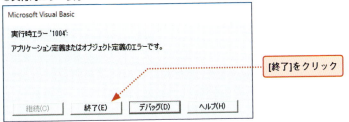

[終了]をクリック

▶「デバッグ」をクリックすると、VBEの画面に切り替わり、エラーが発生した行が示される。ここで修正後、リセットしてもよい。

このようなダイアログボックスが表示されたら、「OK」や「終了」をクリック後、VBEで【実行】→【リセット】を選択します（→P.8）。そして入力したプログラムをよく点検してください。必ずどこかに誤りがあるはずです。修正してからもう一度実行してください。

ついでに、エラーに関する難しい話を少々…。ExcelVBAで発生するエラーには「(1)コンパイルエラー」、「(2)実行時エラー」、「(3)論理エラー」の3種類があります。

(1) コンパイルエラー

先ほどの「●スペルの間違いによるエラー表示」となる例です。VBAでは一度、記述されたコードを、コンピュータが実行できる形式に変換します。これを「コンパイル」といいます。もし、コードに文法的な誤りがある場合、変換することはできず「コンパイルエラー」となります。コンパイルエラーが発生した場合、表示されるメッセージを頼りに修正していけば、容易に対応することができるでしょう。コンパイルエラーは完全に修正しない限りプログラムが動作しません。スペルミスには注意しましょう。

(2) 実行時エラー

先ほどの「●実行時エラー表示」となるエラーです。実行時エラー（Runtime Error）は、プログラムを実行するときにはじめて発生するエラーです。実行不可能な処理をしようとしたときに発生します。文法的なミスではありません。実行時エラーが発生すると警告のメッセージが表示され、処理が中断します。

なぜエラーになってしまうのか？ 処理の流れをよく考えて、プログラムを修正する必要があります。

(3) 論理エラー

「論理エラー」とは、「文法に誤りはないが、正しい結果が得られない」というエラーです。たとえば、終了条件の設定ミスのため、永遠に終了しない「無限ループ」や、変数のデータ型を誤って設定してしまったときなどが、これに該当します。やはり、なぜ正しい結果が得られないのかをよく考えて、プログラムを修正する必要があります。

なお、プログラムの記述ミス等によりプログラムの実行が止まらなくなってしまったら、[Ctrl]+[Pause]/[Break]を押します。それでも止まらなければ、[Ctrl]+[Alt]+[Delete]でタスクマネージャを起動しExcel自体を終了させてください。

ポイント02 関数って何だろう？ －MsgBoxとNow－

ワークシートに入力するSUMやAVERAGEはご存じですね。これらはワークシートのセルに直接入力する「ワークシート関数」です。たとえば、「合計を計算」するワークシート関数SUMを使って「=SUM(2,3)」とセルに入力すると、「5」を出力します。

関数とは「**目的の処理を行うために、あらかじめ用意されている数式**」のことです。関数は、**引数**として指定した値を処理して結果を出力します。このように関数が出力する値を**戻り値**といいます。ちなみに引数は「ひきすう」と読みます。「いんすう」ではありません。

さて、このような直接セルに数式として入力する「ワークシート関数」とは別に、**VBAのプログラムの中でのみ利用可能な「VBA関数」**が存在します。

MsgBoxは「文字列をダイアログボックスに表示させるVBA関数」です。たとえば単純に「MsgBox 123」を実行すると「123」を表示します。

▶本書ではワークシート関数はすべて大文字で表記し、VBA関数は大文字と小文字の混じった英数字で表記している。

● 「MsgBox 123」の実行結果

また、Nowは「現在の日時を返すVBA関数」で、ワークシート関数のNOWとほぼ同じ働きをします。この関数には引数がありません。

サンプルでは「MsgBox Now」として、MsgBox関数の引数としてNow関数を指定しています。ここでは、次のような処理が行われた結果、現在の日時がダイアログボックスに表示されます。

Now関数が現在の日時のデータを返す

MsgBox関数がNow関数の戻り値を表示

このようなある関数の引数に別の関数を指定するテクニックは、ワークシート関数の場合も使用しますので、ご存じの方も多いでしょう。

実は、NowやMsgBoxなどの関数はExcelに固有のものではありません。WordでもPower PointでもOutlookでも、同様にVBEを起動して「MsgBox Now」を実行すれば、まったく同じように動作します。WordやPower Point、Outlookがあったらぜひ一度試してみてください。

ポイント03 Excelの画面からマクロを実行する

Excelの画面からマクロを実行する場合、次のように操作します。

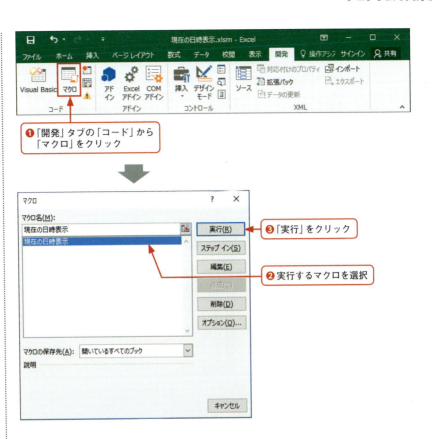

また、もし「開発」タブが表示されていない場合は、次のように「表示」タブを使って実行することもできます。

● 「表示」タブから実行する方法

ポイント04 VBEの終了

▶ Alt + q を押しても VBEを終了できる。

　VBEを終了する場合は、メニューから【ファイル】→【終了してMicrosoft Excelに戻る】を選択します。また、VBEを終了しないでExcelに戻りたい場合は、【表示】→【Microsoft Excel】を選択してください。

CHAPTER 01 VBAを体験してみる

●VBEを起動したままExcelの画面を表示

▶ Alt + F11 を押してもよい。

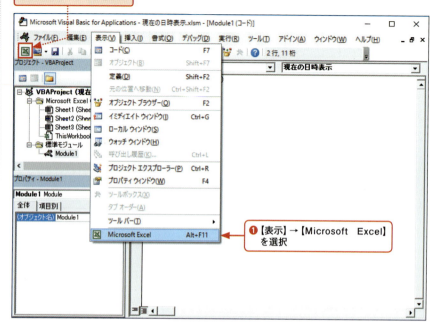

❶【表示】→【Microsoft Excel】を選択

ポイント05 マクロの保存

　マクロは、記述したExcelファイルに含まれています。したがって、そのExcelファイルを保存すれば、マクロも保存されることになります。ブックがマクロを含む場合、拡張子が「.xlsm」となる「**マクロ有効ブック**」の形式で保存する必要があります。

▶ただし、拡張子が「.xls」となる「Excel97-2003ブック」形式ではマクロが記述されていても保存できる。

●「名前を付けて保存」ダイアログボックス

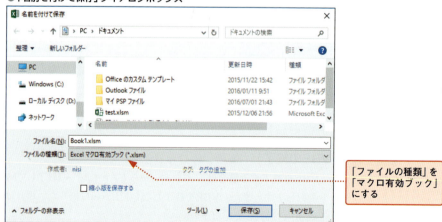

「ファイルの種類」を「マクロ有効ブック」にする

110

05 ショートカットキーや図形にプログラムを登録する

マクロはVBEやExcelのメニューからしか実行できないというわけではありません。ショートカットキーや図形のクリックなどでも実行できます。

手順解説 01 画像のクリックで日時を表示する

サンプル
「現在の日時表示2」

▶画像の挿入は「挿入」タブの「図」から行う。画像でも図形でもSmartArtでもよい。

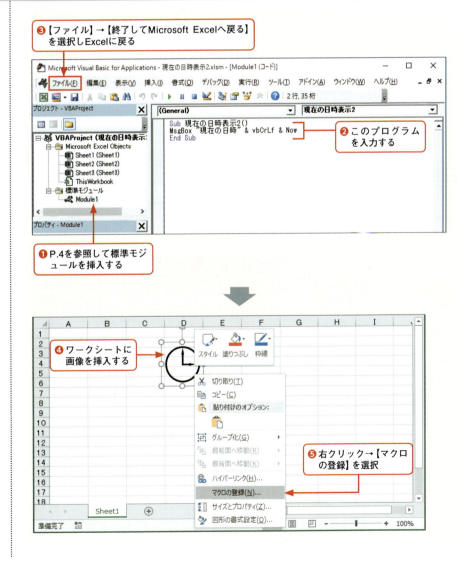

❸【ファイル】→【終了してMicrosoft Excelへ戻る】を選択しExcelに戻る

❷ このプログラムを入力する

❶ P.4を参照して標準モジュールを挿入する

❹ ワークシートに画像を挿入する

❺ 右クリック→【マクロの登録】を選択

013

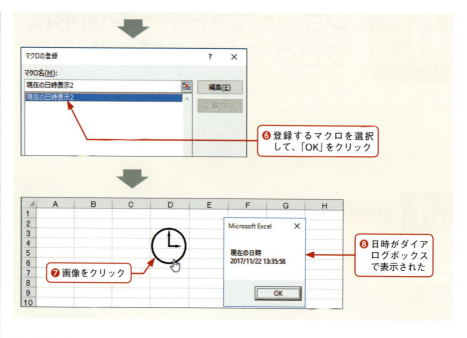

ポイント01 文字列の扱い

セルに入力する数式と同様に、マクロ中でも文字列は" "で囲い、また文字列を結合するときは&を付けます。

「**vbCrLf**」は改行を指示する定数（後述）です。サンプルプログラムでは、「"現在の日時"」「vbCrLf」「Now」の3つを「&」で結合しています。このため「現在の日時」の文字列の後で改行し、次にNow関数が返した日時データが表示されます。

▶「Cr」はキャリッジリターン、「Lf」はラインフィードの意味。

$$\text{MsgBox "現在の日時" \& vbCrLf \& Now}$$

ここで改行

「vbCrLf」のように、ユーザーが定義しなくても、もともとシステムに定義されている定数のことを「**組み込み定数**」（次のポイントを参照）といいます。組み込み定数の多くは、先頭の文字が「vb」や「xl」になっています。

ポイント02 「定数」って何？

「vbCrLfは改行を指示する定数」と、いきなり「定数」という言葉が登場してしまいました。**定数**とは、**ユーザーがあらかじめ設定した値に名前を付けたもの**のことです。次のMEMOで紹介するように、ユーザーが勝手に、好きな値を設定することができます。プログラムの途中でその**値を変更することはできません**。

今回の「vbCrLf」のような組み込み定数の場合、ユーザーが定義する必要はありません。最初からExcelでは「vbCrLf は○○の値」というように定義され、どのプログラムからでも「vbCrLf」の値を使用することができるのです。そしてこの「vbCrLf」の値があると、「改行しなさい」という命令が実行されます。

▶定数と、後に解説する変数の違いは、プログラム中で値を変更できるかどうかということ。定数はできないが変数はできる。

ショートカットキーや図形にプログラムを登録する 05

MEMO 定数を定義する

本書のサンプルでは特に紹介していませんが、定数を定義する場合、Constステートメントを使います。次は、「kazu」という名前の定数が10であると定義しています。

```
Const kazu = 10
```

このように定数kazuを定義すると、プログラム中の任意の場所で定数kazuを使うことができます。次のプログラムでは「5×10」の結果である「50」、および「10×10×10」の結果である「1000」が表示されます。

サンプル
「定数」

```
Sub 定数()
    Const kazu = 10
    MsgBox 5 * kazu
    MsgBox kazu * kazu * kazu
End Sub
```

手順解説 02 ショートカットキーでマクロが実行できるようにする

サンプル
「現在の日時表示2」

▶手順❶は「表示」タブの「マクロ」から「マクロの表示」をクリックしてもよい。

❶「開発」タブの「コード」から「マクロ」をクリック

❷ マクロを選択

❸「オプション」をクリック

015

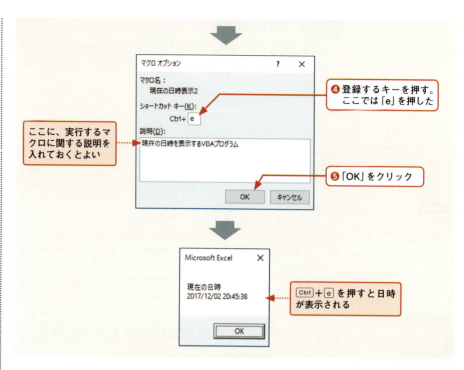

▶手順❹で Shift を押しながら e を押すと、 Shift + Ctrl + e に割り付けられる。

ポイント01 ショートカットキーを増やすテクニック

　「ショートカットキー」とは、 Ctrl や Shift や Alt などのキーと組み合わせ、複数のキーを同時に押すことで、特定の機能を簡単に実行できるようにしたキーの組み合わせことです。

　マクロにはショートカットキーが登録できます。登録しておけば、ショートカットキーを押すことで、そのマクロが動作します。ただし、 Ctrl + c （コピー）、 Ctrl + v （貼り付け）などExcelがすでに使っているショートカットキーに重複して登録してしまうと、もともとの機能が使えなくなるので注意が必要です。 Ctrl + e ／ j ／ l ／ m ／ q なら、基本的には重複することはありません。登録するキーは、大文字、小文字を区別するので Caps Lock をはずしておいてください。

　なお、マクロを登録するショートカットキーは Ctrl +●だけではありません。 Shift キーを押しながらアルファベットキーを押すことで Shift + Ctrl +●という、 Shift をプラスしたショートカットキーも登録できます。

　Excelでは、多くのショートカットキーが最初から設定されています。オリジナルのショートカットキーを増やすためには、 Shift を使う方法も覚えておきましょう。

06 ユーザーにデータを入力させて処理する

　ダイアログボックスを表示し、ユーザーが入力したデータを処理するというプログラムを作ってみましょう。InputBox関数の使い方、そして「Now ＋日数」の意味を覚えてください。なお、ここから先は実行例とプログラムリストのみを紹介し、標準モジュールの挿入や、プログラムの実行手順については解説しません。

例01　ユーザーに入力させた日数後の日時を表示する

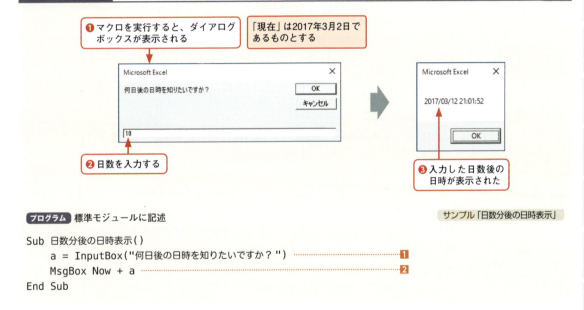

プログラム 標準モジュールに記述　　　　　　　　　　　　　　　　サンプル「日数分後の日時表示」

```
Sub 日数分後の日時表示()
    a = InputBox("何日後の日時を知りたいですか？ ")  ……1
    MsgBox Now + a                                  ……2
End Sub
```

ポイント01　InputBoxの働き、「=」の意味

　InputBox関数は引数で指定した文字列をダイアログボックスに表示し、ユーザーの入力を待ちます。そしてユーザーがデータを入力すると、InputBox関数の戻り値としてそのデータを返します。

InputBox関数 ➡ ユーザーの入力を受け取る

書　式　**InputBox**("メッセージ")
解　説　ダイアログボックスにメッセージを表示し、ユーザーがダイアログボックスに入力したデータを返します。

CHAPTER 01 VBAを体験してみる

▶Ifなどで比較に使う場合は、「=」を「イコール」（等しい）の意味で用いることもある（→P.45）。

プログラムの世界では、「A=B」は「**BをAに代入する**」ということを意味します。「=」（イコール）は「等しい」という意味ではありません。したがって「a=InputBox(～)」は、InputBoxが返した文字列（ユーザーが入力したデータ）を「a」にしまい込む、という意味になります。

サンプルプログラムの **1** は「何日後の日時を知りたいですか？」と表示し、ユーザーが入力するとその値を変数aに保管します。たとえばダイアログボックスでユーザーが「5」を入力すると、aの内容が「5」になります。

ポイント02 変数とは

サンプルプログラムの「a」のように、**データを保管しておく「箱」**の役目をする文字列を「変数」といいます。正式には、変数はデータ型を明らかにして、その使用を宣言します。

データ型とは、プログラムで使用する変数や値のデータの形式のことです。たとえば、整数なら「整数型（Integer）」、文字列なら「文字列型（String）」、セル範囲なら「Range型（Range）」などを使います。詳細はP.279をご覧ください。

しかしこの例のように、変数を宣言しないで使用することも可能です。本書では記述を簡単にするため、必要な場合を除いて宣言をしていません。詳細はAPPENDIX2の「変数の扱い」をご覧ください。

ポイント03 MsgBoxの引数

▶正確には内部的にDate型として動作するバリアント型の値だが、話が難しくなるので、ここではシリアル値のようなものだと考えてかまわない。

▶InputBox関数が返すのは文字列だが、この例ではExcelVBAが自動的に数値に変換してくれる。

P.10では「MsgBox Now」の意味について解説しましたが、**2** の「MsgBox Now + a」では、「Now + a」が、MsgBox関数の引数になります。

Now関数は現在の日時を返しますが、返される値は1日を「1」とする数値として扱うこともできます。ちょうどワークシートで日時を表すシリアル値と似ていると考えてもらってかまいません。したがって「Now + a」は「現在からa日後の日時」となり、「MsgBox Now + a」でこの日時を表示します。もしユーザーが「負の値」を入力すれば、指定した日数分「前の（古い）」日時を表示します。

今回は、このNow関数が出力した（返した）「日時データ」にaという値を足して引数とし、さらにこの引数をMsgBox関数で処理することでダイアログボックスに表示しています。

ポイント04 InputBoxの(　)にこだわる

さて、**1** の「a = InputBox("何日後の?")」はどのような構造になっているのでしょうか。この場合「InputBox」が関数、そして「"何日後の?"」の文字列が引数になります。

では、なぜInputBox関数の後の引数は(　)で囲ってあるのでしょうか。実は次のように(　)を付けずに実行するとエラーになってしまいます。

```
a = InputBox "何日後の日時を知りたいですか? "
```

これはこれはVBAに、次のような規則があるためです。

・関数やメソッド（→P.34）が返した値を利用するときは(　)を付け、(　)内に引数を記述する

( )で囲わなくても、次のように「a=」を付けずに実行するとエラーになりません。

```
InputBox "何日後の日時を知りたいですか？"
```

この場合、メッセージが表示されるだけで、ユーザーの入力値を使用することはできません。
　ちなみに関数が何かの値を返すのか、返さないのかは、関数名を見ただけではわかりません。しかし、少なくとも**「関数が返した値を利用するときは( )を付けて引数を記述」**する必要があります。しかし、Now関数のように引数不要の関数では、あえて( )を付ける必要はありません。

▶「Now()」としてもエラーにはならない。

MEMO　コメントの書き方

　プログラムの途中に、任意のメモを書き込むことができ、これをコメントといいます。VBAではプログラムの記述に**「'」（シングルクォーテーション）**があると、それ以降の文字列はコメントとして扱われ、実行時には無視されます。
　プログラムを作ってから時間がたつと、プログラムを作った本人もその内容を忘れてしまうことがあります。プログラムの内容に対する備忘録として、ポイントとなる箇所にコメントを入れておくとよいでしょう。以下はP.17のサンプルにコメントを入れた例です。

▶初期設定では、コメントは緑色で表示される。

```
Sub 日数分後の日時表示()
    ' ダイアログボックスからユーザーが入力した値をaに代入
    a = InputBox("何日後の日時を知りたいですか？")
    MsgBox Now + a     'a日後の日付を表示する
End Sub
```

　またコメントを、プログラムの問題発見の手段として使うこともできます。プログラムがうまく動作しなかったとき、疑わしい記述をコメントにして一時的に動作を止めてみましょう。これで多くの場合、その記述に問題があるか、ないかを調査することができます。

例02　「価格」と「割引率(%)」から販売価格を計算する

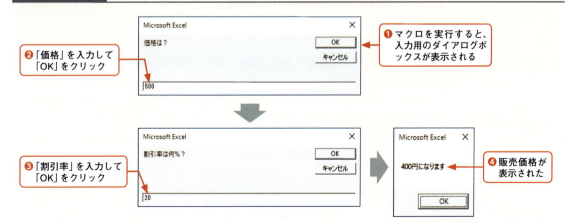

CHAPTER 01 VBAを体験してみる

プログラム 標準モジュールに記述　　　　　　　　　　　サンプル「価格と割引率を入力すると販売価格が表示される」

```
Sub 価格と割引率を入力すると販売価格が表示される()
    k = InputBox("価格は？ ")  ……………………………… 1
    w = InputBox("割引率は何%？ ")  …………………… 2
    MsgBox k * (100 - w) / 100 & "円になります"  …… 3
End Sub
```

ポイント01　サンプルプログラムでやっていること

「価格」と「割引率」を入力すると、販売価格を計算し表示するプログラムです。1では、InputBox関数でユーザーが入力した価格の値を変数kに、2ではユーザーが入力した%単位の割引率を変数wに代入しています。

この2つの値を使って、3では次のようにして販売価格を表示します。

● 「販売価格を計算する」仕組み

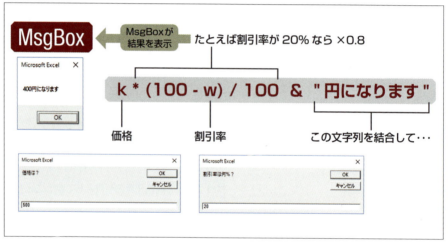

たとえば価格が500円、割引率が20%なら「500×(100-20)/100」を計算することになり、「400円になります」と表示することになります。

ポイント02　演算・演算子とは

「演算」とは、たとえば加算、減算、乗算、除算などの四則演算や、比較などの処理のことです。数学の世界とは異なり、プログラムの世界では×（掛ける）の演算には * 、÷（割る）の演算には／の演算子を使います。また数学と同様に( )で計算の優先度を指定することができます。

演算子にはいろいろな種類がありますが、四則演算を行うための**算術演算子**には、次のようなものがあります。その他の演算子については、登場したときに適宜紹介していきます。

●算術演算子

演算子	意味
+	加算（足し算）
-	減算（引き算）
*	乗算（掛け算 ×の意味）
/	除算（割り算 ÷の意味）
Mod	除算の剰余（割り算の余り）
¥	除算の商の整数（割り算の結果の整数）

関連知識

Tips01 ユーザーが入力した名前に「こんにちは」と「さん」を付けて表示

サンプル
「Tips_処理を1行で」

InputBox関数から受け取ったユーザー入力のデータを、MsgBox関数で表示する例ですが、次のように1行で書くこともできます。

```
MsgBox "こんにちは" & InputBox("名前を入力してください") & "さん"
```

Tips02 鶴亀算

サンプル
「Tips_鶴亀算」

「鶴と亀の足の数の合計」と「鶴と亀の頭の合計」から「鶴と亀の数」を求める例です。

```
a = InputBox("鶴と亀の足の合計は？")
b = InputBox("鶴と亀の頭の合計は？")
MsgBox "鶴は" & (2 * b - a / 2) & "亀は" & (a / 2 - b)
```

鶴亀算は鶴の数をx、亀の数をyとすると、次の連立方程式を解くことになります。

```
a（鶴と亀の足の合計）= 2x + 4y
b（鶴と亀の頭の合計）= x + y
```

これは変形すると次のようになります。

```
x = 2b - a/2
y = a/2 - b
```

CHAPTER 01 VBAを体験してみる

MEMO デバッグ －虫を駆除する－

プログラムが思い通りに動作しないときは、プログラムの流れを調べ、誤りのある場所を突き止める必要があります。プログラムの誤りをバグ（bug「虫」の意味）といい、バグを取り除く作業をデバッグ（debug「虫の駆除」の意味）といいます。

本書でここまでに登場したプログラムは、わずか数行のものなので、簡単に処理の流れを追うことができます。しかし複雑なプログラムになってくると、「間違い探し」もそう簡単ではありません。ぜひデバッグの方法を覚えておきましょう。ここでは「クイックウォッチ」を使ったステップモードによる簡単なデバッグ方法を紹介します。

プログラムの誤りを知るには、処理が進行するたびに「変数がどう変化するか」、「ワークシート上のデータがどうなるか」などを調査する必要があります。今回は変数の変化だけを追ってみます。

サンプル
「デバッグ」

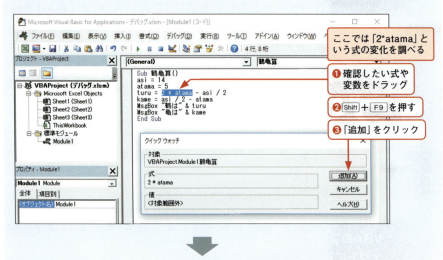

▶ステップモードとは、プログラムを1行ずつ実行するモード。F8 を押すたびに次の行へ進む

▶ステップモードによる実行を途中でやめるときはリセット（→P.8）する（【実行】→【リセット】）。

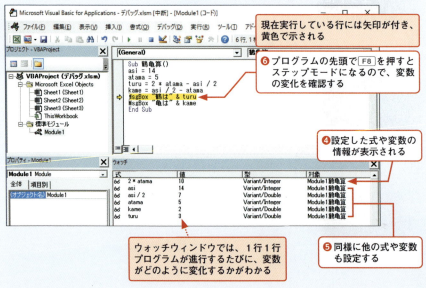

022

CHAPTER

02

オブジェクト、プロパティ、メソッド

VBAのプログラムでは、「オブジェクトのプロパティを設定」し、「オブジェクトに対しメソッドを実行」することで処理を行います。オブジェクトとは「操作の対象」、プロパティは「オブジェクトが持つ性質・属性」、メソッドとは「オブジェクトに対する操作」のことです。まずはオブジェクト、プロパティ、メソッドという言葉に慣れるようにしましょう。

01　オブジェクトとコレクション　　　　　　　　　　　　　　　P.024
02　プロパティ　　　　　　　　　　　　　　　　　　　　　　P.028
03　メソッド　　　　　　　　　　　　　　　　　　　　　　　P.034

01 オブジェクトとコレクション

　オブジェクトとは、VBAが操作の対象とするものです。ブックやワークシート、セルなどはみなオブジェクトです。とりあえずRangeオブジェクトの操作「Range("A1:D5")=123」を実行してください。これだけで、きっとVBAのパワーを感じていただけることでしょう。

例01　セル範囲にいっきにデータを入力する

❶ マクロを実行すると、セル範囲A1：D5に123が入力される

プログラム 標準モジュールに記述

サンプル「セル範囲にいっきにデータ入力」

```
Sub セル範囲にいっきにデータ入力()
    Range("A1:D5") = 123
End Sub
```

ポイント01　オブジェクトとは

　「=」は、「=」の右にある値を、「=」の左に代入することを意味しました（→P.18）。つまり、「Range("A1:D5")=123」は、「Range("A1:D5")」に「123」を代入することになります。プログラムを実行したらセル範囲A1:D5に「123」が入力されたのですから、Range("A1:D5")はセル範囲A1:D5を表しているはずですね。

　セル範囲を表す「Range」など、**処理の対象となるもの**を、すべて「オブジェクト」といいます。処理の対象、要するに「これをクリック」とか「そこに123を入力」の、「これ」とか「そこ」に相当するものはすべてオブジェクトです。

　たとえば**ブックは「Workbook」**というオブジェクト。**ワークシートは「Worksheet」**というオブジェクト。**セルは「Range」**というオブジェクト。さらに**Excel自体は「Application」**というオブジェクトで表されます。

024

オブジェクトとコレクション 01

▶このようなオブジェクトの構造を階層構造という。ExcelVBAでは階層構造の最上位にApplicationオブジェクトがある。

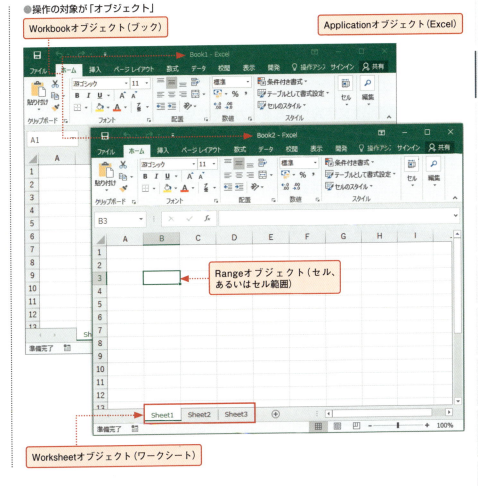

●操作の対象が「オブジェクト」

Workbookオブジェクト（ブック）

Applicationオブジェクト（Excel）

Rangeオブジェクト（セル、あるいはセル範囲）

Worksheetオブジェクト（ワークシート）

例02　合計の数式を入力して計算する

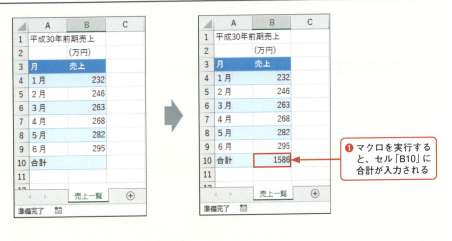

❶ マクロを実行すると、セル「B10」に合計が入力される

025

CHAPTER 02 オブジェクト、プロパティ、メソッド

プログラム 標準モジュールに記述　　　　　　　　　　　　　　　　　　　　サンプル「数式入力」

```
Sub 合計を入力()
    Worksheets("売上一覧").Range("B10") = "=SUM(B4:B9)"
End Sub
```

ポイント01 文字列や数式を入力するには

▶もし文字列を「"」で囲わなかった場合、文字列は変数(→P.18)と見なされたり、エラーになったりする。

　P.24では「Range("A1:D5")=123」で、セル範囲A1:D5に123の数値を代入しました。これに対して、代入するのが**文字列や数式のときは「"」（ダブルクォーテーション）で囲う**必要があります。サンプルプログラムでは、「=SUM(B4:B9)」という数式をワークシート「売上一覧」のセル「B10」に入力しています。

ポイント02 コレクションとは

　ワークシートは「Worksheet」というオブジェクトで表されます。ところが多くの場合、1つのブックにはたくさんのワークシートがあります。そこで、1つのブックにあるすべてのワークシートをWorksheets、つまりWorksheetの複数形で表します。Worksheetsのように、「**オブジェクトの集合**」を「コレクション」といいます。

●オブジェクトとコレクションの対応

オブジェクト	コレクション	解説
Worksheetオブジェクト	Worksheetsコレクション	ワークシート
Workbookオブジェクト	Workbooksコレクション	ブック
Rowオブジェクト	Rowsコレクション	セルの行
Columnオブジェクト	Columnsコレクション	セルの列
CommandBarオブジェクト	CommandBarsコレクション	ツールバー
Axisオブジェクト	Axesコレクション	グラフの軸
Fileオブジェクト	Filesコレクション	ファイル

▶多くのコレクション名は、オブジェクト名の複数形になっている。

　ちなみにRangeは特殊な性質を持ち、**1つのセルの場合も複数のセルを含むセル範囲の場合もRangeオブジェクト**といい、Rangeコレクションとはいいません。

ポイント03 1つのWorksheetオブジェクトを指定する

　操作の対象となるオブジェクトを指定するとき、「コレクション中の1つのこれ」というように記述することがあります。たとえばブック中の、すべてのワークシート（Worksheetオブジェクト）の集合はWorksheetsコレクションです。特定のワークシートを指定する場合、次のようにWorksheetsの引数にワークシートの名前や番号を記述します。

Worksheets("ワークシート名")

Worksheets(ワークシートの番号)

▶「売上一覧」のワークシートが存在しない場合はエラーになる。

　たとえば「売上一覧」という名前のWorksheetオブジェクトは「Worksheets("売上一覧")」のように、また左から2番目のワークシートはWorksheets(2)のように記述します。

026

オブジェクトとコレクション 01

●Worksheetオブジェクト

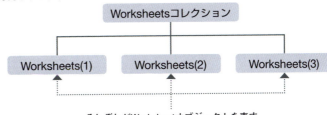

▶コレクションに存在するオブジェクトの数を調べるときはCountプロパティを使う(Countプロパティの詳細はP.97を参照)。

　P.24で実行した「Range("A1:D5")=123」のように、**Worksheetオブジェクトを指定しない場合、アクティブシートが対象**となります。今回のようにWorksheetオブジェクトを指定すれば、アクティブでないワークシートに対しても処理することができます。
　「アクティブ」とは、「現在有効になっている（操作の対象になっている）」という意味です。「アクティブシート」は「現在有効になっている（操作の対象になっている）シート」を意味します。

MEMO　Sheetsコレクションって何？

　ワークシートは通常Worksheets(1)やWorksheets("Sheet1")のように表します。しかし、「ブックにあるすべての"シート"」を表すSheetsコレクションを使って、Sheets(1)やSheets("Sheet1")のように表すこともできます。
　たとえば先ほどの例は、次のようにSheetsを使って記述しても、まったく同じ結果になります。

```
Sheets("売上一覧").Range("B10") = "=SUM(B4:B9)"
```

　実はブックに存在する「シート(Sheet)」はワークシートだけではなく、P.168で登場するグラフシートもあります。Sheetsコレクションは、このグラフシートを含むすべてのシートの集合であり、ワークシート(Worksheet)もSheetsコレクションの一部です。このため、「すべてのシート(Sheets)の中の、"売上一覧"というオブジェクト」という指定ができるのです。

027

02 プロパティ

　プロパティはオブジェクトの性質を表すもの、あるいはオブジェクトの性質を設定するものです。たとえばColumnWidthは「列幅」を表すプロパティ。このプロパティに「5」を設定すれば、列幅は半角5文字ぶんになります。

例01　B列～I列の幅を半角5文字ぶんにして、現在のセルの高さを表示する

❶ マクロを実行すると、すべて「5文字ぶん」の幅になる

❷ 現在のセル「A1」の高さが表示される

プログラム 標準モジュールに記述　　　　　　　　　　　　　　**サンプル**「列幅を変更」

```
Sub 列幅を変更()
    Range("B:I").ColumnWidth = 5            ❶
    MsgBox Range("A1").RowHeight            ❷
End Sub
```

ポイント01　プロパティとは

　プロパティとは、**オブジェクトの性質を設定／取得する**ものです。たとえば**ColumnWidth**は「列幅を何文字ぶんにするか」を設定するプロパティ、**RowHeight**は「行の高さ」を表すプロパティ、**Value**は「セルの値」を表すプロパティです。

　どのようなプロパティを持つかはオブジェクトの種類ごとに異なりますが、複数のオブ

ジェクトに、同じ名前のプロパティが存在することもあります。たとえば多くのオブジェクトが名前を表すNameプロパティを持っています。

サンプルプログラムの**1**では、RangeオブジェクトのColumnWidthプロパティに値を代入することで列幅を設定しています。

プロパティはオブジェクトに続けて、間に**「.」(ピリオド)を付けて記述**します。

$$\text{オブジェクト.プロパティ}$$

間にピリオドを入れる

またプロパティから、現在設定されている値を取得することもできます。**2**ではRowHeightプロパティからセル「A1」の高さを取得して、MsgBox関数で表示しています。

プロパティには、その値が「設定だけできるもの」と「取得だけできるもの」、そして「設定、取得の両方できるもの」があります。Excelにはたくさんのオブジェクトがあり、1つ1つのオブジェクトがたくさんのプロパティを持っています。オブジェクトとそのプロパティごとに、何が設定でき、何が取得できるかが決められています。

▶ ColumnWidthやRow Heightは「設定」と「取得」の両方ができる。

ポイント02 オブジェクトを指定する方法

「Range("A1")」と書くことで「セル「A1」を表すオブジェクト」が取得できるような気がしますよね。それはそれで正しいのですが、話はもう少し複雑でして、実は**「Range("A1")」はプロパティ**なのです。Excelは「Rangeプロパティ」を使って「Rangeオブジェクト」を取得しているのであって、「Range("A1")」そのものがオブジェクトというわけではありません。

つまり、「Range(〜).ColumnWidth= 5」では、Rangeプロパティを使ってRangeオブジェクトを取得して、そのRangeオブジェクトが持つColumnWidhtプロパティに「5」という値を設定しているということになります。

ではRangeプロパティはどのオブジェクトの持ち物かというと、Worksheetオブジェクトです。実はこの場合、Worksheetオブジェクトの指定が省略されているのです。これについては後述します。

ポイント03 オブジェクトの階層構造とApplicationオブジェクト

たとえば「Worksheetオブジェクト」の下位に「Rangeオブジェクト」は存在します。これはExcelの画面を見れば、ワークシートの中にセルはあるわけですから理解しやすいと思います。このようなオブジェクトの階層を表す場合、「Worksheets("売上一覧").Range("B10")」のように「.」(ピリオド)でつないで記述します。

ただし上で書いたように、オブジェクトそのものが「.」でつなげられているわけではなく、あくまでWorksheetオブジェクトが持つRangeプロパティによってRangeオブジェクトを取得しているということです。つまりこの場合、オブジェクトが持つプロパティは、さらにその下位のオブジェクトやコレクションを内包しているのです。

オブジェクトの階層構造を図にすると、次のようになります。これはブック、ワークシート、セルに関連するオブジェクトだけを抽出したものです。

029

CHAPTER 02 オブジェクト、プロパティ、メソッド

●オブジェクトの階層構造

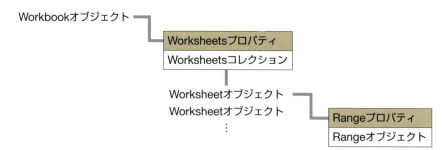

　階層構造の**最上位にあるのがApplicationオブジェクト**で、これはExcelというアプリケーションそのものを表します。本来、オブジェクトを指定する場合、最も上位に位置するApplicationオブジェクトから順番に「.」(ピリオド)でつなげて記述します。たとえばブック「Book1.xlsx」の、ワークシート「Sheet1」の、セル「A1」は次のように記述します。

```
Application.Workbooks("Book1.xlsx").Worksheets("Sheet1").Range("A1")
```

　上の例では「ApplicationオブジェクトのWorkbooksプロパティからWorkbookオブジェクトを取得」、「WorkbookオブジェクトのWorksheetsプロパティからWorksheetオブジェクトを取得」…というような面倒な処理をExcelはしているのです。
　ただし、必ず最も上のApplicationオブジェクトからたどらなければいけない、というわけではありません。たとえばRangeオブジェクトなら、**そのセルがあるワークシートがアクティブであれば、その上位のオブジェクトの記述は省略することができます**。つまりWorksheets("Sheet1")がアクティブなら単に「Range("A1")」だけ書けばよい、ということです。
　このようなオブジェクトの省略にはルールがあり、ブックやワークシート、セルを対象とした操作の場合は、たいてい「Application.」が省略可能ですが、使用するプロパティやメソッド(→P.34)によっては省略できない場合もあります。

例02　セル「A11」のデータをセル範囲B3:F8にコピーする

プロパティ **02**

❶ マクロを実行すると、セル「A11」の値がセル範囲B3:F8にコピーされる

プログラム 標準モジュールに記述する　　　　　　　　　サンプル「データをセル範囲にコピー」

```
Sub データをコピー()
    Range("B3:F8").Value = Range("A11").Value
End Sub
```

ポイント01 Valueプロパティの省略

　P.24では、「セル範囲A1:D5に123のデータを代入」するとき「Range("A1:D5")=123」を実行しました。セルの内容を表すのは「Value」というプロパティです。ですから、「セル範囲A1:D5の値」は「Range("A1:D5").Value」となり、本当は「Range("A1:D5").Value=123」が正しい記述だったのです。

　ところがExcel VBAでは、プロパティが省略されたときには、その省略されたプロパティを推測して補ってくれる機能があります。そのおかげでP.24のサンプルプログラムは、Valueを省略しても動作していたのです。

　一方、P.26では次のようなサンプルを紹介しました。

```
Worksheets("売上一覧").Range("B10") = "=SUM(B4:B9)"
```

▶Formulaプロパティに数式が入っている場合は、Valueプロパティにその計算結果が入る。

　この場合、省略されているのはValueプロパティではなく、**Formula**プロパティです。Formulaプロパティは、セルに数式を入力、または入力されている数式を取得するプロパティです。このようにExcelの推測機能はかなり高度だといえます。

　本書ではオブジェクトの意味をわかりやすく説明するために「Range("A1:D5")=123」等の記述で説明していました。ただ「.Value」を付けるのが正式な記述ですし、間違いも少なくなります。このため本書では、今後、プロパティを省略しないで記述します。

　サンプルプログラムでは、右側の「Range("A11").Value」でセル「A11」の値を取得し、これを左側の「Range("B3:F8").Value」（セル範囲B3:F8）に代入しています。

例03　　**表のタイトル行を緑色で塗りつぶす**

031

CHAPTER 02 オブジェクト、プロパティ、メソッド

マクロを実行すると表の
タイトルだけ緑色になる

プログラム 標準モジュールに記述　　　　　　　　　　　　　　　　　サンプル「表のタイトル行だけ緑色」

```
Sub タイトルを緑色にする()
    Range("A2:F2").Interior.Color = vbGreen
End Sub
```

ポイント01　セルの背景色を設定する

色を設定する方法はいくつかありますが、ここでは**Colorプロパティ**を使った方法を紹介します。

Colorプロパティは直接Rangeオブジェクトに設定することはできません。塗りつぶし属性を表すInteriorオブジェクトのColorプロパティで設定します。

正確にはRangeオブジェクトの**Interiorプロパティ**によってInteriorオブジェクトを取得し、このInteriorオブジェクトのColorプロパティに色の値を設定するということになります。

ポイント02　Colorプロパティで設定する値

Colorプロパティの値は、色を表す整数で指定しますが、このサンプルのように組み込み定数で指定することもできます。

●主な色と組み込み定数

色	組み込み定数	実際の値
黒	vbBlack	0
白	vbWhite	16777215
赤	vbRed	255
緑	vbGreen	65280
青	vbBlue	16711680
黄	vbYellow	65535
マゼンタ（紫）	vbMagenta	16711935
シアン（水色）	vbCyan	16776960

たとえば「実際の値」を使用して、「Range("A2: F2").Interior.Color = 65280」を実行しても、まったく同じ緑色になります。

このような組み込み定数と実際の値の関係は、**オブジェクトブラウザー**で確認することができます。

●オブジェクトブラウザー

▶オブジェクトブラウザーの起動は、VBEの画面で【表示】→【オブジェクトブラウザー】、あるいは F2 を押す。

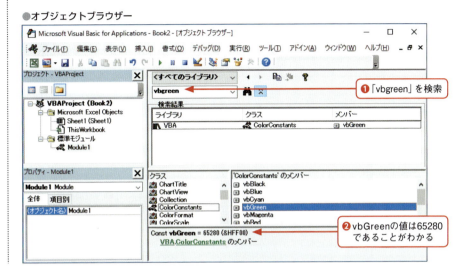

❶「vbgreen」を検索

❷vbGreenの値は65280であることがわかる

関連知識

Tips01 RGB関数で色を指定する

Colorプロパティに設定する「色を示す値」では、RGB関数を使用することもできます。

RGB関数 ➡ 色のRGBを表す値を返す

書　式　　**RGB**(赤, 緑, 青)
解　説　　赤、緑、青の値で構成される色を示す値を返します。各色は0〜255の整数で指定します。

次の例は、セル範囲A1:E1をRGB関数で緑色にします。

サンプル
「Tips_RGB関数で緑色に」

```
Range("A1:E1").Interior.Color = RGB(0, 255, 0)
```

MEMO　[ ]によるRangeオブジェクトの記述

Range("A1:P100")のようなRangeオブジェクトの記述は、[ ]を使って[A1:P100]と書くこともできます。次を実行すると、セル範囲A1:P100に「abcde」と入力されます。

```
[A1:P100].value = "abcde"
```

また次を実行すると、セル「A11」のデータをセル範囲B3:F8にコピーします（→P.31）。

```
[B3:F8].value = [A11].value
```

033

03 メソッド

メソッドとはオブジェクトに対する操作をプログラムとしてまとめたものです。ここでは簡単にできておもしろい、音声読み上げを例にして説明します。Speakメソッドで「Excelに話をさせる」機能。いろいろと応用できます。

例01　パソコンに文章を読み上げさせた後、メッセージを表示する

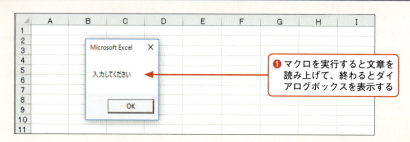

❶ マクロを実行すると文章を読み上げて、終わるとダイアログボックスを表示する

プログラム 標準モジュールに記述　　　　　　　　　　　　　　　**サンプル**「文章を読み上げ」

```
Sub 文章読み上げ()
    Application.Speech.Speak "please enter"
    MsgBox "入力してください"
End Sub
```

ポイント01　SpeechオブジェクトのSpeakメソッド

メソッドとは、**オブジェクトに対して行う処理**のことです。たとえば「RangeオブジェクトのClearメソッド」はセル範囲をクリアしますし、「RangeオブジェクトのPrintOutメソッド」はセル範囲を印刷します。関数と同じようなものと考えることもできますが、必ず戻り値を持つというわけではありません。

メソッドもプロパティと同様にオブジェクトに続けて、間に「.」(ピリオド)を付けて記述します。

オブジェクト.メソッド

↑
間にピリオドを入れる

▶ OSがWindows8.1やWindows10なら多くの場合、日本語を再生する。Windows7の場合は、基本的に日本語音声合成エンジンをインストールしないと日本語は再生しない。

メソッドも関数と同じように、必要に応じて引数を設定します。たとえば、サンプルプログラムの「SpeechオブジェクトのSpeakメソッド」は、引数で指定した文字列を読み上げます。SpeechオブジェクトはApplicationオブジェクトより下にあるため、「Application.

Speech.Speak "読み上げる文章"」の形式で記述します。この場合はApplicationオブジェクトの記述を省略できないので注意してください。

環境によって異なりますが、多くの場合「こんにちは」のような日本語も再生してくれます。

▶詳しくいえば、SpeechプロパティでSpeechオブジェクトを取得していることになる(→P.29)。

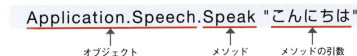

Speakメソッド1 ➡ 指定した文字列を読み上げる

書式	Speechオブジェクト.Speak Text, SpeakAsync
引数	Text ：読み上げる文字列
	SpeakAsync：Trueの場合は読み上げの終了を待たずに次の処理を実行し、False、または省略した場合は読み上げの終了まで次の処理を実行しない。

▶真(True)と偽(False)の2種類の値だけを扱うデータ型をブール値(Boolean)という。Ifステートメントの条件式(→P.44)などに、このデータ型が使われる。

サンプルプログラムでは、読み上げが完全に終了してから、ダイアログボックスが表示されます。2番目の引数として「True」を付けると、読み上げの終了を待たずにダイアログボックスが表示されます。

ポイント02 メソッドの引数を指定する方法

メソッドの引数を指定する場合、次の2通りの方法があります。

(1)カンマで区切って順番に指定する方法

必要な引数を「,」(カンマ)で区切って順番に指定する方法です。次の例では、最初の引数に「"please enter"」を指定し、2番目の引数に「True」を指定しています。

```
Application.Speech.Speak "please enter", True
```

記述は簡潔になりますが、**引数の順番を守る**必要があります。

(2)名前付き引数で指定する方法

メソッドの引数にはすべて名前があります。その名前を使って「**引数の名前:=設定する値**」の形式で指定します。Speakメソッドの引数の名前は第1引数が「Text」で、第2引数が「SpeakAsync」です。このため上のプログラムは、次のように記述することもできます。

```
Application.Speech.Speak Text:="please enter", SpeakAsync:=True
```

▶「Application.Speech.Speak SpeakAsync:=True, Text:="please enter"」と引数の順番を逆に記述することもできる。

記述は複雑になりますが、引数の名前からその意味も理解しやすくなります。

(1)(2)の違いは、引数が多くなるとはっきりしてきます。なお、このサンプルでは使用していませんが、上記の「SpeechオブジェクトのSpeakメソッド」には、3番目と4番目の引数もあります。

CHAPTER 02 オブジェクト、プロパティ、メソッド

▶SpeakXMLにTrueを指定すると、読み上げるテキストをXMLとして認識するようになり、「<」と「>」で囲まれた文字列は無視するようになる。

第3引数「SpeakXML」：第1引数をXMLとして解釈するか否か（TrueまたはFalse）
第4引数「Purge」　 ：現在の読み上げ終了とバッファーのテキスト削除をするか否か
　　　　　　　　　　 （TrueまたはFalse）

　もし引数Textを「Please Enter」、第2、第4引数をTrueに、第3引数をFalseにする場合、それぞれ次のような記述になります。

```
(1)の方法の場合
Application.Speech.Speak "Please Enter", True, False, True

(2)の方法の場合
Application.Speech.Speak Text:="Please Enter", SpeakAsync:=True,
                        SpeakXML:=False, Purge:=True
```

(1)の方が記述が簡潔ですが、引数の意味はすぐにはわかりません。
また、引数SpeakAsyncとSpeakXMLを省略する場合、次のようになります。

```
(1)の方法の場合
Application.Speech.Speak "Please Enter", , , True

(2)の方法の場合
Application.Speech.Speak Text:="Please Enter", Purge:=True
```

　(1)の場合、引数の順番は変えられないので、途中の引数を省略する場合でも「,」は必須ですが、(2)では省略できますし引数の順番を変えることも可能です。さらに次のように混在して記述することもできます。第1引数は「Text」と決まっていますので、名前は省略しても問題ありません。

```
Application.Speech.Speak "Please Enter", Purge:=True
```

例02　ワークシートのデータを音声で読み上げる

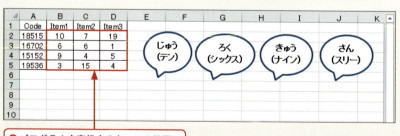

❶ プログラムを実行すると、この範囲の数値が「縦に」読み上げられる

プログラム 標準モジュールに記述　　　　　　　　　　　　　　　　　　　　サンプル「データ読み上げ」

```
Sub データ読み上げ()
    Range("B2:D5").Speak 1
End Sub
```

ポイント01 **RangeオブジェクトのSpeakメソッド**

　同じ機能を持つメソッドが別のオブジェクトにもあるという場合があります。たとえば「Speakメソッド」には、「SpeechオブジェクトのSpeakメソッド」と「Rangeオブジェクトの Speakメソッド」の2種類があります。

　今回使用しているRangeオブジェクトのSpeakメソッドは、Rangeオブジェクトで指定したセル範囲のデータを読み上げます。

Speakメソッド2 ➡ 指定した範囲のデータを読み上げる

書　式　Rangeオブジェクト.**Speak** SpeakDirection
引　数　SpeakDirection：読み上げる方向を以下の数値、または組み込み定数で指定します。
　　　　　　　　　　　1、またはxlSpeakByColumns▶列方向
　　　　　　　　　　　0、またはxlSpeakByRows▶行方向

　サンプルプログラムでは、引数（SpeakDirection）を1（xlSpeakByColumns）にしてSpeakメソッドを実行したため、列方向（縦）に読み上げます。

関連知識

Tips01 **Clearメソッド**

　Clearメソッドは、セル範囲のデータを完全にクリアします。次の例ではセル範囲C4:E10をクリアしています。

サンプル
「Tips_クリア」

```
Range("C4:E10").Clear
```

Tips02 **ClearContentsメソッド**

　ClearContentsメソッドは、セル範囲の数式と文字だけを削除し、セル書式などはそのまま残ります。次は、セル範囲C4:E10の数式と文字だけを削除します。

サンプル
「Tips_データだけ削除」

```
Range("C4:E10").ClearContents
```

Tips03 **ClearFormatsメソッド**

　ClearContentsメソッドとは逆に、セル書式だけをクリアしたい場合はClearFormatsメソッドを使用します。

CHAPTER 02 オブジェクト、プロパティ、メソッド

サンプル
「Tips_書式だけクリア」

```
Range("C4:E10").ClearFormats
```

Tips04 PrintOutメソッド

指定した範囲のデータを印刷したい場合はPrintOutメソッドを使用します。

サンプル
「Tips_PrintOutメソッド」

```
Range("C4:E10").PrintOut
```

Tips05 Activateメソッド

WorksheetオブジェクトのActivateメソッドは、ワークシートをアクティブにします。次の例では、「Sheet3」をアクティブにしています。

サンプル
「Tips_Activateメソッド」

```
Worksheets("sheet3").Activate
```

CHAPTER

03

繰り返し処理と条件分岐

一般的なプログラミングには「逐次処理」、「条件分岐」、「繰り返し」の3つの制御構造があります。プログラムは上から順に実行し（逐次処理）、条件によって実行の流れを変更したり（条件分岐）、繰り返したりして処理を行うのです。この章ではプログラムの基本、「条件分岐」と「繰り返し」を勉強します。

01　繰り返し1：For～Nextステートメント..P.040

02　条件分岐1：If～Thenステートメント...P.044

03　条件分岐2：Select～Caseステートメント..P.049

04　繰り返し2：Do～Loop Untilステートメント..P.053

05　同じオブジェクトを何度も記述しない方法..P.057

06　オブジェクトに対する連続処理：For Each～Nextステートメント.................P.060

01 繰り返し1：For ～ Nextステートメント

　プログラムの基本である「繰り返し」処理を勉強します。最も簡単なのはFor ～ Next。変数を一定の割合で変化させ、目標値になるまで繰り返します。まずは単純に、1、2、3···10という連番を入力してみましょう。

例01　1、2、3···10の連番を入力する

▲	A	B	C	D	E	F
1	No.	氏名	営業評価	勤務評価	指導評価	評価計
2		飯田　聡	10	7	19	37
3		曽根　翔	6	6	1	14
4		野中　弘子	8	8	5	22
5		茂森　美萌	3	15	4	22
6		秦　澤二	22	12	15	51
7		山方　德成	14	11	4	31
8		津雪　律子	13	8	5	26
9		渋谷　藤彦	6	7	13	28
10		小郡　勇太	9	0	10	20
11		浅也　博	12	19	3	35
12						

▲	A	B	C	D	E	F
1	No.	氏名	営業評価	勤務評価	指導評価	評価計
2	1	飯田　聡	10	7	19	37
3	2	曽根　翔	6	6	1	14
4	3	野中　弘子	8	8	5	22
5	4	茂森　美萌	3	15	4	22
6	5	秦　澤二	22	12	15	51
7	6	山方　德成	14	11	4	31
8	7	津雪　律子	13	8	5	26
9	8	渋谷　藤彦	6	7	13	28
10	9	小郡　勇太	9	0	10	20
11	10	浅也　博	12	19	3	35
12						

❶ マクロを実行すると、この範囲に「1」から「10」の連番が入力される

プログラム 標準モジュールに記述　　　　　　　　　　　　　　サンプル「連番入力」

```
Sub 連番入力()
    For y=1 To 10 ·················································· ❶
        Cells(y+1,1).Value = y ·································· ❷
    Next
End Sub
```

ポイント01　Cellsプロパティの使い方

　ExcelVBAでセルを指定する方法は2つあります。Rangeプロパティを使ってRangeオブジェクトを取得する方法、そしてサンプルプログラムのようにCellsプロパティを使ってRangeオブジェクトを取得する方法です。Cellsの場合、次のように行番号と列番号を整数で指定します。

繰り返し1：For～Nextステートメント

Cellsプロパティ ➡ セルを表すRangeオブジェクトを返す

書式 Worksheetオブジェクト.**Cells**(行番号, 列番号)

解説 行番号、列番号で指定したセルのRangeオブジェクトを返します。行番号、列番号の指定を省略して単にCellsとした場合は、ワークシートのすべてのセルを指定したことになります。

> ▶Cellsプロパティのメリットはセルを数値で指定できるということにあり、プログラムで操作するのに向いているところがRangeプロパティと異なる。

ここでいう行番号、列番号は次のように数えます。

●行番号と列番号

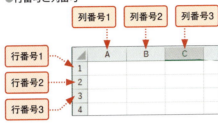

たとえばセル「B3」（行番号が「3」、列番号が「2」）に「ABC」と入力する場合、次のようになります。

```
Cells(3,2).Value = "ABC"
```

Rangeオブジェクトと同様に、上位のWorksheetオブジェクトを記述しないと、アクティブなワークシートが対象となります。

なおこのサンプルでは「.Value」を省略しても問題なく動作します。ただしP.31で書いたように「.Value」を付けるのが正式な記述ですし、間違いも少なくなります。

ポイント02　For ～ Nextで処理を繰り返す

どんなプログラミング言語にも「繰り返し処理」の機能があります。本書でここまで勉強してきたVBAのプログラムは、いわゆる「逐次実行」であり、上から下に向かって1行ずつ実行していました。「繰り返し」の命令はいくつかありますが、「For ～ Nextステートメント」は最も基本的なものです。

ステートメントとは、Excelに1つの命令を与えることができるプログラムの単位のことをいいます。

構文 For ～ Nextステートメント

```
For カウンタ変数=初期値 To 最終値 [step 増加値]
    繰り返す処理
Next
```

> ▶変数の規則に関してはAPPENDIX (→P.279)を参照

「カウンタ変数」は、サンプルプログラムの **1** にある「y」のことです。For ～ Nextは「1、

CHAPTER 03 繰り返し処理と条件分岐

2、3…」と数えながら（カウントしながら）処理を繰り返すので、まさに「カウンタ」（数を数えるもの）です。今回は、たまたまカウンタ変数をyとしましたが、別に「n」でも、「kaisuu」でも、「回数」などの日本語でもかまいません。

Stepに続く「増加値」は、処理が行われるたびにカウンタ変数の値が増える、その増加量のことです。マイナスの値を設定すれば、カウンタ変数の値はだんだん減少していくことになります。今回のようにStepの部分を省略すると、「Step 1」が指定されたものとして、自動的に1ずつ増加します。

サンプルプログラムは「yが1から1ずつ増えて10になるまで、**2**を繰り返せ」という命令です。**2**の「Cells(y+1,1).Value=y」は、yの値が増えるたびに次のように変化します。

```
Cells(1+1,1).Value=1    ◀········    セル「A2」に1を入力（yは1）
Cells(2+1,1).Value=2    ◀········    セル「A3」に2を入力（yは2）
        ⋮
Cells(10+1,1).Value=10  ◀········    セル「A11」に10を入力（yは10）
```

関連知識

Tips01 増加値を負の値にする

次の例では、100、80、60・・・0と、20ずつ減少させて表示します。

サンプル
「Tips_減少させ表示」

```
For y=100 To 0 STEP -20
    MsgBox y
Next
```

Tips02 セル範囲A1:J1に1 〜 10の値を入力する

先ほどのサンプルとは逆に、列番号の方を変化させる例です。

サンプル
「Tips_水平に入力」

```
For x=1 To 10
    Cells(1,x).Value=x
Next
```

Tips03 掛け算九九表を作る

次の例では、For 〜 Nextステートメントを2重に使って、九九表を作る例です。

サンプル
「Tips_掛け算九九表」

```
For x = 1 To 9
    For y = 1 To 9
        Cells(y, x).Value = x * y
    Next
Next
```

042

	A	B	C	D	E	F	G	H	I	J
1	1	2	3	4	5	6	7	8	9	
2	2	4	6	8	10	12	14	16	18	
3	3	6	9	12	15	18	21	24	27	
4	4	8	12	16	20	24	28	32	36	
5	5	10	15	20	25	30	35	40	45	
6	6	12	18	24	30	36	42	48	54	
7	7	14	21	28	35	42	49	56	63	
8	8	16	24	32	40	48	56	64	72	
9	9	18	27	36	45	54	63	72	81	
10										

外側の「For x = 1 To 9 ～ Next」でxが1から9まで変化しながら、内側の「For y = 1 To 9 ～ Next y」を繰り返します。内側の「For y = 1 To 9 ～ Next」ではそれぞれ、yが1から9まで変化しながら繰り返します。

●x=1の場合（1列目のA1 ～ A9に1 ～ 9を入れる）

```
y=1 ………… Cells(1, 1).Value = 1 * 1
y=2 ………… Cells(2, 1).Value = 1 * 2
  ⋮
y=9 ………… Cells(9, 1).Value = 1 * 9
```

●x=2の場合（2列目のB1 ～ B9に2 ～ 18を入れる）

```
y=1 ………… Cells(1, 2).Value = 2 * 1
y=2 ………… Cells(2, 2).Value = 2 * 2
  ⋮
y=9 ………… Cells(9, 2).Value = 2 * 9
```

⋮

●x=9の場合（9列目のI1 ～ I9に9 ～ 81を入れる）

```
y=1 ………… Cells(1, 9).Value = 9 * 1
y=2 ………… Cells(2, 9).Value = 9 * 2
  ⋮
y=9 ………… Cells(9, 9).Value = 9 * 9
```

02 条件分岐1：If ～ Then ステートメント

　プログラムの基本構文「条件分岐」。これは条件によって、プログラムが処理する流れを変えます。いろいろな構文がありますが、まずは多くのプログラム言語に存在する基本、「If ～ Then」です。

例01 　成績ごとに異なるメッセージを表示する

❶ マクロを実行すると、販売件数の入力を求められる

❷ 数値を入力して、「OK」をクリックする

100以上の場合 …▶ 目標達成

目標に届きません ◀… 100未満の場合

プログラム 標準モジュールに記述

サンプル「ifで条件分岐」

```
Sub ifで条件分岐()
    ken = InputBox("今期の販売件数を入力してください") ············· ❶
    If ken>=100 Then ······································· ❷
        MsgBox "目標達成"
    Else
        MsgBox "目標に届きません"
    End If
End Sub
```

ポイント01 条件分岐の方法

　VBAのプログラムは上から下に向かって逐次実行していきますが、Ifによってその流れを変えることができます。Ifの後に条件を入れ、条件が正しければThen以下を実行し、正しくなければElse以下を実行します。

044

条件分岐1：If〜Thenステートメント **02**

> **構文** If〜Thenステートメント
>
> ```
> If 条件 Then
>     条件が正しいとき実行する処理
> Else
>     条件が正しくないときに実行する処理
> End If
> ```

Elseの部分を省略した場合、「条件」が正しいときだけ指定した処理を行い、「条件」が正しくないときは何も実行しません。

VBAではこの「正しい」、「正しくない」を**True、False**という特別な値で表し、これらを論理値、または**ブール値**と呼びます。つまり「条件」にはTrue、もしくはFalseを返す式を指定します。

サンプルプログラムの**1**では、InputBoxで入力したデータを一度、変数kenに入れます。そして**2**で、kenを数値100と比較します。変数kenの値が100以上の場合は、「ken>=100」はTrueを返すので、「目標達成」を表示します。また変数kenが100未満の場合はFalseとなり、Else以下の処理が実行されて「目標に届きません」を表示します。

▶InputBox関数の戻り値は文字列であり、文字列であるkenと数値である100を比較しているように見えるが、実際は「ken>=100」で適切な数値の型に変換してくれるので問題なく実行できる。

ポイント02 比較演算子

サンプルで使用している「>=」のように、式の中で使用すると**ブール値を返す演算子**を比較演算子と呼びます。比較演算子には以下のようなものがあります

●比較演算子

演算子	例	解説
=	a=b	aとbが等しい場合にTrue
>	a>b	aがbより大きい場合にTrue
>=	a>=b	aがb以上の場合にTrue
<	a<b	aがb未満の場合にTrue
=>	a<=b	aがb以下の場合にTrue
<>	a<>b	aとbが等しくない場合にTrue

▶プログラミング言語によっては、「等しい」を表す比較演算子に「==」を採用して、代入の「=」とはっきり区別しているものもある。

なお、以前「=」は代入を意味するという解説をしましたが、比較演算子として使用する場合は「等しい」を意味します。たとえば上記のようにIfステートメントの条件として使用している式に「=」が含まれている場合は、自動的に比較演算子だと判断されます。

関連知識

Tips01 セル範囲C2:C11の空白セルに「値なし」と入力して黄色にする

次のサンプルではFor〜Nextステートメントで、変数yが2から11まで増加するたびに、内側のIfステートメントが繰り返し実行されます。このような「セル範囲を片っ端から調べて、命中したら実行」という処理を覚えておくと、いろいろなところで役立ちます。

045

```
Sub 未入力をマーク()
    For y = 2 To 11
        If Cells(y, 3).Value = "" Then
            Cells(y, 3).Value = "値なし"
            Cells(y, 3).Interior.Color = vbYellow
        End If
    Next
End Sub
```

サンプル
「Tips_未入力をマーク」

入力されていないセル

❶ マクロを実行すると、「値なし」と入力し黄色になる

「""」は「長さ0の文字列」を表し、**空文字**と呼ばれます。つまり「セルの内容=""」は、「セルに何も入力されていない」ということを意味します。このサンプルでは、行番号が2から11までの3列目のセルを調べ、「もしセルに何も入力されていなければ」(If Cells(y, 3).Value = "" Then)、「値なし」と入力し「セルを黄色」に塗りつぶしています。

ただし「セルが空か？」を厳密に判断するのは、けっこう面倒なことです。たとえばこのプログラムでは、「 」が1文字入っていても空と判断されてしまいます。また「=""」の数式が入っていても、空と判断されてしまいます。難しいですね。今回は、「単純な文字列が入力されているか否か」で条件分岐をしています。

例02 「はい」と「いいえ」の質問を二重に組み合わせる

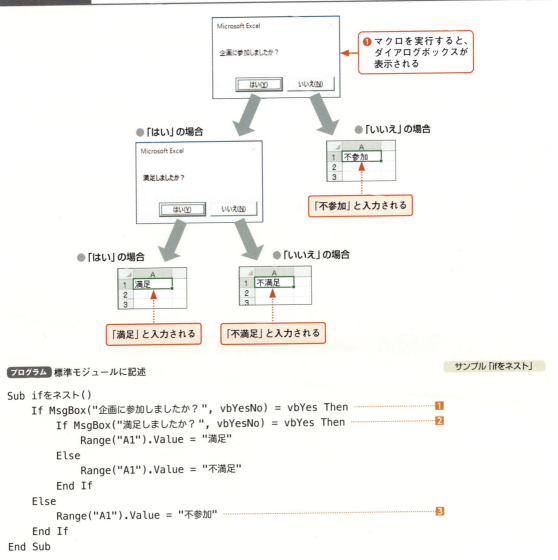

プログラム 標準モジュールに記述　　　　　　　　　　　　　　　　　　　　**サンプル**「ifをネスト」

```
Sub ifをネスト()
    If MsgBox("企画に参加しましたか？", vbYesNo) = vbYes Then     ……… 1
        If MsgBox("満足しましたか？", vbYesNo) = vbYes Then       ……… 2
            Range("A1").Value = "満足"
        Else
            Range("A1").Value = "不満足"
        End If
    Else
        Range("A1").Value = "不参加"                              ……… 3
    End If
End Sub
```

ポイント01 Ifのネスト

　サンプルプログラムでは最初のIfの分岐構造❶の中に、さらにIfの分岐構造❷があります。このように、ある命令の構造の中に、さらに同じ構造を入れ込むことを「ネスト」、または「入れ子」といいます。

　❶の最初のIfステートメントでは「MsgBox("企画に参加しましたか?", vbYesNo)」の戻り値がvbYesの場合は、さらに次の❷のIf文の分岐に進み、vbYesでない場合（vbNoの場合）は、外側のElse以下の❸の処理に進みます。

　❷のIfステートメントでは、「MsgBox("満足しましたか?", vbYesNo)」の戻り値がvbYesの場合は「満足」の文字を挿入し、それ以外は「不満足」の文字を挿入します。

CHAPTER 03 繰り返し処理と条件分岐

ポイント02 MsgBoxで「はい」と「いいえ」を表示

これまでメッセージを表示するためだけにMsgBox関数を使用してきましたが、第2引数を指定することで、ダイアログボックスに表示されるボタンの種類を変更したり、戻り値を設定することができるようになります。

このサンプルのように「MsgBox(" ～ ",vbYesNo)」とすると、ダイアログボックスに「はい」と「いいえ」の2つのボタンが表示されます。「はい」をクリックすると「vbYes」という組み込み定数が、また「いいえ」をクリックすると「vbNo」が返されますので、これらの値を使ってプログラムを制御することができます。

▶このMsgBoxの例のように、関数が値を返しその値を利用するときは、引数を( )で囲う必要がある（→P.18）。

●MsgBox関数の第2引数で指定できる値

表示されるボタン	定数	定数の値
「はい」と「いいえ」を表示	vbYesNo	4
「はい」、「いいえ」、「キャンセル」を表示	vbYesNoCancel	3
「OK」と「キャンセル」を表示	vbOKCancel	1
「中止」、「再試行」、「無視」を表示	vbAbortRetryIgnore	2
「再試行」「キャンセル」を表示	vbRetryCancel	5
「OK」と「×」のアイコンを表示	vbCritical	16
「OK」と「?」のアイコンを表示	vbQuestion	32
「OK」と「！」のアイコンを表示	vbExclamation	48
「OK」と「i」のアイコンを表示	vbInformation	64

●上記の各形式のときMsgBox関数が返す「戻り値」

選択したボタン	定数	定数の値
「OK」	vbOK	1
「キャンセル」	vbCancel	2
「中止」	vbAbort	3
「再試行」	vbRetry	4
「無視」	vbIgnore	5
「はい」	vbYes	6
「いいえ」	vbNo	7

03 条件分岐２：Select〜Caseステートメント

　If〜Thenを何重にも設定（ネスト）すれば、複雑な分岐処理を行うこともできます。しかし、そのようなときは、Select〜Caseを使うと記述が簡単になり、構造がわかりやすくなります。ここでは、文字の種類によって、セルの色を塗り分けるプログラムを考えてみましょう。

例01　入力されている文字列ごとに色を分けて塗りつぶす

❶マクロを実行すると地区ごとに背景色が設定される

プログラム 標準モジュールに記述　　　　　　　　　　　　サンプル「select_case」

```
Sub select_case()
    For y = 3 To 20 ..................................................... 1
        Select Case Cells(y, 1).Value ................................ 2
            Case "関東地区" .......................................... 3
                Cells(y, 1).Interior.Color = vbGreen ................. 4
            Case "北海道地区"
                Cells(y, 1).Interior.Color = vbCyan
            Case "九州地区"
                Cells(y, 1).Interior.Color = vbMagenta
            Case Else
                Cells(y, 1).Interior.Color = vbYellow
        End Select
    Next
End Sub
```

ポイント01　Select〜Caseステートメント

　複数の条件で分岐させる場合、If〜Then〜Elseをネストすれば処理できました（→P.47）。しかしこれだと、複雑な分岐では記述がわかりにくくなってしまいます。Select〜Caseを使えば、何重もの分岐もわかりやすく記述できます。

049

03 繰り返し処理と条件分岐

構文 Select ～ Caseステートメント

```
Select Case 判断する式
        Case 式の値1
                処理1
        Case 式の値2
                処理2
                  ⋮
        Case Else
                その他の処理
End Select
```

「判断する式」には何らかの値を返す式を設定し、「式の値n」には「判断する式」が返す可能性のある値を並べます。そして2つの値が一致したCase以下の処理が実行されます。どの条件にも一致しないときはCase Else以下の処理を行います。Caseの分岐はいくつあってもかまいません。

サンプルプログラムでは行数をyとしています。**1**のFor ～ Nextで、yが3から20になるまで処理を繰り返し、A列の3行目から20行目までの値を調べます。**2**のSelect Caseの後に記述されている「Cells(y, 1).Value」が「判断する式」になります。

yと「Cells(y, 1).Value」は次のように変化します。

yの値	Cells(y, 1).Value	「Cells(y, 1).Value」が表すもの
3	Cells(3, 1).Value	セル「A3」の値
4	Cells(4,1).Value	セル「A4」の値
5	Cells(5,1).Value	セル「A5」の値
⋮		
20	Cells(20, 1).Value	セル「A20」の値

セル「A3」の値（Cells(3, 1).Value）から、セル「A20」までの値（Cells(20, 1).Value）を調べます。もし**3**で「関東地区」に一致したら、**4**でInteriorオブジェクトのColorプロパティにvbGreenを設定して、セルを緑色にします（→P.32）。同様に、もし「北海道地区」に一致したらvbCyanを、「九州地区」ならvbMagenta（赤）を、それ以外ならvbYellow（黄色）を設定してセルを塗りつぶしています。

関連知識

Tips01 値の大小で分岐

▶比較演算子については
P.45参照。

値が一致した場合ではなく、「～以上」、「～未満」のような値の範囲で処理を分岐させたいときは、「**Case Is**」以下に比較演算子を使った式を記述します。次はセル範囲A1:A20を、入力されている値によって4つの色で塗り分けるプログラムです。

条件分岐2：Select～Caseステートメント

```
Sub 数値で色分け()
    For y = 1 To 20
        Select Case Cells(y, 1).Value
            Case Is >= 80
                Cells(y, 1).Interior.Color = vbMagenta
            Case Is >= 50
                Cells(y, 1).Interior.Color = vbGreen
            Case Is >= 30
                Cells(y, 1).Interior.Color = vbCyan
            Case Else
                Cells(y, 1).Interior.Color = vbYellow
        End Select
    Next
End Sub
```

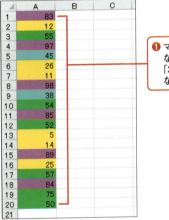

❶ マクロを実行すると、「80以上」ならマゼンタ、「50以上」なら緑、「30以上」ならシアン、それ以外なら黄色に設定される

サンプル
「Tips_値の大小で分岐」

Tips02　If～ElseIfステートメント

処理を複数に分岐させる方法として、次のようなIf～ElseIfステートメントがあります。

構文　If～ElseIfステートメント

```
If 条件1 Then
    条件1が正しいとき実行する処理
ElseIf 条件2 Then
    条件2が正しいとき実行する処理
Else
    条件1と条件2が正しくないときに実行する処理
End If
```

基本的にはIf～ThenステートメントにElseIfが追加されて、複数の条件で分岐できる

051

ようになっています。ElseIfはいくつあってもかまいません。

次は先ほどのSelect～Caseの例を、If～ElseIfを使って処理したものです。

サンプル
「Tips_If_Elself.xlsm」

```
Sub If_ElseIf()
    For y = 1 To 20
        If Cells(y, 1).Value >= 80 Then
            Cells(y, 1).Interior.Color = vbMagenta
        ElseIf Cells(y, 1).Value >= 50 Then
            Cells(y, 1).Interior.Color = vbGreen
        ElseIf Cells(y, 1).Value >= 30 Then
            Cells(y, 1).Interior.Color = vbCyan
        Else
            Cells(y, 1).Interior.Color = vbYellow
        End If
    Next
End Sub
```

> **MEMO** **Select～Caseのさまざまな条件設定方法**
>
> Select～Caseステートメントの条件指定には、この節で解説した方法のほかに複数の特定の値に合致したときという指定も可能です。その場合は値を「Case」のうしろに「,」(カンマ)で区切って値を並べます。またFor～Nextの条件指定のようにToを使って数値の範囲を指定することもできます。
>
> 次は、入力したエラーコードによって「1」、「5以上10以下」、「23または354または1015」、「それ以外」で処理を分岐する例です。このようにいろいろな指定方法を混在させることも可能です。

サンプル
「Select_Case2」

```
Sub エラーコードによる分岐()
    n = InputBox("エラーコードを入力してください")

    Select Case n
        Case 1 ·································· 特定の値の場合
            MsgBox "クリーニングをしてください"
        Case 5 To 10 ·························· 数値の範囲を指定した場合
            MsgBox "リセットしてください"
        Case 23, 354, 1015 ·················· 複数の特定の値の場合
            MsgBox "担当者に至急連絡してください"
        Case Else ···························· それ以外
            MsgBox "そのまま使ってください"
    End Select
End Sub
```

04 繰り返し2：Do 〜 Loop Untilステートメント

セクション01ではFor 〜 Nextの繰り返し構文を紹介しましたが、VBAにはこれ以外にもさまざまな繰り返し構文があります。たとえば「Do 〜 Loop Until」「Do 〜 Loop While」「Do Until 〜 Loop」「Do While 〜 Loop」など。ここでは「入力したメールアドレスに、@がないと受け付けない」というプログラムを考えてみましょう。

例01　メールアドレスに@が入っていないと永遠に受け付けない

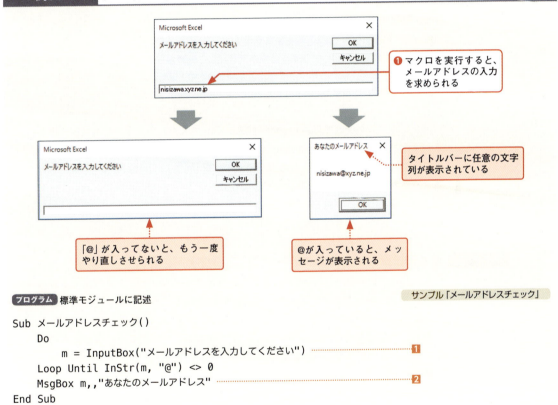

プログラム 標準モジュールに記述　　　　　　　　　　　　　　　　サンプル「メールアドレスチェック」

```
Sub メールアドレスチェック()
    Do
        m = InputBox("メールアドレスを入力してください")         1
    Loop Until InStr(m, "@") <> 0
    MsgBox m,,"あなたのメールアドレス"                        2
End Sub
```

ポイント01　Do 〜 Loop Untilステートメント

　Do〜Loop Untilステートメントは、「終了する条件」で設定する**条件がTrueを返すまで**「繰り返す処理」を繰り返します。

> **構文** Do ～ Loop Until ステートメント

```
Do
      繰り返す処理
Loop Until  終了する条件
```

For ～ Nextステートメントとは、**繰り返しの回数を指定しないところ**が異なっています。
サンプルプログラムでは「InStr(m, "@") <> 0」、つまり「InStr(m, "@")の値が0以外」に
なるまで繰り返すことになります（次のポイントを参照）。

ポイント02 InStr関数

InStrは、文字列を検索するためのVBA関数です。

InStr関数 ➡ 文字列を検索して、その位置を返す

書 式	**InStr**(対象文字列, 検索する文字列)
解 説	対象文字列の中で検索する文字列を探し、先頭から何文字目で見つかったかを表す数値を返します。見つからなかった場合は、0を返します。半角文字、全角文字は区別せず、どちらも1文字としてカウントされます。

サンプルプログラムでは、ユーザーがInputBoxで入力した文字列を変数mに代入し、「@
が何文字目にあるか」を「InStr(m, "@")」で調べています。この値が0であれば「@がない」
ということになります。このため「Until InStr(m, "@") <> 0」は、「文字列mに@が含まれ
るようになるまで」、**1** を繰り返すことになります。

そしてInputBoxで「@」を含めた文字列を入力すれば、「Do ～ Loop Until」の繰り返し
を抜けて、**2** が実行されます。

ポイント03 ダイアログボックスのタイトルに任意の文字列を表示

MsgBox関数の第3引数に指定した文字列は、ダイアログボックスのタイトルバーに表
示されます。サンプルプログラムでは引数を「m,,"あなたのメールアドレス"」とすること
で、タイトルバーに「あなたのメールアドレス」と表示しています。

なお、今まで登場したMsgBoxでは第3引数を省略していました。省略した場合、タイ
トルバーにはアプリケーション名である「Microsoft Excel」が表示されます。

2 では第2引数を省略していることを表すために「,」を2つ入れていますが、名前付き引
数（→P.35）を使って次のようにしてもかまいません。第3引数の名前は「Title」になります。

```
MsgBox m, Title:="あなたのメールアドレス"
```

関連知識

Tips01 Do～Loop Whileステートメント

Do～Loop Untilは、条件がTrueになるまで処理を繰り返しました。これに対してDo～Loop Whileは条件がFalseになるまで処理を繰り返します。好みで使い分けてください。

構文 Do～Loop Whileステートメント

```
Do
    繰り返す処理
Loop While  繰り返す条件
```

次のDo～Loop Whileの例は、P.53のDo～Loop Untilとまったく同じ動作をします。

サンプル「Tips_正しいうちは繰り返す」

```
Sub 正しいうちは繰り返す()
    Do
        m = InputBox("メールアドレスを入力してください")
    Loop While InStr(m, "@") = 0
        MsgBox m , , "あなたのメールアドレス"
End Sub
```

例02 B列とC列の値の積をD列に入力、これを空白になるまで繰り返す

❶マクロを実行すると、B列とC列の積がこの範囲に入力される

プログラム 標準モジュールに記述　　　サンプル「do_until_loop」

```
Sub 積を入力()
    y = 2                                                       ❶
    Do Until Cells(y, 1).Value = ""                             ❷
        Cells(y, 4).Value = Cells(y, 2).Value * Cells(y, 3).Value  ❸
        y = y + 1                                               ❹
    Loop
End Sub
```

CHAPTER 03 繰り返し処理と条件分岐

ポイント01 Do Until ～ Loopステートメント

> ▶このサンプルであれば、もしセル「A2」が空白セルの場合、1回も「積の入力」は行われない。

「Do Until ～ Loop」も、指定した条件が正しくなるまで処理を繰り返します。ただし「Do ～ Loop Until」と異なり、**最初に「終了する条件」を判断**します。このため、もし最初に条件が一致してしまえば、1回も処理は行われません。

構文　Do Until ～ Loopステートメント

```
Do Until 終了する条件
    繰り返す処理
Loop
```

サンプルプログラムは、B列の値とC列の値の積をD列に入力するものです。

> ▶「y=y+1」とは、yに現在のyを増やした値を代入するという意味。つまり「yを1増やす」ことになる。

処理する行の行番号を変数yとします。処理を2行目から開始するように、最初に**1**で「y=2」としています。そして、繰り返しのたびに**4**の「y=y+1」で、処理する行番号を1ずつ増やしています。

2の「Until Cells(y, 1).Value = ""」は、「処理する行のA列が空白になるまで」という条件です。該当するセルにデータが存在する間は、**3**でB列（Cells(y, 2).Value）とC列（Cells(y, 3).Value）の積を、D列（Cells(y, 4).Value）に入力し続けます。

関連知識

Tips01 Do While ～ Loopステートメント

Do While ～ Loopは、指定した**条件が正しいうちは**処理を繰り返します。Do ～ Loop WhileとDo While ～ Loopでは、Whileによる繰り返しの判断を行うタイミングが異なります。Do ～ Loop Whileでは繰り返しの判断を最後に行うため、少なくとも1回は処理が行われます。これに対してDo While ～ Loopでは、繰り返しの判断を最初に行うため、最初から条件が正しくない場合は、一度も処理が行われないことになります。

次は、前ページのDo Until ～ Loopのプログラムとまったく同じ動作をします。

> **サンプル**
> 「Tips_do_while_loop」

```
Sub do_while_loop()
    y = 2
    Do While Cells(y, 1).Value <> ""
        Cells(y, 4).Value = Cells(y, 2).Value * Cells(y, 3).Value
        y = y + 1
    Loop
End Sub
```

05 同じオブジェクトを何度も記述しない方法

プログラムを書いていると、同じオブジェクトのプロパティやメソッドを繰り返して記述しなければならない場合があります。このようなときはオブジェクトの指定を簡略化できるWithステートメントを使いましょう。プログラムが見やすくなります。

例01　「フォントをHG正楷書体-PRO」「サイズを8」「色を青」を一度に設定する

❶ マクロを実行すると、この範囲のセルのフォントが「HG正楷書体-PRO」、文字サイズが8ポイント、色が青に変更される

プログラム 標準モジュールに記述　　　　　　　　　　　　　　サンプル「with」

```
Sub フォントを変更()
    With Worksheets("名簿").Range("B1:D11").Font    ❶
        .Name = "HG正楷書体-PRO"
        .Size = 8                                   ❷
        .Color = vbBlue
    End With
End Sub
```

ポイント01　同一のオブジェクトに対する複数の処理を記述

同じオブジェクトに対して複数の処理を行う場合、オブジェクトの指定を繰り返して記述することになります。こんなときは**Withステートメント**を使いましょう。簡潔な、わかりやすいプログラムにすることができます。

CHAPTER 03 繰り返し処理と条件分岐

▶行の先頭に「.」を付けることを忘れないこと。

> **構文** Withステートメント
>
> ```
> With オブジェクト名
>         .処理1
>         .処理2
>         .処理3
>         ……
> End With
> ```

　Withの後にオブジェクト名を指定すると、End Withまでの間は、その**オブジェクトの記述を省略**することができます。サンプルの **1** ではWithの後に「Worksheets("名簿").Range("B1:D11").Font」が指定されていますので、End Withまでの間はこの記述を省略されています。

　このため **2** の部分は「.」から記述が始まっているわけです。もしサンプルプログラムの内容を、Withステートメントを使わずに記述すると次のようになります。

```
Worksheets("名簿").Range("B1:D11").Font.Name = "HG正楷書体-PRO"
Worksheets("名簿").Range("B1:D11").Font.Size = 8
Worksheets("名簿").Range("B1:D11").Font.Color = vbBlue
```

ポイント02 Fontオブジェクト

　Fontはその名のとおり、フォントの属性を表すオブジェクトです。FontオブジェクトはRangeオブジェクトの下位にあります。文字の「フォント名」、「サイズ」、「色」は、それぞれFontオブジェクトの**Nameプロパティ**、**Sizeプロパティ**、**Colorプロパティ**で設定します。

ポイント03 オブジェクト変数とSetステートメント

　オブジェクト変数を利用することでも、同じオブジェクトに対する複数の処理を簡潔に記述することができます。これまで解説してきた変数の中身は、数値や文字列などの基本的なデータ型ばかりでしたが、Rangeなどのオブジェクトも変数に代入することができます。このような**オブジェクト変数**に値を設定するには、Setステートメントを使用する必要があります。

▶実際にはオブジェクトそのものを代入しているわけではなく、オブジェクトへの参照を代入している。ただし、現段階でその違いを理解する必要はなく、オブジェクトと同じように使えることだけ理解すればよい。

> **構文** Setステートメント
>
> ```
> Set 変数名 = オブジェクト
> ```

　オブジェクト変数は実際のオブジェクトのように扱うことができます。たとえばこのセクションのサンプルプログラムを、Setステートメントを使って記述すると次のようになります。

058

サンプル
「Setを使うと」

```
Set Obj = Worksheets("名簿").Range("B1:D11").Font
Obj.Name = "HG正楷書体-PRO"
Obj.Size = 8
Obj.Color = vbBlue
```

　上記では「Worksheets("名簿").Range("B1:D11").Font」をオブジェクト変数「Obj」に代入しています。読みやすいコードを書くための、重要なテクニックです。ぜひ覚えておいてください。

関連知識

Tips01　Withステートメントをネストさせる

　複数のオブジェクトを省略表記したい場合は、Withステートメントをネストさせることもできます。

　次はP.57のフォントを変更するWithステートメントのサンプルに、さらにセルの背景色を水色にする処理を加えたものです。Fontオブジェクトの「Name」、「Size」、「Color」の各プロパティを設定するだけでなく、Rangeオブジェクトの「Interior.Color」を設定する必要があります。

サンプル
「Tips_withをネスト」

```
With Worksheets("名簿").Range("B1:D11")
    .Interior.Color = vbCyan
    With .Font
        .Name = "HG正楷書体-PRO"
        .Size = 8
        .Color = vbBlue
    End With
End With
```

　この場合、のWithステートメントで省略されるオブジェクトは「Worksheets("名簿").Range("B1:D11").Font」です。

06 オブジェクトに対する連続処理：For Each ～ Nextステートメント

For Each ～ Nextは、コレクション中のすべてのオブジェクトに対して、連続して処理を実行します。処理する順番は指定できませんが、すべてのオブジェクトに対する処理を簡潔に記述できます。

例01　すべてのワークシートの名前をセル「A1」に入力する

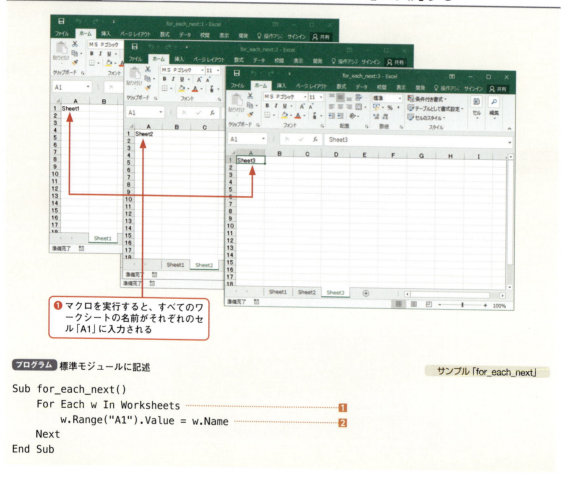

❶ マクロを実行すると、すべてのワークシートの名前がそれぞれのセル「A1」に入力される

プログラム 標準モジュールに記述　　　　　　　　　　　　　　　　サンプル「for_each_next」

```
Sub for_each_next()
    For Each w In Worksheets                ❶
        w.Range("A1").Value = w.Name        ❷
    Next
End Sub
```

ポイント01　For Each ～ Nextステートメント

「処理の対象をオブジェクト」と呼び、「オブジェクトの集まりがコレクション」であることは、すでに勉強しました（→P.26）。**コレクションに含まれるすべてのオブジェクトに対**

オブジェクトに対する連続処理：For Each 〜 Nextステートメント **06**

して処理を実行するのがFor Each 〜 Nextステートメントです。For 〜 Next（→P.40）は繰り返しの回数を決めて実行しますが、For Each 〜 Nextはコレクションに含まれるオブジェクトの数だけ処理を繰り返します。

> **構文** For Each 〜 Nextステートメント
>
> ```
> For Each 変数名 In コレクション
>     繰り返す処理
> Next
> ```

「コレクション」が持つすべてのオブジェクトを、「変数名」に次々と代入しながら、「繰り返す処理」を繰り返し実行します。ただし、処理するオブジェクトの順番を指定することはできません。

ポイント02 **すべてのワークシートに対して処理**

ブックに存在するすべてのワークシート（Worksheetオブジェクト）は、Worksheetsコレクションで表すことができます（→P.26）。サンプルプログラムでは、**1**により、すべてのワークシートが順番に変数wに代入されます。

そしてWorksheetオブジェクトの**Nameプロパティ**は、ワークシートの「ワークシート名」を返します。**2**ではNameプロパティで取得したワークシート名を、各ワークシートのセル「A1」に書き込んでいます。たとえば次のような処理を行っているのと同じです。

▶処理される順は確定できない。これはその一例であるということ。

```
Worksheets("Sheet1").Range("A1").Value = Worksheets("Sheet1").Name
Worksheets("Sheet2").Range("A1").Value = Worksheets("Sheet2").Name
Worksheets("Sheet3").Range("A1").Value = Worksheets("Sheet3").Name
                               ⋮
```

関連知識

Tips01 **セル範囲D5:M14の数値をすべて100倍にする**

P.26で、Rangeオブジェクトは1つのセルを表す場合も、複数のセルを含むセル範囲を表す場合もRangeオブジェクトといい、Rangeコレクションとはいわないという話をしました。

次の例ではFor Each 〜 Nextステートメント中で「For Each c In Range(…)」のように使っています。つまりこのサンプルでRangeは「コレクション」として働いているのです。このようにRangeコレクションとはいわないが、コレクションとして使用できることを覚えておいてください。

サンプル
「Tips_すべて100倍にする」

```
For Each c In Range("D5: M14")
    c.Value = c.Value * 100
Next
```

061

Tips02 入力されていないセルだけ黄色で塗りつぶす

これもRangeがコレクションとなり、「For Each ~ Next」でそのすべてのセルに対して処理する例です。

セル範囲D5:M14のすべてのセルに対し、その1つのセルの値を「c.Value」としてこれが""だったら、そのセルを黄色に塗りつぶします。P.46のサンプルでも紹介しましたが「""」は「長さ0の文字列」であり、何も入力されていないことを表します。

サンプル
「Tips_入力されていないセルは黄色」

```
Sub 入力されていないセルは黄色()
    For Each c In Range("D5: M14")
        If c.Value="" Then
            c.Interior.Color = vbYellow
        End If
    Next
End Sub
```

CHAPTER
04

セル範囲を指定する

どんな処理を行うにしても、まず対象となるセルを選択しなければ、何も始まりません。この章では、「行」、「列」、「使われている範囲」、「シフトした範囲」、「データの端」など、さまざまなセルの指定方法を勉強します。

01	Rangeオブジェクトのいろいろな取得方法	P.064
02	「そこに続いている領域」を指定する	P.068
03	「シフトした領域」、「サイズを変更した領域」を指定する	P.070
04	「領域の端」を指定する	P.073

01 Rangeオブジェクトのいろいろな取得方法

まずは基本的なセル範囲の指定方法です。「複数の範囲」、「行だけ」、「列だけ」、「座標で指定」、「2つの範囲に囲まれた領域」、「ドラッグで選択した領域」を指定する方法に慣れましょう。マウス操作では面倒な選択も、VBAなら簡単です。

例01　2つのセル範囲を一度に塗りつぶす

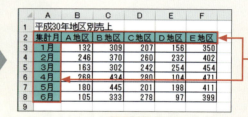

❶ マクロを実行すると、この範囲の背景色がシアンになる

プログラム 標準モジュールに記述　　　　　　　　　　　サンプル「表のタイトル行と列に色を付ける」

```
Sub 表のタイトル行と列に色を付ける()
    Range("A2:A8, B2:F2").Interior.Color = vbCyan
End Sub
```

ポイント01　複数のセル範囲を指定する

「Range("セル範囲1, セル範囲2, セル範囲3, ･･･")」のように、**""」の中を「,」で区切って指定**すると、指定したすべての領域を取得します。サンプルプログラムでは、「A2:A8」と「B2:F2」の両方のRangeオブジェクトを取得し、Colorプロパティでシアンに塗りつぶしています（→P.32）。

▶ここでいう「セル範囲1」や「セル範囲2」は単独のセルでもかまわない。

ただし「Range("A2:A8", "B2:F2") ～」のように、**セル範囲のそれぞれを""で囲ってしまうと**、「セル範囲1を始点」、「セル範囲2を終点」として囲む領域を取得してしまいます。この例では、セル範囲A2:F8が塗りつぶされてしまうので注意してください。

「Range("A2:A8", "B2:F2").Interior.Color = vbCyan」の実行結果

ポイント02 Rangeオブジェクトを取得するさまざまな方法

　Rangeオブジェクトを取得するさまざまな方法をまとめて紹介します。以下のサンプルで使用しているメソッド、プロパティの機能は、次のようになっています。

サンプル
「Rangeオブジェクトを取得するさまざまな方法」

Rangeオブジェクト.**Select**メソッド：セルを選択する
Rangeオブジェクト.**EntireColumn**プロパティ：対象範囲内のすべての列を返す
Rangeオブジェクト.**EntireRow**プロパティ：対象範囲内のすべての行を返す

● (1) 列だけ、行だけ指定

● (2) セル範囲を含む列を指定

▶「Range("B:D")．」と結果は同じになる。

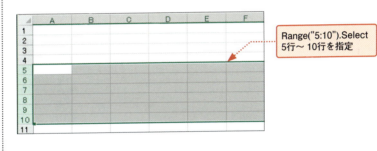

● (3) セル範囲を含む行を指定

▶「Range("2:5")」と結果は同じになる。

● (4) Cellsプロパティ（→P.40）で指定

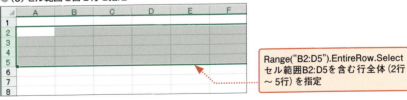

CHAPTER 04 セル範囲を指定する

ポイント03 [ ]を使った取得

RangeプロパティからRangeオブジェクトを取得する場合、「Range(" ～ ")」の代わりに、[ ]を利用することもできます。

[A2] ▶A2を指定（Range("A2")と同じ意味）
[A2:E10] ▶A2:E10を指定（Range("A2:E10")と同じ意味）
[A2:C5,C4:E10] ▶「A2:C5」と「C4:E10」を指定（Range("A2:C5,C4:E10")と同じ意味）
[B:D,5:7] ▶「B列～D列」と「5行～7行」を指定

なお、[ ]を利用する場合は内部のセル範囲を""で囲まないため、Range("A2:A8","B2:F2")のような指定はできません。

例02 ユーザーがドラッグで選択した範囲を印刷する

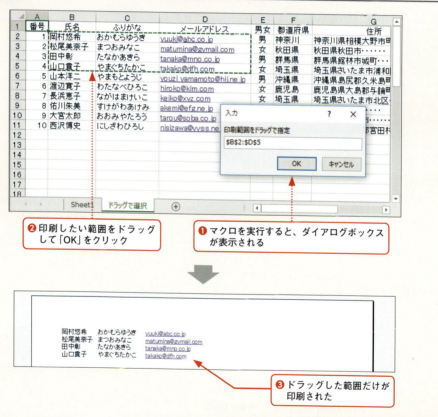

❶ マクロを実行すると、ダイアログボックスが表示される
❷ 印刷したい範囲をドラッグして「OK」をクリック
❸ ドラッグした範囲だけが印刷された

プログラム 標準モジュールに記述　　　　　　　　　　　　　　サンプル「ドラッグで選択した範囲を指定」

```
Sub ドラッグした範囲を印刷()
    Set MyRange = Application.InputBox("印刷範囲をドラッグで指定", Type:=8)
    MyRange.PrintOut
End Sub
```

> **Rangeオブジェクトのいろいろな取得方法** `01`

ポイント01 InputBox関数とInputBoxメソッド

このサンプルはInputBox関数ではなく、Applicationオブジェクトの**InputBoxメソッド**を使っています。

InputBoxにはVBA関数とApplicationオブジェクトが持つメソッドの両方があり、ともにユーザーが入力した値を返す機能があります。引数の構成もほぼ同じなのですが、1つだけInputBoxメソッドにはあって、InputBox関数にはない引数があります。それがInputBoxメソッドの8番目の引数「Type」です。

▶InputBox関数の戻り値は文字列と決められている。

この引数はInputBoxメソッドが返すデータ型を、次の数値で指定します。

●引数Typeに指定する数値

数値	戻り値の型
0	数式 (=SUM(B1:B5)など)
1	数値
2	文字列 (省略時)
4	ブール値 (True、またはFalse)
8	セル参照 (Rangeオブジェクト)
16	エラー値
64	数値配列

先ほどの例では、次のコードでInputBoxの戻り値をRangeオブジェクトとしています。戻り値がオブジェクトなので、変数の代入にSetステートメント (→P.58) を使用しなければなりません。

```
Set MyRange = Application.InputBox("印刷範囲をドラッグで指定", Type:=8)
```

なお、指定したデータ型以外の値が入力された場合はエラーメッセージが表示されて、再度入力を促します。

また、引数Typeの指定には、P.35で解説した名前付き引数を使用しています。もし名前付き引数を使用しないで記述した場合、次のようになります。

```
Set MyRange = Application.InputBox("印刷範囲をドラッグで指定",,,,,,,8)
```

067

02 「そこに続いている領域」を指定する

　表のデータからグラフを作ったり、並べ替えたり、印刷したり、というとき。セル範囲を厳密に指定する必要はありません。1つのセルだけ指定すれば「そこに続いている領域」が自動的に指定されます。

例01　B3に続く範囲（アクティブセル領域）だけを印刷する

❶ ここにカーソルを置いてマクロを実行

❷ この範囲が印刷される

プログラム 標準モジュールに記述　　　　　　　　　　　　　**サンプル**「アクティブセル領域」

```
Sub アクティブセル領域を印刷()
    Range("B3").CurrentRegion.PrintOut
End Sub
```

ポイント01　アクティブセル領域

　空白行と空白列で囲まれたセル範囲のどこかをアクティブセルにして、Ctrl+*を押してください。その範囲が選択されます。この範囲を「アクティブセル領域」といいます。

●アクティブセル領域とは

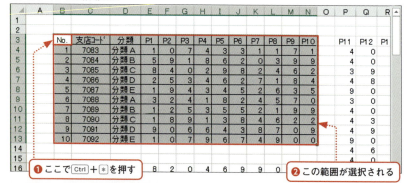

❶ここでCtrl+*を押す　　❷この範囲が選択される

▶テンキーを使わない場合は Ctrl + Shift + * となる。ちなみに Ctrl + : を押すと、現在の時刻が入力されてしまう。

「アクティブセル領域」とは「**そこに続いている領域**」を意味します。Rangeオブジェクトの**CurrentRegion**プロパティは、アクティブセル領域のRangeオブジェクトを返します。

サンプルプログラムでは、「Range("B3").CurrentRegion」でセル「B3」に連続するアクティブセル領域を指定し、このRangeオブジェクトのPrintOutメソッドを実行して、該当のセル範囲を印刷しています。

ポイント02　「使われたセル領域」を指定するときは

もう1つ、「使われたセル領域」の指定方法も覚えておきましょう。「使われたセルの領域」とは、ワークシート上でデータが入力されている最も左、最も上、最も右、最も下のセルを長方形で囲んだ領域のことで、**UsedRange**プロパティで取得できます。

次の例では、「使われたセル領域」だけを黄色で塗りつぶしています。なお**ActiveSheet**はApplicationオブジェクトのプロパティで、**現在処理対象となっているワークシート**を表します。

▶UsedRangeプロパティは、ワークシートにデータがあるかどうかを調べるときにも利用できる。

```
Sub すでに使われたセル領域()
    ActiveSheet.UsedRange.Interior.Color = vbYellow
End Sub
```

サンプル
「すでに使われたセル領域」

❶ここにカーソルを置いて、マクロを実行

❷使われたセル領域だけ黄色になった

▶P.94のサンプルプログラムでは、UsedRangeを使って、ワークシートが入力済みであるか否かを判断している。

03 「シフトした領域」、「サイズを変更した領域」を指定する

Rangeオブジェクトをシフトしたり、サイズを変更したりするテクニックを覚えましょう。「一番下の行の、さらにその1つ下の行」「アクティブセルの2列右の3行下」のような指定が簡単にできます。

例01　アクティブセルがある行のA列からG列をセル「A15」にコピーする

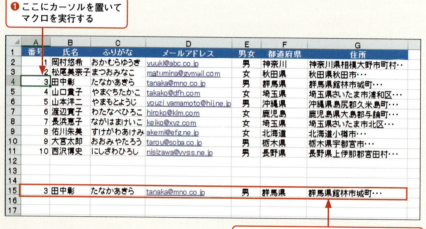

❶ ここにカーソルを置いてマクロを実行する

❷ アクティブセルを含む7列ぶんのデータがセル「A15」にコピーされた

プログラム 標準モジュールに記述　　　　　　　　　　　　　　　**サンプル**「offset」

```
Sub アクティブセルを含む7列のレコードをA15からにコピー ()
    Range(ActiveCell, ActiveCell.Offset(0, 6)).Copy Range("A15")
End Sub
```

ポイント01　Offsetプロパティ

Offsetプロパティは、**基準となるセルに対して相対的にシフトしたセル**のRangeオブジェクトを返します。マイナスの値での指定も、行・列の一方だけの指定も可能です。

Offsetプロパティ ➡ 移動したRangeオブジェクトを返す

書式	Rangeオブジェクト.**Offset**(移動する行数, 移動する列数)
解説	現在の位置から移動する行数ぶん下へ、移動する列数ぶん右へ移動したセル範囲を返します。省略すると0を指定したことになり、負の値を指定すると、上、左へ移動します。

▶「シフト」とは、移動すること。Rangeオブジェクトをシフトさせるとセル範囲が移動する。

▶指定できない範囲は対象にできない。たとえば「Range("A1:E5").Offset(2, -1)」は、これ以上左にシフトできないのでエラーになる。

「シフトした領域」、「サイズを変更した領域」を指定する **03**

▶Offset(0, 6)は、「0」を省略してOffset(, 6)でもよい。

ActiveCellは現在選択中のセル（アクティブセル）を返します。このため「ActiveCell. Offset(0, 6)」は「アクティブセルから右に6列移動したセル」を返します。

したがって「Range(ActiveCell, ActiveCell.Offset(0, 6))」は、「アクティブセルからはじまり、右に6列移動したセルまで」を表し、結局、7列ぶんの領域を返すことになります。これは、例のようにセル「A4」がアクティブセルの場合は、「Range("A4", "G4")」と同じになります。

ポイント02 **Copyメソッド**

RangeオブジェクトのCopyメソッドを実行すると、Rangeオブジェクトの内容を、引数で指定した位置に貼り付けます。

Copyメソッド ➡ Rangeオブジェクトの内容をコピーする

書 式 Rangeオブジェクト**.Copy** Destination

引 数 Destination：貼り付け先のセルを指定します。省略するとクリップボードにコピーされます。

▶この場合はセル書式も含めてコピーされるが、値のみを貼り付ける場合は、引数を指定しないでクリップボードにコピーし、PasteSpecialメソッド（→P.247）で貼り付ける。

サンプルプログラムでは「Range(ActiveCell, ActiveCell.Offset(0, 6))」で取得した領域をコピーし、これをセル「A15」の位置に貼り付けています。

例02 **Resizeプロパティを使ったコピー**

❶ ここにカーソルを置いてマクロを実行する

	A	B	C	D	E	F	G
1	番号	氏名	ふりがな	メールアドレス	男女	都道府県	住所
2	1	岡村悠希	おかむらゆうき	yuuki@abc.co.jp	男	神奈川	神奈川県相模大野市町村…
3	2	松尾美奈子	まつおみなこ	matumina@gmail.com	女	秋田県	秋田県秋田市…
4	3	田中彰	たなかあきら	tanaka@mno.co.jp	男	群馬県	群馬県館林市城町…
5	4	山口貴子	やまぐちたかこ	takako@dfh.com	女	埼玉県	埼玉県さいたま市浦和区…
6	5	山本洋二	やまもとようじ	youzi.yamamoto@hijne.jp	男	沖縄県	沖縄県島尻郡久米島町…
7	6	渡辺寛子	わたなべひろこ	hiroko@klm.com	女	鹿児島	鹿児島県大島郡与論町…
8	7	長浜恵子	ながはまけいこ	keiko@xyz.com	女	埼玉県	埼玉県さいたま市北区…
9	8	佑川朱美	すけがわあけみ	akemi@efg.ne.jp	女	北海道	北海道小樽市…
10	9	大宮太郎	おおみやたろう	tarou@soba.co.jp	男	栃木県	栃木県宇都宮市…
11	10	西沢博史	にしざわひろし	nisizawa@yyss.ne.jp	男	長野県	長野県上伊那郡宮田村…
12							
13							
14							
15	3	田中彰	たなかあきら	tanaka@mno.co.jp	男	群馬県	群馬県館林市城町…
16							
17							

❷ アクティブセルを含む7列ぶんのデータがセル「A15」にコピーされた

プログラム 標準モジュールに記述

サンプル「resize」

```
Sub resize()
    ActiveCell.Resize(1, 7).Copy Range("A15")
End Sub
```

071

CHAPTER 04 セル範囲を指定する

ポイント01 Resizeプロパティ

このサンプルは例01と同じような処理を行っていますが、使用しているプロパティが違います。

Resizeは**範囲のサイズを変更**するプロパティです。セル範囲（Rangeオブジェクト）を、引数で指定した行数、列数に変更（拡大・縮小）します。

Resizeプロパティ ➡ サイズを変更したRangeオブジェクトを返す

書 式　Rangeオブジェクト.**Resize**(新しい範囲の行数, 新しい範囲の列数)

解 説　現在のセル範囲を、新しい範囲の行数と新しい範囲の列数に合わせて拡大・縮小します。引数を省略すると以前と同じ行数、列数となるので、行だけ、あるいは列だけサイズを変更することもできます。

「ActiveCell.Resize(1, 7)」の場合、「新しい範囲の列数」は7列になります。つまり、「アクティブセルを含む7列に広げたセル範囲」を返します。サンプルプログラムではこれをコピーし、セル「A15」の位置に貼り付けています。

ポイント02 OffsetとResizeの違い

たとえば「Range("A1:C5").Resize(3, 2).Select」とすると、セル範囲A1:C5が結果的に3行2列に変更され、セル範囲A1:B3が選択されます。ただし、元のセル範囲の**「左上の位置」は変更されず**セル「A1」のままです。これに対して「Range("A1:C5").Offset(3, 2).Select」とすると、領域全体が移動してセル範囲C4:E8が選択されます。

●Resizeは左上が固定される

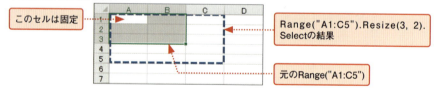

●Offsetは全体が動く

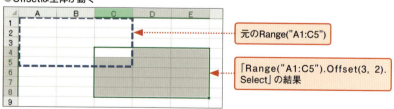

サンプル　「OffsetとResizeの違い」

04 「領域の端」を指定する

「処理するセルは何行目の何列目」と決まっていれば、RangeやCellsが使えます。しかし、「サイズがわからない表の、とにかく一番下に挿入」などの処理は、RangeやCellsだけでは対応できません。何行目が「一番下」なのかが状況によって変化するとき、「領域の端」を調べるのに便利なのがEndです。

例01 入力したデータを表の最後にコピーする

	A	B	C	D	E	F	G
1	↓新規データは2行目に入力してください						
2	西沢博史	にしざわひろし	nisizawa@yyss.ne.jp	男	長野県	長野県上伊那郡宮田村･･･	
3							
4							
5	氏名	ふりがな	メールアドレス	男女	都道府県	住所	
6	岡村悠希	おかむらゆうき	yuuki@abc.co.jp	男	神奈川	神奈川県相模大野市町村･･･	
7	松尾美奈子	まつおみなこ	matumina@gymail.com	女	秋田県	秋田県秋田市････	
8	田中彰	たなかあきら	tanaka@mno.co.jp	男	群馬県	群馬県館林市城町･･･	
9	山口貴子	やまぐちたかこ	takako@dfh.com	女	埼玉県	埼玉県さいたま市浦和区･･･	
10	山本洋二	やまもとようじ	youzi_yamamoto@hij.ne.jp	男	沖縄県	沖縄県島尻郡久米島町	
11	渡辺寛子	わたなべひろこ	hiroko@klm.com	女	鹿児島	鹿児島県大島郡与論町･･･	
12	長浜恵子	ながはまけいこ	keiko@xyz.com	女	埼玉県	埼玉県さいたま市北区･･･	
13	佑川朱美	すけがわあけみ	akemi@efg.ne.jp	女	北海道	北海道小樽市･･･	
14	大宮太郎	おおみやたろう	tarou@soba.co.jp	男	栃木県	栃木県宇都宮市････	
15							

❶ここに新規データを入力してマクロを実行する

	A	B	C	D	E	F	G
1	↓新規データは2行目に入力してください						
2	西沢博史	にしざわひろし	nisizawa@yyss.ne.jp	男	長野県	長野県上伊那郡宮田村･･･	
3							
4							
5	氏名	ふりがな	メールアドレス	男女	都道府県	住所	
6	岡村悠希	おかむらゆうき	yuuki@abc.co.jp	男	神奈川	神奈川県相模大野市町村･･･	
7	松尾美奈子	まつおみなこ	matumina@gymail.com	女	秋田県	秋田県秋田市････	
8	田中彰	たなかあきら	tanaka@mno.co.jp	男	群馬県	群馬県館林市城町･･･	
9	山口貴子	やまぐちたかこ	takako@dfh.com	女	埼玉県	埼玉県さいたま市浦和区･･･	
10	山本洋二	やまもとようじ	youzi_yamamoto@hij.ne.jp	男	沖縄県	沖縄県島尻郡久米島町	
11	渡辺寛子	わたなべひろこ	hiroko@klm.com	女	鹿児島	鹿児島県大島郡与論町･･･	
12	長浜恵子	ながはまけいこ	keiko@xyz.com	女	埼玉県	埼玉県さいたま市北区･･･	
13	佑川朱美	すけがわあけみ	akemi@efg.ne.jp	女	北海道	北海道小樽市･･･	
14	大宮太郎	おおみやたろう	tarou@soba.co.jp	男	栃木県	栃木県宇都宮市････	
15	西沢博史	にしざわひろし	nisizawa@yyss.ne.jp	男	長野県	長野県上伊那郡宮田村･･･	
16							
17							

❷表の最下行に追加された

プログラム 標準モジュールに記述　　サンプル「end」

```
Sub A2に入力されたレコードを最下行に追加()
    Range("A2:F2").Copy Range("A5").End(xlDown).Offset(1)
End Sub
```

CHAPTER 04 セル範囲を指定する

ポイント01 データがある最下行の1つ下を指定する

このサンプルではセル範囲A2:F2をCopyメソッド（→P.71）でコピーしていますが、今回の貼り付け先は「Range("A5").End(xlDown).Offset(1)」です。「Range("A5").End(xlDown)」はセル「A5」に続く下方向の端のセルを表します（後述）。また「Offset(1)」は、Rangeオブジェクトを1行下にシフト（→P.70）するのでしたね。したがってサンプルプログラムは、セル範囲A2:F2のデータを、セル「A5」に続く一番下の端のセルの、さらにその1つ下にコピーすることになります。

▶Offset(1)は、Offset(1, 0)と同じ。

ポイント02 Endプロパティの使い方

アクティブセルをデータがないところに置いてから Ctrl + ↑ ↓ ← → のキーを押すと、データが連続して存在するセルの端に移動します。もし行き先にデータが存在しなければ、ワークシートの端に移動してしまいます。

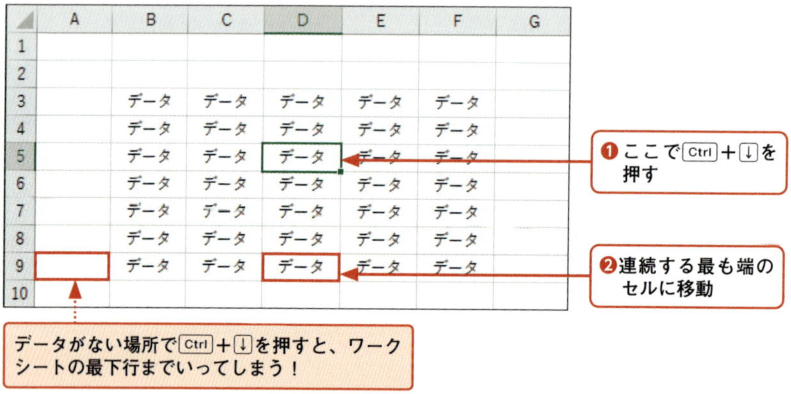

▶右の図ではセル「D6」から「D9」に空白セルがないので「D9」に移動するが、たとえば「D8」が空白の場合は「D7」に移動する。

❶ ここで Ctrl + ↓ を押す

❷ 連続する最も端のセルに移動

データがない場所で Ctrl + ↓ を押すと、ワークシートの最下行までいってしまう！

Ctrl + 矢印キー の操作では「端」を知るのに便利です。この操作をExcelVBAで実現するのがEndプロパティです。

Endプロパティ ➡ 領域の端のセルを取得する

書 式 Rangeオブジェクト.**End**(方向)

解 説 方向で指定した方向の、対象領域内での端のセルを返します。

●Endプロパティで方向を指定する定数

方向	定数	値
上	xlUp	-4162
下	xlDown	-4121
左	xlToLeft	-4159
右	xlToRight	-4161

▶「xlUp」と「xlDown」には「To」は付かないが、「xlToLeft」「xlToRight」には「To」が付くので注意

「表の一番右」とか「住所の並びの空白のセル」などは、Endで取得することが可能です。

074

関連知識

Tips01 Endプロパティのいろいろな使い方

Endプロパティを駆使すれば、さまざまなセル範囲を取得することができます。

まず次の例は、データがあるアクティブセルに続く一番右端の値をMsgBoxで表示します。

> **サンプル**
> 「Tips_右端の値を表示」
>
> ▶アクティブセルが領域の外側にあるとうまくいかないので注意

```
MsgBox ActiveCell.End(xlToRight).Value
```

次の例は、セル「C2」とセル「D1」に続く最下端のセルで囲まれたセル範囲を選択します。

> **サンプル**
> 「Tips_最下端のセル」

```
Range("C2", Range("D1").End(xlDown)).Select
```

次の例は、領域の最下行を削除します。

> **サンプル**
> 「Tips_最下行を削除」

```
ActiveCell.End(xlDown).EntireRow.Delete
```

次の例は、アクティブセルと同じ列で、領域の一番上のさらに1つ上の行に「タイトル」と入力します。

> **サンプル**
> 「Tips_一番上の1つ上に入力」

```
ActiveCell.End(xlUp).Offset(-1).Value= "タイトル"
```

MEMO 実践課題「アクティブセル領域にある名簿の、名前・年齢を読み上げる」

CHAPTER04を終了するにあたって演習問題を1つ解いてみてください。

●問題

アクティブセル領域のすべての行の、左の1列目と2列目のデータを、続けて読み上げるプログラムを作ってください（制限時間20分間）。

> **サンプル**
> 「アクティブセルを含む1列目2列目を発音」

	A	B	C	D	E	F
1	okamura	22	男	会員	パート・アルバイト	神奈川県
2	matsukawa	35	女	非会員	自由業	北海道
3	matsuo	27	女	会社員・公務員	群馬県	
4	nagahama	24	女	非会員	パート・アルバイト	埼玉県
5	yamamoto	34	男	非会員	自由業	沖縄県
6	watanabe	20	女	会員	学生	鹿児島県
7	nishizawa	39	男	会員	自由業	埼玉県
8						

アクティブセル

1列目と2列目のデータを読み上げる

上の図のように、名簿の一覧で左端の1列目に氏名、2列目に年齢が入力されています。この名簿の中がアクティブセルになっているものとして、すべての行に対して「氏名→年齢」の順で読み上げるというプログラムです。

今まで勉強してきたさまざまな要素を使います。いかがでしょうか？

> ▶多くの場合、A列が日本語であっても読み上げてくれる。もし日本語に対応していない状態であれば、単に日本語部分が発音されないだけ。

CHAPTER 04 セル範囲を指定する

> **ヒント**　・データを読み上げる（Application.Speech.Speak→P.34）
> ・アクティブセル領域（CurrentRegion→P.68）
> ・領域の左の1列目（Resize→P.72）
> ・1列目のデータに対する2列目のデータ（Offset→P.70）
> ・領域内のすべてのセルを処理する（For Each ～ Next→P.61）

●解答

```
Sub アクティブセルを含む1列目2列目を発音()
    For Each r In ActiveCell.CurrentRegion.Resize(, 1)           ■1
        Application.Speech.Speak r.Value & r.Offset(, 1).Value   ■2
    Next
End Sub
```

　アクティブセル領域はRangeオブジェクトのCurrentRegionプロパティで取得することができました。今回はこの領域の「左端の1列」が基準となり、これは以下のコードで表すことができます。

```
ActiveCell.CurrentRegion.Resize(, 1)
```

　■1ではFor Each ～ Nextステートメントで、この領域内の1つのセルを変数rに代入して連続的に処理を行います。
　1列目のセルに対する2列目のセルは「.Offset(, 1)」で取得できるので、各行で読み上げるデータは次のようになります。

```
r.Value & r.Offset(, 1).Value
```

　■2では、これを「Application.Speech.Speak」の引数として実行しています。

CHAPTER

05

時間にかかわる処理

時間で制御する、便利なマクロを作ってみましょう。VBAでは、指定した
時刻に動作させたり、一定時間停止させたりすることができます。05章で
は「アラーム付ワークシート」、「10、9、8…とカウントダウン」、「アニ
メーション」などの例を紹介します。

01 指定した時間に実行する P.078

02 指定した時刻までプログラムを停止する P.080

03 時間の経過とともに図形の位置を移動させる P.084

01 指定した時間に実行する

設定した時間にアラームが作動するプログラムです。8章の「イベントプロシージャ」ではこれを応用して、「開くと、10分後に自動保存して強制終了」するブック（→P.146）を作成します。

例01　指定した時間に「人の声アラーム」を鳴らす！

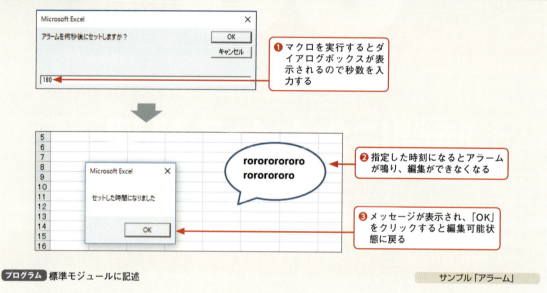

❶ マクロを実行するとダイアログボックスが表示されるので秒数を入力する

❷ 指定した時刻になるとアラームが鳴り、編集ができなくなる

❸ メッセージが表示され、「OK」をクリックすると編集可能状態に戻る

プログラム 標準モジュールに記述　　　　　　　　　　　　　　　　サンプル「アラーム」

```
Sub アラームセット()
    t = Application.InputBox("アラームを何秒後にセットしますか？", Type:=1)
    Application.OnTime Now + t * (1 / 24 / 60 / 60), "alarm"
End Sub

Sub alarm()
    Application.Speech.Speak "rorororororororororororo"
    MsgBox "セットした時間になりました"
End Sub
```

ポイント01　プロシージャからプロシージャを実行する

▶「ファンクションプロシージャ」（→P.271）を呼び出すこともできる。

　プロシージャから、**他のプロシージャを呼び出して実行する**ことができます。上記のサンプルではOnTimeメソッド（後述）の引数としてalarmプロシージャを実行しているので少しわかりにくいのですが、通常はプロシージャ名を書くだけで呼び出すことができます。たとえば次は、「業務」プロシージャが「プロシージャ1」、「プロシージャ2」を連続して

実行します。

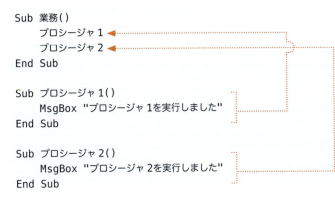

サンプル
「プロシージャを呼び出す」

ポイント02 指定した時間に実行させる

指定した時刻にプロシージャを実行させる場合、ApplicationオブジェクトのOnTimeメソッドを利用します。

OnTimeメソッド ➡ 指定した時刻にプロシージャを動作させる

| 書　式 | Applicationオブジェクト.**OnTime**(EarliestTime, Procedure) |
| 引　数 | EarliestTime：プロシージャを実行する時刻。NowやTimeValueなどで設定。
Procedure　：実行するプロシージャ名を指定します。 |

▶この例では「現在から何秒後」という指定をしたが、P.81で紹介するTimeValue関数を使えば指定した時刻にアラームを鳴らすこともできる。

Nowは現在の日時を返すVBA関数（→P.10）です。Excelにおいて日時はシリアル値で管理されており、1日が「1」にあたるため、1秒は「1／24／60／60」で表せます。つまり「今現在の日時のt秒後」は、「Now + t * (1／24／60／60)」で表すことができます。

変数tの値はインプットボックスでユーザーが入力した値が入りますので、たとえば10が入力されたとすると、「現在より10秒後に、プロシージャ alarmを実行」することになります。

▶引数Typeに「1」を指定すると、戻り値が数値になる。

今回はInputbox関数ではなく、ApplicationオブジェクトのInputboxメソッドを使って、入力する値を「数値」に限定しています（→P.67）。ユーザーが数値以外の値を入力すると、その値で計算しようとしてエラーが発生してしまいます。このサンプルでは数値以外の値が入力されると、「数値が正しくありません。」とメッセージが表示されエラーが発生することはありません。

ポイント03 アラーム音について

サンプルプログラムではアラームを、「Application.Speech.Speak "rorororororororororo"」で処理しています。つまりSpeakメソッド（→P.34）で、「rorororororororororo」を読み上げます。どのような音声になるかは環境によって異なるので、必要であれば適宜修正してください。

02 指定した時刻までプログラムを停止する

Waitメソッドは、指定した時間までプログラムの実行を停止します。「○秒後に実行」あるいは「○秒間隔で実行」といったプログラムでは、WaitメソッドをNow関数と組み合わせて使います。まずは単純に、「カウントダウン」してみましょう。「10秒間、編集を禁止して資料を確認させる！」というプログラムです。

例01　カウントダウン

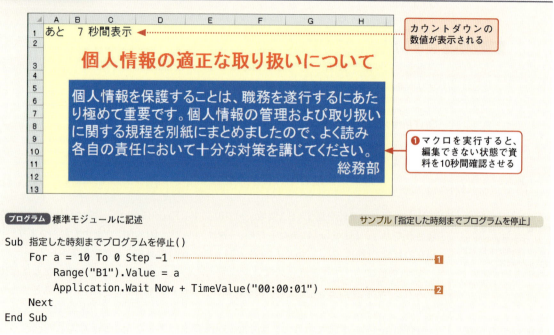

プログラム 標準モジュールに記述　　　　　　　　　　　**サンプル**「指定した時刻までプログラムを停止」

```
Sub 指定した時刻までプログラムを停止()
    For a = 10 To 0 Step -1　　　　　　　　　　　　　　　　❶
        Range("B1").Value = a
        Application.Wait Now + TimeValue("00:00:01")　　❷
    Next
End Sub
```

ポイント01　プログラムを停止するテクニック

　このサンプルではセル「B1」に表示する数値を、1秒ごとにカウントダウンしていきます。セルへ繰り返し書き込む処理はFor～Nextステートメント（→P.40）で記述していますが（❶）、このとき❷の記述により、繰り返し処理が1秒ごとに行われるようにしています。
　このように実行中のマクロを一時停止したい場合はWaitメソッドを使います。このメソッドは、「動作を停止して、指定時間表示」とか、「アニメーションの終了を待つ」などの処理で使います。

▶SendKeysステートメントを使用する場合も、Waitメソッドを使用しないと正しく動作しない場合がある（→P.187）。

指定した時刻までプログラムを停止する **02**

Waitメソッド ➡ プログラムを指定した時刻まで停止する

書 式	Applicationオブジェクト.**Wait** Time
引 数	Time：プログラムを再開する時刻を指定します。

たとえば次の例では、17時10分25秒までプログラムを停止後、メッセージを表示します。

```
Application.Wait "17:10:25"
MsgBox "17時10分25秒です"
```

　サンプルでは現在から1秒後に再開させるために、引数に「Now + TimeValue ("00:00:01")」を指定しています。このように時刻の演算を行いたい場合は、TimeValue関数でデータ型の変換を行う必要があります。

▶ここでいう「時刻を表す値」とは、VBAの基本データ型であるDate型と同じに扱われるバリアント型の値。ここでは深く考えずにシリアル値のようなものととらえておけばよい。

TimeValue関数 ➡ 時刻文字列から時刻を表す値を返す

書 式	TimeValue(時刻を表す文字列)
解 説	時刻を表す文字列で指定した時刻を表す値を返します。時刻を表す文字列は、「00:00:00 (12:00:00 AM)」～「23:59:59 (1:59:59 PM)」の形式で指定します。

　カウントダウンしている間、ワークシートは編集できません。ユーザーには10秒間、ワークシートの確認を強制することになります。

関連知識

Tips01　セル「A1」に、単純に10秒間経過時間を表示

　Timerは、現在時刻を午前0時から経過した秒数で返す関数です。あらかじめセル「A1」を、小数点以下3桁（あるいは2桁）の表示にしておいてください。スピード感のある表示になります。**DoEvents**はプログラムで占有していた制御をオペレーティングシステムに渡す関数です。詳細はP.86で勉強します。

サンプル
「Tips_単純に10秒間経過時間表示」

```
Sub 単純に10秒間経過時間表示()
    st = Timer
    Do
        t = Timer - st
        Range("A1").Value = t
        DoEvents
    Loop Until t >= 10
End Sub
```

Tips02　ストップウォッチ

　クリックするとスタート／ストップする単純なストップウォッチの作り方です。ボタンをクリックしてプログラムを実行すると、変数flagにはstartの文字列が代入されます。そ

081

してもう一度クリックすると、今度はstopの文字が代入され、Do～Loop Untilの繰り返しが終了します。プログラムは必ずボタン等に登録し、ボタンをクリックしてスタート／ストップの操作をしてください。

変数の適用範囲に関してはP.281をご覧ください。

①次のプログラムを標準モジュールに作成

```
Dim flag As String

Sub ストップウォッチ()
    If flag = "start" Then
        flag = "stop"
    Else
        flag = "start"
        start_time = Timer
        Do
            t = Timer - start_time
            Range("A1").Value = t
            DoEvents
        Loop Until flag = "stop"
    End If
End Sub
```

サンプル
「Tips_ストップウォッチ」

❶ セル「A1」が、小数点以下3桁（あるいは2桁）まで表示されるようにしておく

❷ ボタンに上記のマクロを登録（→P.13）

❸ ボタンをクリックするたびにストップウォッチのスタート／ストップが切り替わる

このサンプルでは、ワークシートにあるボタンをクリックするたびに「スタート」と「ストップ」を繰り返します。今、「スタートしている状態」か？　あるいは「ストップしている状態」か？　という判断を変数「flag」で行います。ストップウォッチが動きはじめると変数「flag」には、文字列「start」か「stop」のいずれかが代入されます。

次はボタンをクリックしてから、停止するまでのプログラムの流れです。

①ボタンをクリックしスタート！
・変数flagに文字列「start」を代入
・変数start_timeにスタート時刻（Timer）を代入

②時刻が進んでいる状態
・現在の時刻（Timer）からスタート時刻（start_time）を引いた経過時刻（Timer-start_time）をセル「A1」に代入

③ボタンをクリックしてストップ！
・プロシージャが実行され、変数flagに文字列「stop」を代入
・Do ～ Loopステートメントの繰り返しを終了

変数flagの値は、次のように状態によって変化します。

変数flagが「start」の文字列であるとき　▶　表示する時間が進んでいる状態
変数flagが「stop」の文字列であるとき　▶　ストップさせようとした状態

　ボタンをクリックするたびに、変数「flag」の値を変化させます。このため変数「flag」は、このプロシージャを一度実行した後も、値が保持される必要があります。このサンプルでは、このように特定のプロシージャ以外でも変数が適用されるように、プロシージャの外で変数を宣言しています（プライベートモジュールレベルの変数）。詳細はP.281をご覧ください。

Tips03　ステータスバーでカウントダウンする

　Excelのステータスバーに何らかの情報を表示したい場合は、Applicationオブジェクトの**StatusBarプロパティ**を使用します。次の例は残り時間をステータスバーに1秒おきに表示し、10秒後に「閲覧を終了してください」と表示します。

サンプル
「Tips_ステータスバー」

```
For t = 0 To 10
    Application.StatusBar = "あと " & 10 - t & " 秒閲覧できます"
    Application.Wait Now + TimeValue("00:00:01")
Next
Application.StatusBar = "閲覧を終了してください"
```

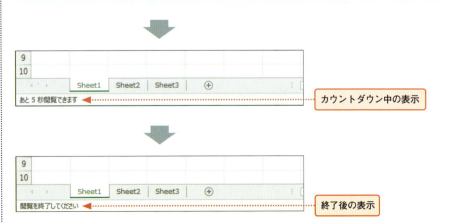

03 時間の経過とともに図形の位置を移動させる

「ワークシート上で図形が動く」ことに、あまり馴染みはないかもしれません。実はVBAを使えば、簡単にワークシート上のアニメーションが実現します。効果的な入力を支援する、オートシェイプや図形、写真などの「動き」を勉強しましょう。

例01　アニメーションで矢印が移動して、アクティブセルを指し示す

オートシェイプの矢印を挿入しておく

❶ どれかのセルを選択

❷ マクロを実行すると、アクティブセルのある行へ矢印がアニメーション付きで移動した

プログラム 標準モジュールに記述　　　　　　　　　　　　　　サンプル「アニメーション的に動かす」

```
Sub アクティブセルに矢印を移動()
    For y = 1 To ActiveCell.Top          ────── 1
        ActiveSheet.Shapes(1).Top = y    ────── 2
        DoEvents                          ────── 3
    Next
End Sub
```

ポイント01 オートシェイプの座標

Shapeは、オートシェイプやピクチャなどのオブジェクトです。アクティブなワークシート上にある1つ目のオートシェイプは ActiveSheet.Shapes(1)で表され、上からの距離は**Topプロパティ**（単位はポイント）で表されます。たとえば次を実行すると、上からの距離が100ポイントの位置に移動します。

```
ActiveSheet.Shapes(1).Top = 100
```

また、左からの距離は**Leftプロパティ**で指定します。

ポイント02 アクティブセルの座標

今回は、アクティブセルの位置に図形を移動させます。アクティブセルの座標はどうやって取得すればよいのでしょうか？ 実はセル範囲（Rangeオブジェクト）の座標は、次のようにTopプロパティおよびLeftプロパティで取得できます。

▶右の図は複数のセルを含む範囲になっているが、アクティブセルのような1つのセルの場合もTop、Leftプロパティの考え方は同じ。

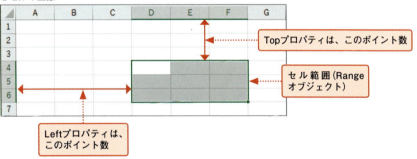

●セルの座標

アクティブセルの上からの距離は**ActiveCell.Top**で、またアクティブセルの左からの距離は**ActiveCell.Left**で取得できます。今回は、上下方向にだけ移動するので、使うのはTopプロパティだけです。

2で、yの位置に矢印（オートシェイプ）は移動します。**1**のFor ～ Nextにより、yは1からアクティブセルの上からの距離（ActiveCell.Top）まで変化します。このため矢印は、一番上からアクティブセルまでスルスルと動くのです。

ポイント03 アニメーション的に動く仕組み

サンプルプログラムの**3**では、**DoEvents関数**を実行しています。この関数は、Excelで行う制御がオペレーティングシステムで処理されるようにします。

もしDoEvents関数を入れないと、オートシェイプが移動する経過が見えず、最終的な座標に表示されるだけです。これは、マクロを実行した結果が、いちいちオペレーティングシステム（OS）によって処理されないためです。

DoEvents関数を実行すると、プログラムで占有していた制御をオペレーティングシステムに渡すので、その都度結果が表示され、アニメーション的な動きになります。

▶今回は時間を制御する処理はしていないので、動く早さは環境によって異なる。

CHAPTER 05 時間にかかわる処理

　DoEvents関数は、このようにアニメーション風に見せる用途のほか、たとえば長い時間がかかる処理を「中止」ボタンでキャンセルできるようにしたい場合などでも使用されます。

関連知識

Tips01 オートシェイプ、写真、クリップアートをそれぞれ動かす

　オートシェイプ、写真、クリップアートはすべて**Shapeオブジェクト**として扱われ、挿入した順番に番号が振られます。プログラムで指定する場合はWorksheetオブジェクトの**Shapesプロパティ**に番号を指定します。

　次の例では、Shapes(1)の左からの距離をdとして、Shapes(2)は逆方向に移動、Shapes(3)は半分の割合で垂直方向に移動するようにしています。

サンプル
「Tips_オートシェイプ_写真_クリップアートをそれぞれ動かす」

```
Sub オートシェイプ_写真_クリップアートをそれぞれ動かす()
    For d = 1 To 300
        ActiveSheet.Shapes(1).Left = d
        ActiveSheet.Shapes(2).Left = 300 - d
        ActiveSheet.Shapes(3).Top = d/2
        DoEvents
    Next
End Sub
```

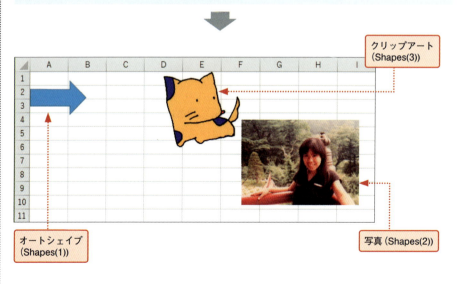

Tips02 オートシェイプを挿入後、右に動かす

　オートシェイプをワークシートに挿入する場合、ShapesコレクションのAddShapeメソッドを実行します。WorksheetオブジェクトのShapesプロパティは、番号を指定しないとShapesコレクションが取得できます。

時間の経過とともに図形の位置を移動させる **03**

AddShapeメソッド ➡ オートシェイプを挿入する

書　式　Shapesコレクション.**AddShape** Type, Left, Top, Width, Height

引　数　Type　：作成するオートシェイプの種類を、次の定数で指定します。

●Typeで指定できる主な値

図形	定数	値
星8	msoShape8pointStar	93
十字形	msoShapeCross	11
直方体	msoShapeCube	14
ハート	msoShapeHeart	21
六角形	msoShapeHexagon	10
スマイル	msoShapeSmileyFace	17
四角形	msoShapeRectangle	1
右向き矢印	msoShapeRightArrow	33

Left　：オートシェイプの左上隅のx座標をポイント単位で指定します。
Top　：オートシェイプの左上隅のy座標をポイント単位で指定します。
Width　：オートシェイプの幅をポイント単位で指定します。
Height：オートシェイプの高さをポイント単位で指定します。

　次の例では、右向き矢印のオートシェイプをワークシート上に追加したあと、300ポイント右へ移動させます。

サンプル
「Tips_右矢印を挿入後
右に動かす」

```
ActiveSheet.Shapes.AddShape msoShapeRightArrow, 10, 10, 50, 50
For x = 1 To 300
    ActiveSheet.Shapes(1).Left = x
    DoEvents
Next
```

MEMO　ゲーム風「跳ね返る正方形」

　Excelで動的なゲームを作ることもできます。ここではその雰囲気を味わっていただくため「跳ね返る正方形」の簡易なプログラムを紹介します。処理方法は概略のみを解説しています。こんなこともできるのだ、という気持ちで見ていただければけっこうです。

087

CHAPTER 05 時間にかかわる処理

```
Sub 跳ね返り()
    x = 8                     ' 正方形のx座標(列数)。初期値は8
    y = 3                     ' 正方形のy座標(行数)。初期値は3
    xp = 1                    ' xの増分
    yp = 1                    ' yの増分
    For t = 1 To 100 ……………………………………………………… 1
        Cells(y, x).Interior.Color = vbRed …… 2
        For w1 = 1 To 100000
            For w2 = 1 To 100
            Next                                3
        Next
        Cells(y, x).Interior.Color = vbCyan …… 4
        x = x + xp
        y = y + yp                              5
        If x >= 20 Or x <= 1 Then
            xp = xp * (-1)                      6
        End If
        If y >= 7 Or y <= 1 Then
            yp = yp * (-1)                      7
        End If
    Next
End Sub
```

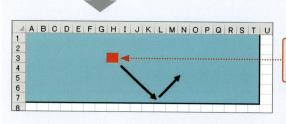

赤い正方形がセル範囲A1:T7の長方形の中を、跳ね返りながら移動する

サンプル
「跳ね返り」

▶あらかじめセル範囲A1:T7を水色(シアン)で塗りつぶし、セルが正方形のサイズになるように調整しておく

▶実行中は、他の操作ができなくなるので注意。

▶Orは2つ条件のいずれかがTrueのときにTrueを返す論理演算子(→P.197)。

1のFor～Nextでは、100回処理を繰り返します。もっと長い時間実行させるときは繰り返しの回数を大きくしてください。

2でセルを赤くした後、3のFor～Nextの入れ子により、処理をいったん停止して時間を稼いでいます。ここでWaitメソッド(→P.81)を使う方法も考えられますが、こちらの方が停止時間が細かく設定できる利点があります。そして4で、元の背景色である水色に戻しています。

5では、正方形を移動させるため、それぞれの座標に増分を加えます。

6のifステートメントでは、x座標が20以上または1以下になったら増分に「-1」を掛けて、増分のプラス(右に移動)、マイナス(左に移動)を切り替えています。この結果、左右に跳ね返ることになります。

同様に7では、y座標が7以上または1以下になったら、上下に跳ね返るようにしています。

CHAPTER

06

ワークシートやブックの操作

ここからは「組み合わせの処理」が多くなります。どうぞ、じっくりと、楽しみながら考えてみてください。ワークシートや、ブックの操作は、Excelを中心としたオフィス・オートメーションの基本です。ここでは「ワークシートの追加と削除」、「コピーと移動」、「保護」、「ブックを開く」、「ブックを保存する」といった基本操作を勉強します。

01 ワークシートを追加する P.090

02 ワークシートの削除 P.092

03 ワークシートをコピーする P.096

04 ワークシートの保護 P.098

05 存在を確認してからブックを開く P.101

06 「ファイルを開く」ダイアログボックスを使ってブックを開く P.105

07 ブックを保存する P.108

08 ブックを閉じる P.111

01 ワークシートを追加する

ワークシートを作りましょう。任意の位置に、任意の名前を付けたワークシートが追加できます。「コレクションにAddメソッドで新規作成」という操作は、Worksheets.Addだけではありません。VBAの基本的なテクニックです。

例01　ワークシート「第2四半期」の後に「第3四半期」のワークシートを作る

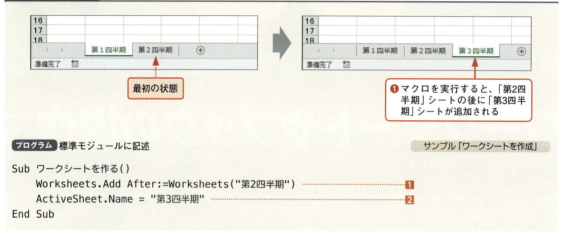

プログラム 標準モジュールに記述　　　　　　　　　　　　　**サンプル**「ワークシートを作成」

```
Sub ワークシートを作る()
    Worksheets.Add After:=Worksheets("第2四半期")　……１
    ActiveSheet.Name = "第3四半期"　……２
End Sub
```

ポイント01　ワークシートを追加するには

Worksheetsコレクションはそのブックに含まれるすべてのワークシートを表し、Addメソッドの実行により、ワークシートを作成することができます。

▶BeforeとAfterの両方を省略した場合は、アクティブシートの直前に新しいワークシートが追加される。

Addメソッド ➡ ワークシートを作成してアクティブにする

書　式	Worksheetsコレクション.**Add** Before, After, Count
引　数	Before ：指定したWorksheetオブジェクトの直前に新しいシートを追加します。 After ：指定したWorksheetオブジェクトの直後に新しいシートを追加します。 Count ：追加するシートの数を整数で指定します(既定値は1)。
戻り値	新規作成したWorksheetオブジェクトを返します。

サンプルプログラムの１では、「第2四半期」という名前のワークシートの後に追加しています。ここで注意するのはBeforeやAfterに指定するのはWorksheetオブジェクトなので、「After:=Worksheets("第2四半期")」とする必要があるということです。これを「After:="第2四半期"」などとするとエラーになります。

ポイント02 Nameプロパティ

▶多くのオブジェクトがNameプロパティを持つ。Nameプロパティは、対象とするオブジェクトの名前を取得/設定する。

Nameプロパティはオブジェクトの名前を表します。WorksheetオブジェクトのNameプロパティは、ワークシートの名前を取得/設定します。

2では、アクティブシートの名前を「第3四半期」に設定していますが、これはAddメソッドによって**新規作成されたワークシートが自動的にアクティブになる**ことを利用しています。

ポイント03 Setを使って同じ処理をしてみると…

作成したばかりのワークシートは、**ActiveSheet**で取得できます。しかし、他の操作が入ればアクティブでなくなり、ActiveSheetが違うものになる危険があります。確実に制御するには、作成したワークシートを変数に代入するとよいでしょう。

次はサンプルプログラムと同じ処理を、Set（→P.58）を使って行うものです。

▶1行目のAddメソッドの引数が、( )を付けて指定されているところに注目。関数やメソッドの戻り値を利用する場合は引数を括弧で囲む必要がある（→P.18）。

```
Set ns = Worksheets.Add(After:=Worksheets("第2四半期"))
ns.Name = "第3四半期"
```

作成したWorksheetオブジェクトを変数nsに代入し、2行目でNameプロパティに「第3四半期」の名前を設定しています。

関連知識

Tips01 プロパティの値を別のプロパティに設定する

次の例では、「Sheet1」のセル範囲A1:A5に入力されている文字列を名前として、5つのワークシートを作っています。

サンプル
「Tips_ワークシートに入力された名前のワークシートを作る」

```
For y = 1 To 5
    Worksheets.Add
    ActiveSheet.Name = Worksheets("Sheet1").Cells(y, 1).Value
Next
```

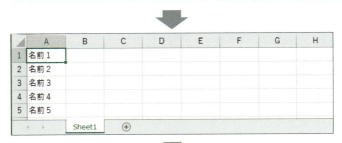

02 ワークシートの削除

使ってもいないワークシートが、たくさん残ってしまうことがあります。ここでは「未入力のワークシートだけ削除」する、という実践的なプログラムを作ってみます。ワークシートの削除手順、警告を出さない方法、そしてワークシートが未入力か否かの判断など、いろいろな要素を勉強します。

例01　警告なしで「Sheet1」シートを削除する

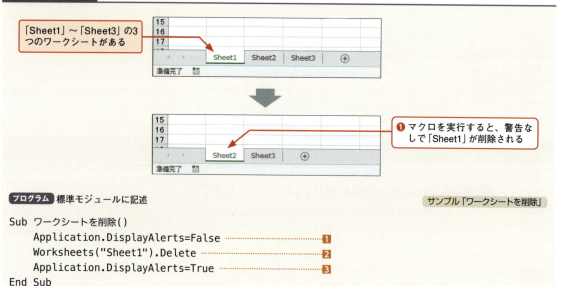

「Sheet1」～「Sheet3」の3つのワークシートがある

❶ マクロを実行すると、警告なしで「Sheet1」が削除される

プログラム 標準モジュールに記述　　　　　　　　　　　　　　**サンプル**「ワークシートを削除」

```
Sub ワークシートを削除()
    Application.DisplayAlerts=False      ……❶
    Worksheets("Sheet1").Delete          ……❷
    Application.DisplayAlerts=True       ……❸
End Sub
```

ポイント01　ワークシートの削除

▶削除されたワークシートは決して復活しないので、実行には注意が必要

Worksheetオブジェクトの**Delete**メソッドは、ワークシートを削除します。単純にワークシート「Sheet1」を削除するだけなら、「Worksheets("Sheet1").Delete」の1行を実行するだけです。

しかし、単純にDeleteメソッドを実行しても、Excelのコマンドで削除する場合と同じく警告メッセージが表示され、「削除」ボタンをクリックしないと実行されません。いちいちボタンをクリックするのでは自動処理になりませんね。

ワークシートの削除 **02**

●削除の警告メッセージ

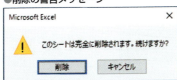

ポイント02 警告が出ないようにする

ApplicationオブジェクトのDisplayAlertsプロパティは警告メッセージの表示・非表示を設定します。デフォルトはTrueですが、Falseを設定すると警告やメッセージが表示されなくなります。

1でDisplayAlertsプロパティにFalseを設定後、**2**でワークシートを削除し、さらに**3**で再びTrueを設定します。これで、警告を表示することなく、ワークシートが削除できます。

▶通常はDisplayAlertsプロパティにTrueを設定しなくとも、プログラムが終了すると自動的に警告が表示されるモードになる。

例02　使っていないワークシートを削除する

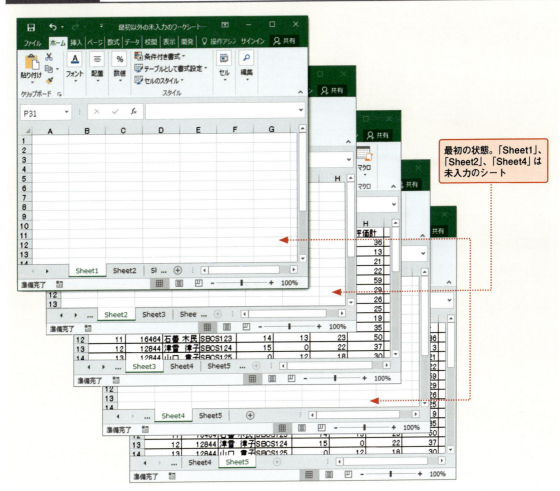

最初の状態。「Sheet1」、「Sheet2」、「Sheet4」は未入力のシート

093

CHAPTER 06 ワークシートやブックの操作

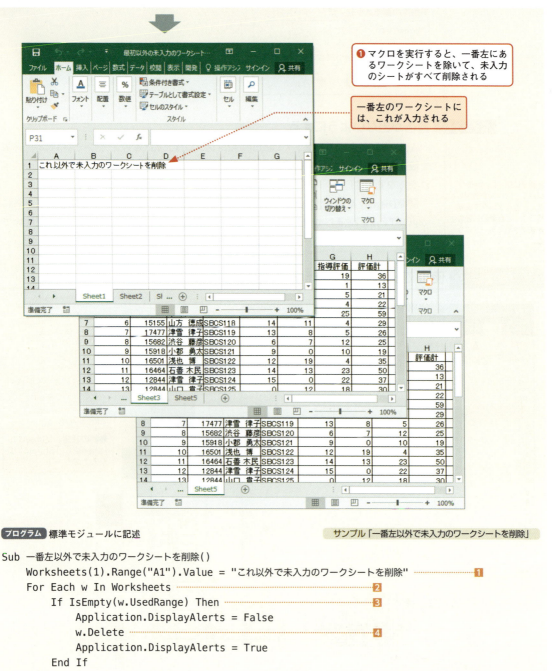

❶ マクロを実行すると、一番左にあるワークシートを除いて、未入力のシートがすべて削除される

一番左のワークシートには、これが入力される

プログラム 標準モジュールに記述　　　　　　　　　　サンプル「一番左以外で未入力のワークシートを削除」

```
Sub 一番左以外で未入力のワークシートを削除()
    Worksheets(1).Range("A1").Value = "これ以外で未入力のワークシートを削除"  ❶
    For Each w In Worksheets  ❷
        If IsEmpty(w.UsedRange) Then  ❸
            Application.DisplayAlerts = False
            w.Delete  ❹
            Application.DisplayAlerts = True
        End If
    Next
End Sub
```

ワークシートの削除 **02**

ポイント01 ワークシートが未入力か否かの判断

このサンプルでは**2**のFor Eachですべてのワークシートを処理していますが、それぞれのワークシートが未入力かどうかをチェックしているのが、**3**のIfステートメントです。

ここではそのチェックをIsEmpty関数とUsedRangeプロパティを使って行っています。IsEmpty関数は、引数の内容がEmpty値かどうかを調べる関数です。Empty値というのは「何もない値」のことです。

▶Empty値は「初期化されていない」ことを表す。数値なら0、文字列なら""(空白)と評価される。

IsEmpty関数 ➡ 何もないことを調べる

書　式	**IsEmpty**(調べる内容)
解　説	調べる内容がEmpty値(何もない)ならTrue、Empty値でなければ(何かあれば)Falseを返します。

UsedRangeは「使われたセル領域」を返すプロパティでした(→P.69)。したがって次は、一番左のワークシートに何か入力されていればFalse、未入力であればTrueを返します。

```
IsEmpty(Worksheets(1).UsedRange)
```

3では、上記をIfの条件として使用しています。このように**ブール値を返すものなら関数を条件として利用することができます**。ここではこの条件がTrueの場合のみ、**4**のDeleteメソッドでワークシートを削除しています。

ポイント02 一番左のワークシートだけを残す仕組み

すべてのワークシートを削除しようとすると、さすがにエラーになります。そこで今回は「一番左のワークシートだけは必ず残す」ことにしています。

この仕組みは簡単で、**1**で、「一番左のワークシート」のセル「A1」に「これ以外で・・・」の文字列を入力しているだけです。少なくともこれで、一番左のワークシートだけは残ります。

▶一番左のワークシートのセル「A1」には文字列が入力されるので、消えては困るデータはここには入力しないこと。

095

03 ワークシートをコピーする

セル範囲をコピーするのはCopyメソッドですが、ワークシートをコピーするのもCopyメソッドです。ここでは「すべてのワークシートの複製を作る」という、便利なバックアップの方法を紹介します。

例01 すべてのワークシートを同じブックにバックアップ

14	第1四半期	関東地区	分類A	80
15	第1四半期	関東地区	分類B	252
16	第1四半期	関東地区	分類C	111

地区別売上 | 職員評価 | 地区評価

最初の状態。3つのワークシートがある

14	13	7095	第1四半期	関東地区	分類C	7	5	4	3	4	7	6	8
15	14	7096	第1四半期	関東地区	分類D	7	5	4	3	8	7	7	8
16	15	7097	第1四半期	関東地区	分類E	7	5	4	3	8	7	7	8

地区別売上 | 職員評価 | 地区評価 | 地区別売上 (2) | 職員評価 (2) | 地区評価 (2)

❶ マクロを実行すると、すべてのワークシートがコピーされる

プログラム 標準モジュールに記述　　　　　　　　　　　　サンプル「ワークシートをバックアップ」

```
Sub ワークシートをバックアップ()
    wc = Worksheets.Count ……………………………………………… 1
    For n = 1 To wc ……………………………………………………… 2
        Worksheets(n).Copy After:=Worksheets(Worksheets.Count) … 3
    Next
End Sub
```

ポイント01 ワークシートのコピー

RangeオブジェクトのCopyメソッドについてはP.71で紹介しましたが、ワークシートをコピーするときは、WorksheetオブジェクトのCopyメソッドを実行します。

Copyメソッド ➡ ワークシートをコピーする

書　式 Worksheetオブジェクト.**Copy** Before, After

引　数 Before : 指定したWorksheetオブジェクトの直前にシートをコピーします。
　　　　　After : 指定したWorksheetオブジェクトの直後にシートをコピーします。

▶引数BeforeやAfterにブック名も含めれば、他のブックにコピーすることも可能。ただしこの場合、そのブックが開かれている必要がある。

なお、引数BeforeとAfterの両方を省略した場合は、新しいブックを作成してそこにワークシートをコピーします。

このサンプルでは、3でワークシートを一番右にあるシートの後にコピーしています。

ポイント02 ワークシートを数える

Countプロパティは、コレクションに存在するオブジェクトの数を返します。さまざまなオブジェクトが対象になります。たとえば「Range("A1:E5").Count」はセル範囲A1:E5のセルの個数を返します。「Worksheets.Count」ならブックに存在するワークシートの数を返します。

サンプルプログラムでは**1**の「wc = Worksheets.Count」で、初期のワークシートの数を取得し、変数wcに代入しています。

ポイント03 ワークシートをバックアップする仕組み

このブックには最初、wc個のワークシートが存在していました。そこで**2**のFor～Nextを使って、1番目のワークシート（Worksheets(1)）からwc番目のワークシート（Worksheets(wc)）に対し、Copyメソッドでコピーを行います。

プログラムを実行中、ワークシートの数は変化しますが、常にWorksheets(Worksheets.Count)は**最後の位置のワークシート**を表します。

▶「Worksheets(現在存在するワークシートの数)」は、最も右のワークシートを表す。

●ワークシートの指定

「Worksheets.Count」は、ワークシートの数（この図では3枚）

「Worksheets(Worksheets.Count)」は最後の位置のワークシート（この図ではWorksheets(3)）

サンプルプログラムでは、常に最後の位置のワークシートの後（After:=Worksheets(Worksheets.Count)）にコピーしています。これにより、複製したワークシートの並び順を、元のワークシートの並び順と同じにすることができるのです。

関連知識

Tips01 ワークシートの移動（Moveメソッド）

Moveはオブジェクトを他の場所に移動するメソッドです。WorksheetオブジェクトのMoveメソッドでは、ワークシートの位置を変更します。引数の構成はCopyメソッドと同じです。次の例では、「Sheet1」シートを「Sheet5」シートの前に移動しています。

サンプル
「Tips_ワークシートの直前に移動」

```
Worksheets("Sheet1").Move Before:= Worksheets("Sheet5")
```

04 ワークシートの保護

ワークシートをロックし、またロックを解除してみましょう。【Tips】では「プログラムが記述されているこのブック」ではなく、現在開かれている他のブックを対象とする方法も紹介します。作業を終えたワークシートはすぐに保護する…セキュリティ上、重要な処理です。

例01　ワークシートを編集できないようにする

❶「ワークシートを保護」マクロを実行して、いずれかのセルにデータを入力

「ワークシート保護を解除」マクロを実行すると、保護が解除される

❷ メッセージが表示されて入力できない

> Microsoft Excel
>
> ⚠ 変更しようとしているセルやグラフは保護されているシート上にあります。変更するには、シートの保護を解除してください。パスワードの入力が必要な場合もあります。
>
> OK

プログラム 標準モジュールに記述　　　　　　　　　　　　　　　　サンプル「ワークシートを保護」

```
Sub ワークシートを保護()
    Worksheets("Sheet1").Protect "12345"   ……………………❶
End Sub

Sub ワークシート保護を解除()
    Worksheets("Sheet1").Unprotect "12345"  ……………………❷
End Sub
```

ポイント01　ワークシートの保護

　ワークシートの内容が書き換えられないように、保護する方法です。ワークシートを保護するには、WorksheetオブジェクトのProtectメソッドを実行します。これは、Excelの「校閲」タブの「変更」から「シートの保護」を実行するのと、同じ処理を行います。

ワークシートの保護 `04`

▶ パスワードを忘れる
と、保護が解除できなく
なるので注意。

Protectメソッド ➡ ワークシートを保護する

書　式　Worksheetオブジェクト.**Protect** Password

引　数　Password：パスワードとなる文字列を指定します。省略するとパスワードなしで保
護を解除できるようになります。

　このサンプルでは「12345」というパスワードを設定して、ワークシートを保護しています。

　本書では使用していませんが、Protectメソッドには次のような引数もあり、「シートの保護」ダイアログボックスと同じ設定が可能です。引数の値はすべてブール値で指定します（**1**）。

●Protectメソッドのそのほかの引数

引数	解説
DrawingObjects	描画オブジェクトを保護するかどうか。既定値はTrue
Contents	シートやグラフの内容を保護するかどうか。既定値はTrue
Scenarios	シナリオを保護するかどうか。既定値はTrue
UserInterfaceOnly	Trueを指定すると画面上からの変更は保護されるが、マクロからの変更は保護されなくなる。規定値はFalse
AllowFormattingCells	セルの書式設定が可能かどうか。既定値はFalse
AllowFormattingColumns	列の書式設定が可能かどうか。既定値はFalse
AllowFormattingRows	行の書式設定が可能かどうか。既定値はFalse
AllowInsertingColumns	列の挿入が可能かどうか。既定値はFalse
AllowInsertingRows	行の挿入が可能かどうか。既定値はFalse
AllowInsertingHyperlinks	ハイパーリンクの挿入が可能かどうか。既定値はFalse
AllowDeletingColumns	列の削除が可能かどうか。既定値はFalse
AllowDeletingRows	行の削除が可能かどうか。既定値はFalse
AllowSorting	並べ替えが可能かどうか。既定値はFalse
AllowFiltering	オートフィルターの設定が可能かどうか。既定値はFalse
AllowUsingPivotTables	ピボットテーブルとピボットグラフの使用が可能かどうか。既定値はFalse

　なお、Protectメソッドで保護したワークシートは画面上だけでなく、**マクロから変更することもできません**。しかし、引数UserInterfaceOnlyをTrueに設定すると、マクロからはワークシートの変更が可能になります。

　保護を解除するときは、Unprotectメソッドを実行します（**2**）。また、Excelの「校閲」タブの「変更」から「シート保護の解除」を選択し、パスワード入力して解除することも可能です。

Unprotectメソッド ➡ ワークシートの保護を解除する

書　式　Worksheetオブジェクト.**Unprotect** Password

引　数　Password：パスワード（設定されている場合）を指定します。

099

CHAPTER 06 ワークシートやブックの操作

関連知識

Tips01 現在開かれている他のブックを保護する

他のブックにあるワークシートを保護する場合、対象となるブックは一度保存されたことがあり、また現在も開かれている必要があります。次のプログラムはワークシート「Sheet1」を持つブック「book1.xlsx」を保護します。あらかじめこのブックは保存し、必ず開いてから実行してください。

サンプル
「Tips_他のブックのワークシートを保護」

```
Workbooks("book1.xlsx").Worksheets("Sheet1").Protect 12345
```

解除するときは同様にUnprotectメソッドを実行します。

Tips02 シートモジュールに記述する

通常、マクロは標準モジュールに記述しますが、シートモジュールに記述することもできます。標準モジュールはブックに所属しますが、シートモジュールはシートに所属します。

▶標準モジュール以外のモジュールについては、P144であらためて解説する。

サンプル
「Tips_シートモジュールに記述」

●シートモジュール

標準モジュールと同じように、マクロを記述できる

シートモジュールはシートごとに存在する

ワークシート保護のプログラムをシートモジュールに記述した場合、Protectメソッドの対象は記述しているワークシートになります。わざわざ「Worksheet(1)」などを記述しなくてもかまいません。

```
Protect 12345
```

一方、標準モジュールで、対象となるオブジェクトを記述せず「Protect 12345」を実行するとエラーになってしまいます。

05 存在を確認してからブックを開く

　VBAによる自動処理で面倒なのは、エラーによる停止です。たとえばOpenメソッドを使えばすぐにブックは開きますが、「対象のブックが存在しなかった」などの原因で、処理が停止しては困ります。ここではファイルの存在を確認したり、エラーを回避するテクニックも覚えましょう。

例01　存在している場合だけブックを開く

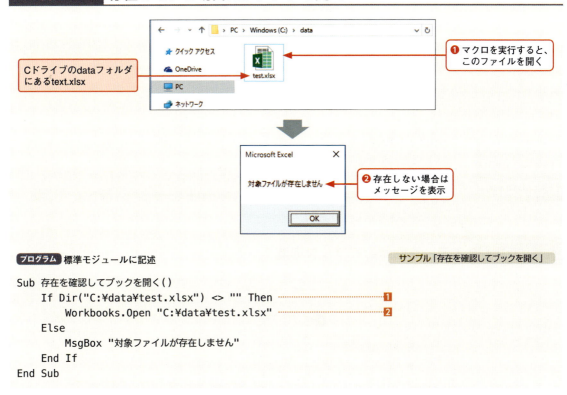

Cドライブのdataフォルダにあるtext.xlsx

❶ マクロを実行すると、このファイルを開く

❷ 存在しない場合はメッセージを表示

プログラム 標準モジュールに記述　　　　　　　　　　　　　　　　　サンプル「存在を確認してブックを開く」

```
Sub 存在を確認してブックを開く()
    If Dir("C:\data\test.xlsx") <> "" Then …………❶
        Workbooks.Open "C:\data\test.xlsx" …………❷
    Else
        MsgBox "対象ファイルが存在しません"
    End If
End Sub
```

ポイント01　ブックを開くOpenメソッド

　Workbooksコレクションは、**現在開いているすべてのExcelブック**を表しますが、Openメソッドを使うことで新たなブックを開くこともできます。

▶ファイルやフォルダの場所を示す文字列を「パス」という。この例では「C:\data」がパス、「test.xlsx」がファイル名。「C:\data\test.xlsx」のように「\」を使って表す。

Openメソッド ➡ 指定したファイル名のブックを開いてアクティブにする

書　式　Workbooksコレクション.**Open** FileName
引　数　FileName：パス付きのファイル名を文字列で指定します。パスを省略した場合はカレントフォルダのファイルが指定されます。

サンプルの❷では、「C:¥data」フォルダの「test.xlsx」を開いています。

ポイント02 対象となるファイルの存在を確認する

開くブックは存在しなければいけません。当然のことです。自動処理を行う場合、あらかじめ対象となるブックの存在を確認するか、あるいはエラーになっても止まらない工夫が必要です。

Dir関数を使うと、ファイルの存在が調べられます。

Dir関数 ➡ ファイルの存在をチェックする

書　式　**Dir**(調べるファイル)
解　説　調べるファイルの存在を調べ、存在する場合はそのファイル名を返し、存在しない場合は空文字「""」を返します。

たとえば次は、「C:¥data」フォルダにある「test.xlsx」を調べ、存在したらそのファイル名を返し、存在しなかったら""を返します。

```
Dir("C:¥data¥test.xlsx")
```

つまり上記のDir関数が""を返すときは、「Cドライブのdataフォルダにtest.xlsxが存在しない」ことになります。

❶のIfステートメントでは、「Dir("C:¥data¥test.xlsx")」が「""でない」（ブックが存在する）ことをチェックし、存在する場合は❷でファイルを開き、存在しない場合は、MsgBoxでメッセージを表示しています。

▶「C:¥data¥test.xlsx」のブックが存在する状態で「MsgBox Dir("C:¥data¥test.xlsx")」を実行すると、「test.xlsx」と表示される。

例02 エラーを回避してブックを開く

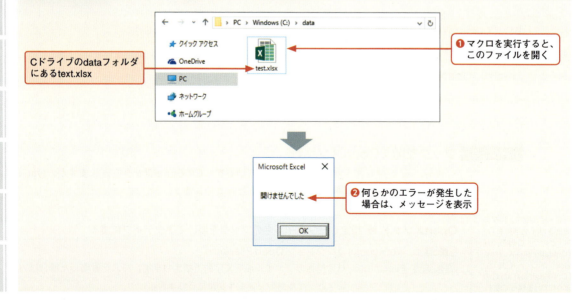

存在を確認してからブックを開く **05**

プログラム 標準モジュールに記述 　　　　　　　　　　　　　　　**サンプル**「エラーを回避してブックを開く」

```
Sub エラーを回避してブックを開く()
    On Error GoTo G1  ················································· 1
        Workbooks.Open "C:¥data¥test.xlsx"
    Exit Sub  ········································································ 2
    G1:  ············································································· 3
        MsgBox "開けませんでした"  ······················ 4
End Sub
```

ポイント01 On Error GoToステートメント

　エラーで処理が停止するのを防ぎましょう。サンプルプログラムでは、「開こうとするブックが存在しない」ときのエラーを、On Error GoToで回避します。

　On Error GoToステートメントでは、**エラーが発生した場合、任意の行（「ラベル:」）に処理を移します**。「ラベル」には、任意の文字列が指定できます。

　ちなみに「ラベル」とは特定の位置を表すための文字列のことです。プログラム中で処理がジャンプするときの移動先を指定する場合などに使います。

構文 On Error GoToステートメント

```
On Error GoTo ラベル
    行いたい処理
Exit Sub
ラベル:
    エラー発生時の処理
```

　サンプルプログラムでは、**1**の「On Error GoTo G1」により、エラーが発生したら**3**の「G1:」に処理が移動します。これにより、「ブックを開く」ときエラーが発生しても処理は中断せず、**4**で「開けませんでした」が表示されます。

　2の「Exit Sub」は必ず記述してください。ここが重要です。これはプロシージャの処理を停止する（抜ける）命令です。そもそもマクロは、上から下に向かって1行1行実行していくものです。「Exit Sub」の記述がないと、エラーが発生しなくても**4**を実行してしまいます。

▶この例ではOn Error GoToステートメントと一緒に使用しているが、Exit Subステートメントは単独でも記述できる（→P.107）。

ポイント02 On Error GoToステートメントを使うメリット

　On Error GoToステートメントを使う最大のメリットは、「**プログラムの実行がエラーで停止しない**」という点です。たとえば、ファイル形式や拡張子が正しくないブックを開こうとした場合、P.101のサンプルでは実行時エラーが発生して、プログラムが停止します。

103

●エラー時の画面表示

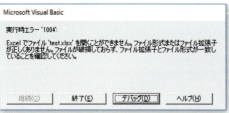

一方、このサンプルのようにOn Error GoToを使用すると、メッセージが表示され、少なくともプログラムが停止することはありません。プログラムがエラーで停止しては困りますよね。プログラムが動いてさえいてくれれば、次の処理につなげることができます。「とにかくプログラムを止めたくない」というときは、On Error GoToステートメントに頼りましょう。

> **MEMO** カレントフォルダについて
>
> 　本書では、対象となるファイルを指定するとき「Workbooks.Open "C:¥data¥test.xlsx"」というように、必ず「C:¥data」のようなドライブ名とフォルダ名を記述しています。ただし次のように、ドライブ名やフォルダ名を指定せずにブックを開くこともできます。
>
> ```
> Workbooks.Open "test.xlsx"
> ```
>
> 　上記の場合、いったいどこにある「test.xlsx」が開かれるのでしょうか？　実はこの場合、「カレントフォルダ」にあるブックが対象となります。カレントフォルダとは、ファイルを開くとき、そして保存するときExcelが使う、現在操作の対象となっているフォルダのことです。カレントフォルダは、CurDir関数で取得できるので、ぜひ一度調べてみてください。
>
> ```
> MsgBox CurDir
> ```
>
> 　ただしExcelが起動しているとき別のフォルダのブックを開いたりすると「カレントフォルダ」の場所が変わってしまいます。つまり、フォルダ名などを指定せずにファイルを扱うことは危険なことだといえます。

▶初期状態のカレントフォルダは、「ファイル」タブの「オプション」で「Excelのオプション」ダイアログボックスを開き、「保存」から「ブックの保存」の「既定のローカル ファイルの保存場所」で設定されています。

▶マクロからファイルを開いた場合は、カレントフォルダは変更されない。

06 「ファイルを開く」ダイアログボックスを使ってブックを開く

「ファイルを開く」ダイアログボックスの使い方を覚えましょう。対象となるブックをユーザーが直接選択するので、「ファイルが存在しないときは…」というエラー対応は不要です。

例01　ダイアログボックスを使って確実にブックを開く

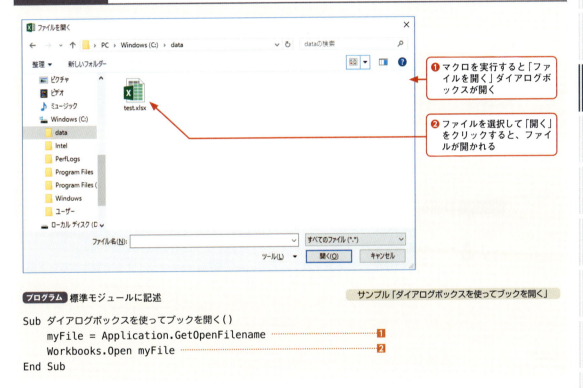

❶ マクロを実行すると「ファイルを開く」ダイアログボックスが開く

❷ ファイルを選択して「開く」をクリックすると、ファイルが開かれる

プログラム 標準モジュールに記述　　　　**サンプル** 「ダイアログボックスを使ってブックを開く」

```
Sub ダイアログボックスを使ってブックを開く()
    myFile = Application.GetOpenFilename ………………❶
    Workbooks.Open myFile ………………………………………❷
End Sub
```

ポイント01　GetOpenFilenameメソッド

「ダイアログボックスを表示し、ユーザーにファイルを選択させる」という機能を、一からプログラムするのは大変な作業です。しかし、ExcelやWindowsが持つ機能を使えば、それがたった1行で実現します。ダイアログボックスでファイルを選択すれば、存在しないファイルを処理するという誤りを犯すこともありません。

ApplicationオブジェクトのGetOpenFilenameメソッドを実行すると「ファイルを開く」ダイアログボックスが表示され、そこでユーザーがファイルを選択すると、その**パス付きのファイル名**が文字列として返ります。

ただし、ファイルを開いてはくれません。ブックを開くためには、P.101で紹介した

▶GetOpenFilenameメソッドは、たとえば「C:¥data¥test.xlsx」のようなパスが付いたファイル名の文字列を返す。

CHAPTER 06 ワークシートやブックの操作

WorkbooksコレクションのOpenメソッドを実行する必要があります。

サンプルプログラムでは、**1**で取得したファイル名を変数myFileに代入し、さらに**2**のWorkbooks.Openでこれを開いています。

関連知識

Tips01 「キャンセル」ボタンの選択に対応する

GetOpenFilenameメソッドにより、「ファイルを開く」ダイアログボックスが表示された際に、ユーザーが「キャンセル」ボタンをクリックするとFalseが返されます。つまり、先ほどのサンプルにおいて、ユーザーが「キャンセル」を選択すると、myFileに「False」が代入され、それをWorkbooks.Openで処理すれば、当然エラーが発生します。

次の例は、On Error GoToステートメント（→P.103）を使って、エラー処理を施したものです。

> **サンプル**
> 「Tips_キャンセルに対応してダイアログボックスを使ってブックを開く」

```
On Error GoTo G1
    myFile = Application.GetOpenFilename
    Workbooks.Open myFile
Exit Sub
G1:
    MsgBox "キャンセルされました"
```

Tips02 Dialogsコレクションを使う

Applicationオブジェクトの**Dialogsプロパティ**は、ダイアログボックス（Dialogオブジェクト）の集合を表すDialogsコレクションを返します。

しかし、引数として定数を渡すことで、特定のDialogオブジェクトを取得することができます。たとえば「xlDialogOpen」を引数に指定すると、「ファイルを開く」ダイアログボックスのDialogオブジェクトになります。これを次のように**Showメソッド**で表示すれば、後はファイルを開くまでの一連の処理をしてくれるということです。

> **サンプル**
> 「Dialogsを使う」

```
Application.Dialogs(xlDialogOpen).Show
```

GetOpenFilenameメソッドと異なり、Openメソッドは不要です。また「キャンセル」ボタンにも対応していて、エラーは発生しません。ファイルを開くことだけが目的なら、こちらの方が簡単です。

次は主なダイアログボックスと、Dialogsプロパティに指定する定数です。たとえば「印刷」ダイアログボックスを開くのでしたら、「Application.Dialogs(xlDialogPrint).Show」と記述してお使いください。

「ファイルを開く」ダイアログボックスを使ってブックを開く　06

●Dialogsコレクションで指定できる定数

ダイアログボックスの種類	定数	値
セルの書式設定（配置）	xlDialogAlignment	43
セルの書式設定（罫線）	xlDialogBorder	45
グラフウィザード	xlDialogChartWizard	288
列幅	xlDialogColumnWidth	47
セルの書式設定（表示形式）	xlDialogDeleteFormat	111
ファイルの削除	xlDialogFileDelete	6
オートフィルタ	xlDialogFilter	447
フィルタ オプションの設定	xlDialogFilterAdvanced	370
ファイルを開く	xlDialogFindFile	475
ファイルの保存	xlDialogSaveAs	5
フォントの設定	xlDialogFont	26
セルの書式設定（フォント）	xlDialogFontProperties	381
文字書式	xlDialogFormatText	89
検索	xlDialogFormulaFind	64
置換	xlDialogFormulaReplace	130
印刷	xlDialogPrint	8
プリンタの設定	xlDialogPrinterSetup	9
印刷プレビュー	xlDialogPrintPreview	222
行の高さ	xlDialogRowHeight	127
マクロ	xlDialogRun	17
並べ替え	xlDialogSort	39

▶Showメソッドに指定できる引数はダイアログボックスごとに異なる。たとえば「ファイルを保存」するダイアログボックスの場合、ファイル名の初期値が指定できる。

MEMO　他のブックにデータを書き込むときの注意

　他のブックに何かしらの処理を行うプログラムを作る場合に忘れていけないのは、その対象となるブックが開かれていないとエラーになるということです。

　次の例は、ブック「test.xlsx」が現在開かれているかどうかをチェックし、開かれている場合は最初のワークシートのセル「A1」に「123」と入力し、開かれていない場合は「ファイルが開かれていません」というメッセージを表示します。

　Workbooksは、現在開かれているすべてのブックを表すコレクションです。For Each ～ NextですべてのWorkbookオブジェクトの名前を取り出し、「test.xlsx」と一致するものがあるか否かを調べます。またファイルが見つかってデータを書き込んだら、Exit Subステートメントでプロシージャの実行を中止しています。

▶開かれていないブックはWorkbooksコレクションに含まれないため、操作ができない。

サンプル
「ブックが開かれているかチェック」

```
For Each b In Workbooks
    If b.Name = "test.xlsx" Then
        Workbooks("test.xlsx").Worksheets(1).Range("A1"). _
            Value = 123
        Exit Sub
    End If
Next
MsgBox "ファイルが開かれていません"
```

107

07 ブックを保存する

本当に重要なブックは、頻繁にバックアップが必要になるでしょう。いちいちファイル名を考えて、保存の処理をするのは面倒ですよね。ここでは、「ブックを、現在の日時のファイル名でバックアップ」するプログラムを作ってみましょう。

例01　アクティブなブックを「日時のファイル名」でバックアップ

❶ マクロを実行すると、その時点の日時をファイル名に取り込んで保存される

プログラム 標準モジュールに記述　　　　　　　　　　**サンプル**「日時のファイル名でバックアップ」

```
Sub このマクロブックを日時の名前のファイル名でdataに保存()
    ActiveWorkbook.SaveAs "C:\data\" & Format(Now,"yyyymmddhhmmss"), _
        xlOpenXMLWorkbookMacroEnabled
End Sub
```

ポイント01　ブックの保存

ブックを現在と異なる名前で保存するとき、あるいは新規作成したブックを保存するときはSaveAsメソッドを使います。SaveAsメソッドは第1引数のFilenameで「ファイルの名前」、第2引数のFileFormatで「ファイル形式」を指定します。

SaveAsメソッド ➡ ブックを保存する

書　式　Workbookオブジェクト.**SaveAs** FileName, FileFormat

引　数　Filename ：ファイル名を文字列で指定します。省略すると現在のファイル名で保存されます。

　　　　　FileFormat：保存するファイル形式を以下の定数で指定します。省略した場合は、現在のファイル形式、または既定のファイル形式（.xlsx）で保存されます。

●引数FileFormatで指定できる主な定数

定数	ファイル形式	拡張子	値
xlWorkbookDefault	現在使用しているExcelのバージョンの既定のファイル形式	.xlsx	51
xlOpenXMLWorkbookMacroEnabled	Excelマクロ有効ブック	.xlsm	52
xlExcel8	Excel97-2003ブック形式	.xls	56
xlCSV	CSV形式	.csv	6

サンプルプログラムでは、第2引数Formatを「xlOpenXMLWorkbookMacroEnabled」にすることで、拡張子が「.xlsm」となる「Excelマクロ有効ブック」形式で保存しています。

ポイント02 マクロを含んだブックでの注意

ファイルに付ける拡張子は、実際のファイル形式と一致しなければいけません。マクロを含まないブックなら「.xlsx」、含むブック（マクロ有効ブック）なら「.xlsm」にする必要があります。ただし「Excel97-2003」の形式であれば、マクロの有無に関係なく、「.xls」の拡張子で保存可能です。

マクロを含むブックを既定で保存しようとすると、「マクロ有効ファイル」の種類で保存するか、「マクロなしのブック」として保存するかのどちらかにしろ、と警告が表示されます。

▶Excel2003はすでにサポートが終了しているバージョンなので、なるべくなら「Excel97-2003ブック」形式は使用しない方がよい。

●ファイル形式を指定せずにSaveAsメソッドで保存しようとすると…

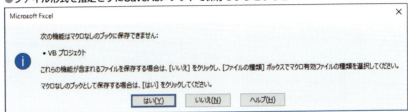

サンプルプログラムでは第2引数にxlOpenXMLWorkbookMacroEnabledを指定しているため、拡張子「.xlsm」が自動的に付きます。

ポイント03 日時データを任意の形式で表示

Formatはデータを、指定した書式に変換して返す関数です。ワークシート関数のTEXTとほぼ同じといってよいでしょう。

Format関数 ➡ データを指定した書式で表示する

書式　　**Format**(データ, 書式)
解説　　データで指定した値を、書式にそった文字列に変換して返します。書式はワークシート関数のTEXTと同じ書式指定文字列を使って指定します。

Excelにはたくさんの書式指定文字が用意されていますが、日時の書式指定には、以下のようなものが使えます。

▶月と分は同じmmで表す。誤植ではない。

●日時の書式指定文字列（一部）

書式指定文字列	解説
dd	日を2桁で表す。1桁の場合は先頭に 0 を付ける（01～31）
mm	月を2桁で表す。1桁の場合は先頭に 0 を付ける（01～12）
yyyy	年を4桁で表す（1900～9999）
hh	時を2桁で表す（00～23）
mm	分を2桁で表す（00～59）
ss	秒を2桁で表す（00～59）

▶数値の書式指定文字列についてはP.129を参照。

サンプルではFormat(Now, "yyyymmddhhmmss")としていますが、これは、たとえば現在の日時が2017年5月3日21時18分12秒なら、「20170503211812」のような文字列になり、ファイル名は「20170503211812.xlsm」となります。ファイル名で日時が確認できて、しかも重複する心配もありません。

関連知識

Tips01 Saveメソッド

単純に上書き保存するときは、workbookオブジェクト**Saveメソッド**を使います。ブックの形式やファイル名は変更されず、そのまま上書きされます。

サンプル
「Tips_saveメソッド」

```
ActiveWorkbook.Save
```

はじめて保存するブックでSaveメソッドを実行すると、既定の形式(.xlsx)で保存されます。このため、マクロを含む場合は次のような警告が表示されます。

●エラーメッセージ

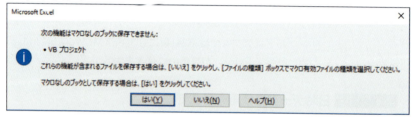

次は、現在開かれているすべてのブックを保存するプログラムです。すべてのブックを表すWorkbooksコレクション中の1つのブックを変数bとして、Saveメソッドを繰り返し実行しています。

サンプル
「Tips_すべてのブックを保存」

```
Sub すべてのブックを保存()
    For Each b In Workbooks
        b.Save
    Next
End Sub
```

08 ブックを閉じる

「ブックを作成し、データを書き込み保存」という一連の処理は、いろいろな使い道があります。今回は、新規作成したブックに現在の日時を入力後、保存してみます。また、上書きしても、警告が表示されないようにしています。

例01　「ブックを新規作成→日時入力→警告なしで保存」の自動処理

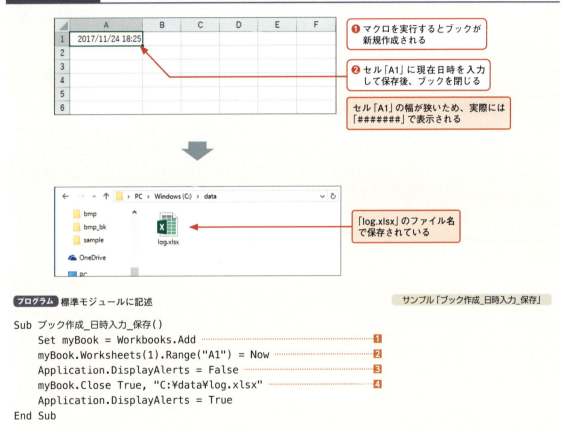

❶ マクロを実行するとブックが新規作成される

❷ セル「A1」に現在日時を入力して保存後、ブックを閉じる

セル「A1」の幅が狭いため、実際には「#######」で表示される

「log.xlsx」のファイル名で保存されている

プログラム 標準モジュールに記述　　　　　　　　　　　サンプル「ブック作成_日時入力_保存」

```
Sub ブック作成_日時入力_保存()
    Set myBook = Workbooks.Add                              ❶
    myBook.Worksheets(1).Range("A1") = Now                  ❷
    Application.DisplayAlerts = False                       ❸
    myBook.Close True, "C:\data\log.xlsx"                   ❹
    Application.DisplayAlerts = True
End Sub
```

ポイント01　ブックの新規作成

　ブックを新規作成する場合、WorkbooksコレクションのAddメソッドを実行します（→P.90）。サンプルプログラムの❶では、作成したブックのWorkbookオブジェクトを変数myBookに代入します。そして❷で、1番目のワークシートのセル「A1」に、Now関数が返す現在の日時を入力しています。

111

CHAPTER 06 ワークシートやブックの操作

ポイント02 ブックを閉じるCloseメソッド

ブックを閉じるときは**4**のように、WorkbookオブジェクトのCloseメソッドを実行します。保存してから閉じることもできますし、また保存せずに閉じることもできます。

第1引数SaveChangesにTrueを指定すると、第2引数Filenameで指定したファイルに保存します。サンプルプログラムでは、Cドライブのdataフォルダに「log.xlsx」のファイル名で保存しています。

Closeメソッド ➡ ブックを閉じる

書 式	Workbookオブジェクト.**Close** SaveChanges, Filename
引 数	SaveChanges：ブックの内容が変更されている場合の動作をブール値で指定します。Falseを指定するとファイル保存せずに閉じます。Trueを指定した場合は、すでにファイル名が設定されているならそのファイル名で上書き保存し、設定されていないなら引数Filenameで指定された名前を付けて保存します。省略した場合は、保存確認のダイアログボックスが表示されます。
	Filename ：保存する場合のファイル名を指定します（ブック形式の変更は不可）。

ポイント03 上書き時、処理が停止しないようにする

ファイルを保存するとき、同名のブックが存在すると、確認のダイアログボックスが表示されます。これを防ぐためにサンプルプログラムでは、**3**でDisplayAlertsプロパティ（→P.93）にFalseを設定してから、**4**でCloseメソッドを実行しています。これで上書きしても処理が止まらなくなります。

CHAPTER

07

ファイルとフォルダの操作

Windowsで大量のファイルやフォルダを処理するとき、筆者はExcelVBA
を使います。Windows上の操作であれば、別にバッチ処理でも、何かのツー
ルを使うこともできます。しかし慣れ親しんだExcelによる操作は確実です
し、何よりExcelと連携できるのが魅力です。ここでは、FileSystemObject
オブジェクトを使ったファイル処理、その基本を勉強します。

01	ファイルをコピーする	P.114
02	ファイルを削除する	P.118
03	ファイルを移動する	P.120
04	連続的なファイルの処理	P.122
05	フォルダを作成する	P.128
06	フォルダをコピー	P.131
07	フォルダを削除する	P.133
08	ダイアログボックスでフォルダを選択する	P.137

01 ファイルをコピーする

FileSystemObjectオブジェクトを利用すると、さまざまなファイル操作が簡単な記述で実現します。FileSystemObjectオブジェクトはExcelのオブジェクトではありませんが、Excelで利用することも可能です。ここではファイルのコピー方法を紹介します。

例01　Excelのブックだけを選んでコピーする

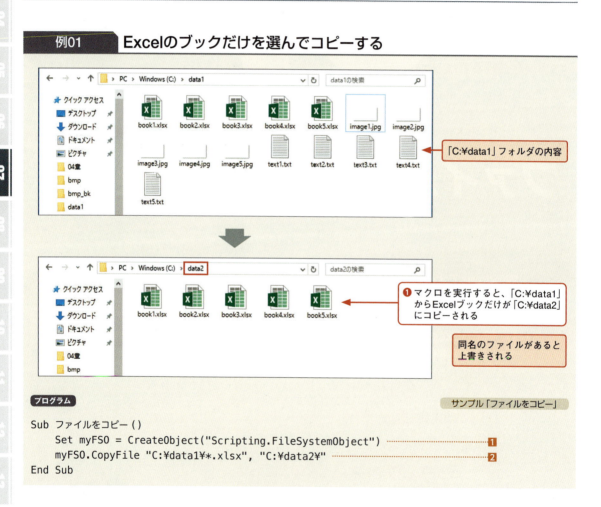

プログラム　　　　　　　　　　　　　　　　　　　　　　　　サンプル「ファイルをコピー」

```
Sub ファイルをコピー ()
    Set myFSO = CreateObject("Scripting.FileSystemObject") ………❶
    myFSO.CopyFile "C:\data1\*.xlsx", "C:\data2\" ……………………❷
End Sub
```

ポイント01　外部オブジェクトを利用するには（CreateObject関数）

▶CreateObject以外にも「外部オブジェクトの参照」を設定する方法はあるが、ここでは手軽にできるこの方法のみを解説する。

FileSystemObjectはドライブ、フォルダ、ファイルなどを操作するためのオブジェクトですが、Excelに組み込まれたオブジェクトではありません。このためExcelVBAで利用するには、CreateObject関数で「外部オブジェクトの参照」を作成する必要があります。

ファイルをコピーする **01**

さて、P.58のSetステートメントでは**オブジェクト変数**について触れました。「オブジェクト変数を利用することで、オブジェクトに対する処理を簡潔に記述できる」、「オブジェクト変数は実際のオブジェクトのように扱うことができる」などを説明しました。

オブジェクトを代入するオブジェクト変数は、単なる値だけを保管している変数とは異なり、「**オブジェクトそのものとして扱うことができる**」ようになります。たとえば次はP.57で登場した例です。

```
Set Obj = Worksheets("名簿").Range("B1:D11").Font
Obj.Name = "HG正楷書体-PRO"
Obj.Size = 8
Obj.Color = vbBlue
```

「Worksheets("名簿").Range("B1:D11").Font」というオブジェクトを代入したオブジェクト変数Objは、「Worksheets("名簿").Range("B1:D11").Font」そのものとして扱うことができます。つまりオブジェクト変数を使うと、実体となるオブジェクトを参照し、その目的となるオブジェクトを扱うことができるようになるのです。

ここではFileSystemObjectオブジェクトが、Excelにはない外部のオブジェクトであるため、CreateObject関数で「外部オブジェクトの参照」を作成します。

CreateObject関数 ➡ オブジェクトへの参照を作成する

▶FileSystemObjectオブジェクトはExcelVBAが持つ機能ではないので、VBEで入力するとき、大文字・小文字の変換が行われない。スペルミスに注意すること。

書　式	**CreateObject**("作成するオブジェクトを表す記述")
解　説	作成するオブジェクトを表す記述で指定したオブジェクトへの参照を作成します。

FileSystemObjectオブジェクトを利用する場合、CreateObject関数の引数に**"Scripting.FileSystemObject"**の文字列を指定します。サンプルプログラムの **1** では、FileSystemObjectオブジェクトへの参照を作成し、Setステートメントを使って変数myFSOに代入しています。

▶CreateObject関数を使ったWordなど他のアプリケーションの制御に関しては、P.189で再度説明する。

ポイント02 CopyFileメソッド

FileSystemObjectオブジェクトのCopyFileは、ファイルをコピーするメソッドです。ファイル操作は、FileSystemObjectオブジェクトを代入した変数（サンプルプログラムではmyFSO）を通して行います。

CopyFileメソッド ➡ ファイルをコピーする

書　式	FileSystemObjectオブジェクト.**CopyFile** source, destination, overwrite
引　数	source ：コピー元のファイルを指定します。
	destination：コピー先を指定します。
	overwrite ：Falseを設定するとファイルを上書きしません（省略可）。

▶「ワイルドカード」である半角の「*」（アスタリスク）は「その部分にどんな文字列を当てはめてもよい」という意味。

1つのファイルをコピーすることもできますし、「*」などの**ワイルドカード**を使って、複数のフィルをコピーすることもできます。コピー先に同名のファイルが存在すると、上書

115

CHAPTER 07 ファイルとフォルダの操作

きしてしまいますが、第3引数 (overwrite) で「False」を指定すれば上書きされず、エラーになります。

サンプルプログラムの **2** では、コピー元ファイル名を「"C:¥data1¥*.xlsx"」として、「Cドライブのdata1フォルダにある、拡張子が.xlsxのファイル」を指定しています。

またコピー先を「C:¥data2¥」として、「Cドライブのdata2フォルダ」を指定しています。このときコピー先を「C:¥data2」としてしまうと、data2がファイル名と解釈されて、Cドライブに「data2」という名前のファイルを作成しようとしてエラーとなるので注意してください。

関連知識

Tips01 サンプルプログラムを1行で記述

このセクションのサンプルはファイルのコピーという1つの処理しか行っていませんので、FileSystemObjectを変数に代入する手間を省いて、次のように1行で記述することも可能です。

サンプル
「Tips_サンプルを1行で記述」

```
CreateObject("Scripting.FileSystemObject").CopyFile _
    "C:¥data1¥*.xlsx", "C:¥data2¥"
```

Tips02 ファイル名を変更してコピー

CopyFileでは、ファイル名を変更してコピーすることも可能です。この場合「コピー先」(destination) に異なるファイル名を指定してください。

次はCドライブのdata1フォルダの「abc.xlsx」を、Cドライブの「data2」フォルダに「new_abc.xlsx」の新ファイル名でコピーするプログラムです。

サンプル
「Tips_ファイル名を変更してコピー」

```
Set myFSO = CreateObject("Scripting.FileSystemObject")
myFSO.CopyFile "C:¥data1¥abc.xlsx", "C:¥data2¥new_abc.xlsx"
```

Tips03 同名のファイルがある場合はコピーせずにメッセージを表示

On Error Go To (→P.103) を使って、同名のファイルがある場合は上書きせずに、「コピー失敗」と表示させるプログラムです。

サンプル
「Tips_同名ファイルがあると失敗と表示」

```
On Error GoTo G1
    myFSO.CopyFile "C:¥data1¥*.xlsx", "C:¥data2¥", False
Exit Sub
G1:
    MsgBox "コピー失敗"
```

MEMO 外部オブジェクトに対する参照設定

VBEで、たとえば「range.」と入力すると、次に記述する候補である「Activate」「AddComment」などの一覧が表示され、ここから選択して入力することができました。

VBEでは、コードを入力するためのさまざまな支援機能があります。ところがFileSystemObjectオブジェクトを利用する場合、初期設定では入力補完が表示されず、また大文字・小文字の変換もしてくれません。これはFileSystemObjectが、ExcelVBAの標準オブジェクトではないため、情報を調べられないのが原因です。

しかし、外部オブジェクトのライブラリファイルに対して参照設定を行えば、上記のような支援機能が利用できるようになります。FileSystemObjectオブジェクトの場合、次のように「Microsoft Scripting Runtime」のライブラリファイルに参照設定を行います。

①VBEを起動
②メニューバーから【ツール】→【参照設定】を選択
③「Microsoft Scripting Runtime」にチェックを入れて「OK」をクリック

●参照設定ダイアログボックス

▶ライブラリファイルとは、他のプログラムにオブジェクトや関数などの機能を提供するコードを1つのファイルにまとめたもの。

▶参照設定を行うと、CreateObject関数を使用しなくても、「Dim myFSO As New FileSystemObject」等の変数宣言で、FileSystemObjectオブジェクトが利用できるようになる。

これで、たとえば「～.movefile」と入力しEnterキーを押すと、自動的に「～.MoveFile」と変換されるようになります。「Microsoft Scripting Runtime」への参照設定は、FileSystemObjectオブジェクトを利用する、すべてのブックごとに行う必要があります。

なお、P.189ではExcelVBAでWordを制御する方法を紹介しますが、この場合、Wordオブジェクトへの参照を行う変数を通してWordを制御します。先ほどの「Microsoft Scripting Runtime」のライブラリファイルへの参照設定と同様に、Wordに関するライブラリファイルへの参照設定をしておくと便利です。Wordの場合、たとえば「Microsoft Word 16.0 Object Library」などにチェックを入れます。

●Wordのライブラリへの参照設定

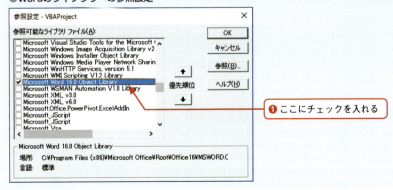

▶バージョンによって、参照できるライブラリファイルの種類は異なる。

▶この設定をすることにより、たとえばWordVBAの定数も利用できるようになり、またWordのプロパティやメソッドを入力する際にも支援機能が働くようになる。

02 ファイルを削除する

今度は単純なファイルの削除です。DeleteFileメソッドを実行するだけの、簡単な操作なのですが…。VBAではどんなファイルでも削除してしまいます。削除したファイルは元に戻すことができません。十分に注意して実行しましょう。

例01　ワイルドカードで指定したファイルを一度に削除する

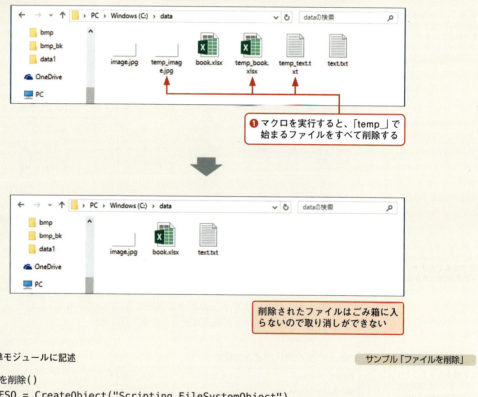

❶ マクロを実行すると、「temp_」で始まるファイルをすべて削除する

削除されたファイルはごみ箱に入らないので取り消しができない

プログラム 標準モジュールに記述　　　　　　　　　　　　　　　　**サンプル**「ファイルを削除」

```
Sub ファイルを削除()
    Set myFSO = CreateObject("Scripting.FileSystemObject")
    myFSO.DeleteFile "C:¥data¥temp_*.*"
End Sub
```

ポイント01　ファイルを削除する方法

FileSystemObjectオブジェクトを使ってファイルを削除する場合、DeleteFileメソッドを使用します。削除対象は特定のファイルを指定することもできますし、ワイルドカードを使って指定することもできます。

ファイルを削除する **02**

DeleteFileメソッド ⇒ ファイルを削除する

書　式	FileSystemObjectオブジェクト**.Delete** filespec, force
引　数	filespec ：削除の対象のファイルやフォルダを指定します。
	force ：Trueを指定すると「読み取り専用」も削除します。省略するとFalseを指定したことになります。

　サンプルプログラムでは、「C:¥data¥temp_*.*」を削除対象にしています。これで、Cドライブのdataフォルダにある、「temp_」で始まるすべてのファイルを削除します。削除対象のファイルがなければエラーになります。

　気を付けなければいけないのは「削除してもごみ箱に入らない」という点です。この方法で削除した場合、一切復活することはできません。特にワイルドカードを使用した削除では、細心の注意が必要です。

関連知識

Tips01 FileSystemObjectを使わずにファイルを削除する

　FileSystemObjectオブジェクトを使わずに、ファイルを削除する方法もあります。それはKillステートメントです。Killステートメントは、ディスク上にある閉じたファイルを削除します。開いているファイルを対象にして実行するとエラーになります。

▶Killステートメントで削除されたファイルもごみ箱には入らず、その場で削除される。

構文	**Killステートメント**
Kill	削除するファイル名

　削除するファイル名はパス付きで指定します。「*」や「?」などのワイルドカード文字を使うことで、複数のファイルを指定することもできます。以下に例を示します。

サンプル
「Tips_kill」

●「C:¥data」フォルダにある「.bak」の拡張子を持つファイルを削除する

```
Kill "c:¥data¥*.bak"
```

●「C:¥data」フォルダにある「長○県.txt」の名前のファイルを削除する

```
Kill "c:¥data¥長?県.txt"
```

●ダイアログボックスでファイル名を指定してファイルを削除する

```
MsgBox "削除するファイルをダイアログボックスで指定してください"
MyFile = Application.GetOpenFilename
Kill MyFile
```

119

03 ファイルを移動する

ファイルを移動するときは、MoveFileメソッドを使います。これは、「移動先」に同名のファイルが存在するとエラーとなり、処理を中止します。やはりエラー処理は必要ですね。

例01　フォルダにあるすべてのファイルを移動する

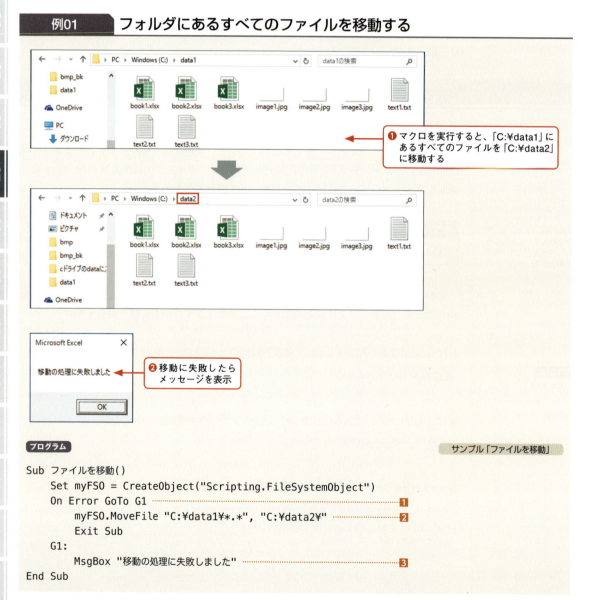

❶ マクロを実行すると、「C:¥data1」にあるすべてのファイルを「C:¥data2」に移動する

❷ 移動に失敗したらメッセージを表示

プログラム　　　　　　　　　　　　　　　　　　　　　サンプル「ファイルを移動」

```
Sub ファイルを移動()
    Set myFSO = CreateObject("Scripting.FileSystemObject")
    On Error GoTo G1                                            ❶
        myFSO.MoveFile "C:¥data1¥*.*", "C:¥data2¥"              ❷
        Exit Sub
    G1:
        MsgBox "移動の処理に失敗しました"                         ❸
End Sub
```

ファイルを移動する **03**

ポイント01 ファイルを移動するMoveFileメソッド

　FileSystemObjectオブジェクトでファイルを移動するときは、MoveFileメソッドを使います。

MoveFileメソッド ➡ ファイルを移動する

書　式	FileSystemObjectオブジェクト.**MoveFile** source, destination
引　数	source 　　　　：移動元ファイルを指定します。CopyFileメソッドと同じようにワイルドカードが使用できます。
	destination：移動先のパスを指定します。

▶エラーが発生した時点で処理を中止するので、一部のファイルが移動せずに元のフォルダに残ってしまうという状況になることがある。

　このサンプルでは「C:¥data1」フォルダにあるすべてのファイルを「C:¥data2」フォルダに移動しますが、その処理を行っているのが**2**です。

　しかし、MoveFileメソッドでは、「移動元」のファイルがない、あるいは「移動先」にすでに同名のファイルが存在する場合はエラーとなり、このマクロもエラーとなってしまいます。

　そのため、**1**のOn Error GoToステートメント（→P.103）を使って、MoveFileメソッドがエラーを起こしたときの処理を記述しています。もしエラーが発生したら「G1:」の場所にジャンプし、**3**でメッセージを表示します。

関連知識

Tips01 ファイルを「myごみ箱」に移動

　Windowsの操作でファイル削除した場合、通常は「ごみ箱に移動するだけ」です。しかし、DeleteFileメソッド(→P.118)やKillステートメント(→P.119)でファイルを削除すると、削除したファイルは決して復活することはできません。これは怖いことです。

　そこで、ファイルを完全に削除するのではなく「ごみ箱に移動する」というプログラムを作ってみることにしましょう。ただし、実際の「ごみ箱」に入れる操作は面倒なので、「ごみ箱」に相当する「myごみ箱」というフォルダに、ファイル名を変更して移動してみます。

▶実際の「ごみ箱」へ送るためには、SHFileOperationというWindows APIを使用する必要があり、ExcelVBAの範疇を超えてしまうので、本書では扱わない。

サンプル
「Tips_myごみ箱」

```
Sub myごみ箱()
    Set myFSO = CreateObject("Scripting.FileSystemObject")
    myFile = Application.GetOpenFilename( _
            Title:="削除するファイルを選択してください")
    myFSO.MoveFile myFile, "C:¥myごみ箱¥"
End Sub
```

　GetOpenFilename(→P106)には「Title」という名前の引数があり、この例のようにダイアログボックスのタイトルを指定することができます。

121

04 連続的なファイルの処理

ここではフォルダに集めたすべてのファイルを、いっきにマクロで処理する方法を紹介します。たくさんのファイルを自動処理するプログラムは実用的に使えます。ここではGetFolderやGetFileメソッドを使った、基本をマスターしましょう。たくさんのファイルに対して「全ファイル名を表示」「ファイル名を変更して移動」「ブックを開いて書き込み保存」という連続処理を行います。じっくりとプログラムを見てください。

例01 フォルダにあるすべてのファイルの名前を表示する

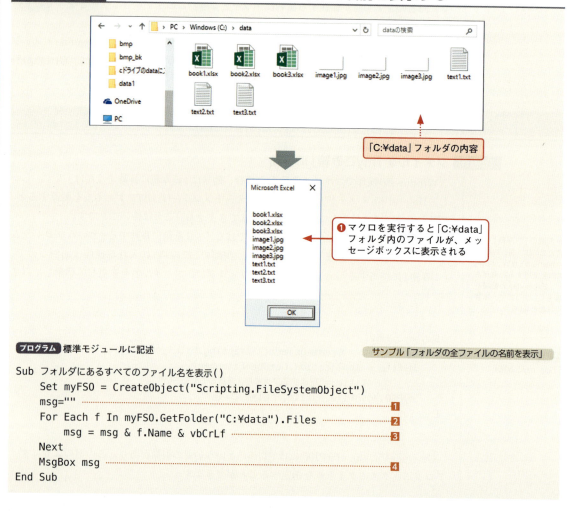

「C:¥data」フォルダの内容

❶ マクロを実行すると「C:¥data」フォルダ内のファイルが、メッセージボックスに表示される

プログラム 標準モジュールに記述   サンプル「フォルダの全ファイルの名前を表示」

```
Sub フォルダにあるすべてのファイル名を表示()
    Set myFSO = CreateObject("Scripting.FileSystemObject")
    msg=""                                                      ❶
    For Each f In myFSO.GetFolder("C:¥data").Files              ❷
        msg = msg & f.Name & vbCrLf                             ❸
    Next
    MsgBox msg                                                  ❹
End Sub
```

連続的なファイルの処理 **04**

ポイント01 フォルダにあるすべてのファイルを指定する

まずは「同じフォルダにある、すべてのファイルを処理」する基本です。
フォルダはFolderオブジェクトとして表されますが、指定したフォルダのFolderオブジェクトを返すのがGetFolderメソッドです。

GetFolderメソッド ➡ Folderオブジェクトを返す

書 式　FileSystemObjectオブジェクト.**GetFolder**(folderspec)
引 数　folderspec：Folderオブジェクトを取得したいフォルダ名を指定します。

たとえば「GetFolder("C:¥data")」は「C:¥data」フォルダのFolderオブジェクトを返します。
そしてFolderオブジェクトの**Filesプロパティ**から取得できるFilesコレクションは、そのフォルダに含まれるすべてファイル（Fileオブジェクト）を返します。つまり、**2**の「myFSO.GetFolder("C:¥data").Files」は「C:¥dataフォルダにあるすべてのファイル」を表していることになります。
この「〜 GetFolder("フォルダ名").Files」が連続処理の基本になります。

ポイント02 すべてのファイル名をつなげて出力する

2のFor Eachステートメント（→P.60）では、「C:¥data」フォルダにある個々のファイルを変数fとして、すべてのファイルに対して処理を行います。たとえば「f.Name」は、現在処理中のファイル名を意味します。

▶たいていのオブジェクトにはNameプロパティがあり、そのオブジェクトが表すものの名前が格納されている。

●**For Eachステートメントの処理**

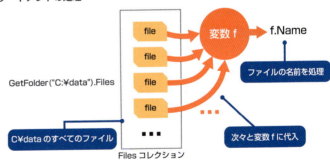

サンプルプログラムでは、すべてのファイル名を次々と変数msgに書き込んでいきます。最初**1**で、変数msgが何も入力されていない状態にします。

```
msg=""
```

3では現在のmsgの内容に、取得したファイル名であるf.Nameと、改行を意味する「vbCrLf」を付けて変数msgに再代入します。

```
msg = msg & f.Name & vbCrLf
```

CHAPTER 07 ファイルとフォルダの操作

これを繰り返すことによって、変数msgは次のようなデータになります。

ファイル名1　改行　ファイル名2　改行　ファイル名3　改行…

最後に4で、msgの内容をMsgBox関数で表示しています。

例02　すべてのファイルの名前を変更して別のフォルダに移動する

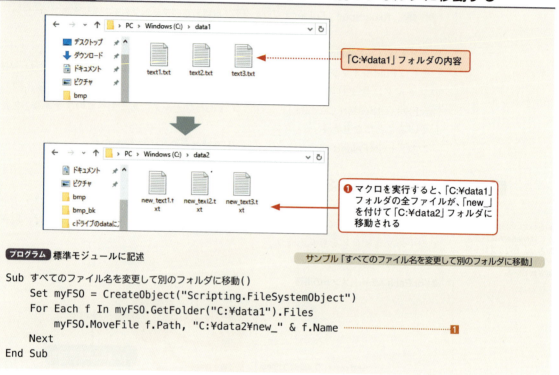

「C:¥data1」フォルダの内容

❶ マクロを実行すると、「C:¥data1」フォルダの全ファイルが、「new_」を付けて「C:¥data2」フォルダに移動される

プログラム 標準モジュールに記述　　　　　　　　　　　　　　　**サンプル**「すべてのファイル名を変更して別のフォルダに移動」

```
Sub すべてのファイル名を変更して別のフォルダに移動()
    Set myFSO = CreateObject("Scripting.FileSystemObject")
    For Each f In myFSO.GetFolder("C:¥data1").Files
        myFSO.MoveFile f.Path, "C:¥data2¥new_" & f.Name    ❶
    Next
End Sub
```

ポイント01　「移動元」と「移動先」を表す文字列

指定したフォルダ中の、すべてのファイルに対して処理する手順は例01と同様です。

ファイルの移動はMoveFileメソッドを使うのでしたね（→P.121）。MoveFileメソッドでは、「移動先」をパスを付けたファイル名にすることも、元とは異なるファイル名にすることも可能です。

「f」は「C:¥data1」フォルダに存在する全ファイルのうちの、1つだけ取り出されたファイルのFileオブジェクトです。また、FileオブジェクトのPathプロパティは、ドライブ名やフォルダ名、ファイル名を含むフルパスを返します。つまり「f.Path」は、たとえば「C:¥data1¥test1.txt」のような文字列になります。

サンプルプログラムの❶ではこれを、MoveFileメソッドの「移動元」としています。

「移動先」のファイル名には「new_」を付けます。「移動先」のパスと「new_」をつなげて「"C:¥data2¥new_"」を元のファイル名に結合します。「移動先」は、たとえば「C:¥data2¥new_test1.txt」のような文字列です。

▶アクティブなブックのパスは「ThisWorkbook.Path」で取得できる。

連続的なファイルの処理 **04**

例03　ファイルのプロパティをワークシートに入力する

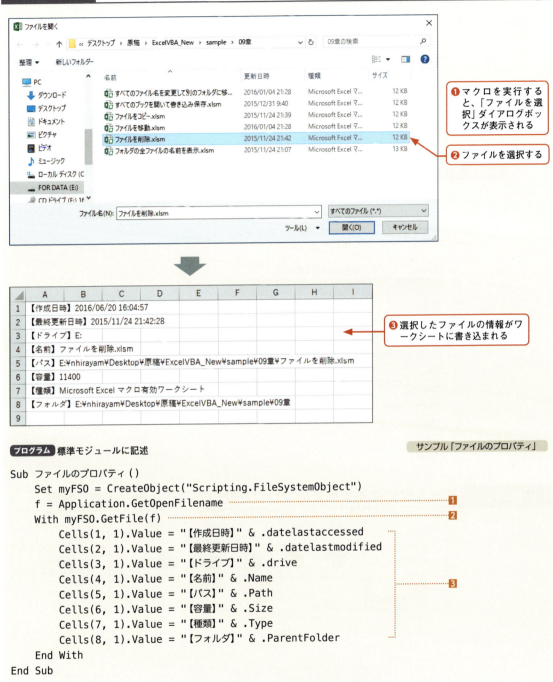

❶ マクロを実行すると、「ファイルを選択」ダイアログボックスが表示される

❷ ファイルを選択する

❸ 選択したファイルの情報がワークシートに書き込まれる

プログラム 標準モジュールに記述　　　　　　　　　　　　　　サンプル「ファイルのプロパティ」

```
Sub ファイルのプロパティ()
    Set myFSO = CreateObject("Scripting.FileSystemObject")
    f = Application.GetOpenFilename                                    ❶
    With myFSO.GetFile(f)                                              ❷
        Cells(1, 1).Value = "【作成日時】" & .datelastaccessed
        Cells(2, 1).Value = "【最終更新日時】" & .datelastmodified
        Cells(3, 1).Value = "【ドライブ】" & .drive
        Cells(4, 1).Value = "【名前】" & .Name
        Cells(5, 1).Value = "【パス】" & .Path                         ❸
        Cells(6, 1).Value = "【容量】" & .Size
        Cells(7, 1).Value = "【種類】" & .Type
        Cells(8, 1).Value = "【フォルダ】" & .ParentFolder
    End With
End Sub
```

ポイント01　パス名からFileオブジェクトを取得する

▶GetOpenFilenameメソッドについてはP.105参照。

サンプルの❶では、GetOpenFilenameメソッドで「ファイルの選択」ダイアログボックスを表示し、選択されたファイルのフルパスを変数fに代入しています。

125

GetFileは、引数で指定したファイルのパス名からFileオブジェクトを取得するメソッドです。

GetFileメソッド ➡ Fileオブジェクトを返す

書　式　FileSystemObjectオブジェクト.**GetFile**(ファイルのパス)
解　説　ファイルのパスで指定されたファイルのFileオブジェクトを返します。

❷では、GetOpenFilenameメソッドで取得したファイルのパス名を引数にして、Fileオブジェクトを取得しています。

ポイント02　Fileオブジェクトのプロパティ

❸ではFileオブジェクトのプロパティからさまざまな情報を取得して、それをワークシートに書き込んでいます。ここで使用しているプロパティも含めて、Fileオブジェクトが持つプロパティを以下の表にまとめます。

●Fileオブジェクトの主なプロパティ

プロパティ	意味
Attributes	ファイルの属性
DateCreated	ファイルの作成日
DateLastAccessed	ファイルの最終アクセス日時
DateLastModified	ファイルの最終更新日時
Drive	ファイルがあるドライブ名
Name	ファイルの名前
ParentFolder	ファイルがあるフォルダ
Path	ファイルのフルパス
Size	ファイルサイズ
Type	ファイルの種類

例04　フォルダにあるすべてのブックを開いて書き込み、上書き保存

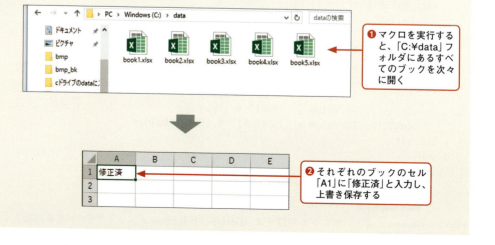

❶マクロを実行すると、「C:¥data」フォルダにあるすべてのブックを次々に開く

❷それぞれのブックのセル「A1」に「修正済」と入力し、上書き保存する

連続的なファイルの処理 **04**

| **プログラム** 標準モジュールに記述 | **サンプル**「すべてのブックを開いて書き込み保存」 |

```
Sub すべてのブックを開いて書き込み保存()
    Set myFSO = CreateObject("Scripting.FileSystemObject")
    For Each f In myFSO.GetFolder("C:\data").Files
        If InStr(f.Name, ".xlsx") <> 0  Then ─────────────────── 1
            Workbooks.Open f.Path ──────────────────────────── 2
            ActiveWorkbook.Worksheets(1).Range("A1").Value = "修正済" ─── 3
            ActiveWorkbook.Close True ──────────────────────── 4
        End If
    Next
End Sub
```

ポイント01 連続的にすべてのブックを開いて編集、保存する流れ

このサンプルの前半はP.124とまったく同じで、「C:\data」フォルダ内のファイルをFor Each ～ Nextステートメントで順番に処理しています。

▶「f.Path」は「C:\data
\ABC.xlsx」などの文字
列になる。

1のIfステートメントについては後述するとして、以降の流れは**2**で現在処理中のファイルをOpenメソッド(→P.101)で開いています。FileオブジェクトのPathプロパティは、パスを含むファイル名の文字列を返しますので、「f.Path」は現在処理中のファイルのファイル名ということになります。

Openメソッドで開いたブックは自動的にアクティブになりますので、**3**ではアクティブなブックの1番目のワークシートのセル「A1」に、「修正済」と書き込んでいます。

4ではCloseメソッド(→P.111)でファイルを閉じていますが、第1引数(SaveChanges)をTrueにして上書き保存します。これらの処理をFor Each ～ Nextステートメントで、すべてのファイルに対して実行しています。

ポイント02 Excelのブック以外を処理しないようにする工夫

WorkbooksコレクションのOpenメソッドは、たとえExcelのブックでなくてもファイルを開こうとしますので、この例のようにフォルダ内のすべてのファイルを連続して処理する場合は危険が伴います。フォルダ内にどのようなファイルがあるかが考慮されていないからです。

サンプルプログラムでは**1**のIfステートメントで、Excelのブック以外の処理を禁止しています。

▶このプログラムでは、
Excelのブックであるこ
とを「ファイル名に
".xlsx"の文字列を含む」
という条件で判断してい
る。しかし、拡張子だけ
では正しく判断できない
こともある。

InStr関数は文字列を検索し、一致しなければ0を返しました(→P.54)。Excelのブックなら「f.Name」は「.xlsx」の文字列を含むはずです。そこで「InStr(f.Name, ".xlsx") <> 0」とすれば、「.xlsx」の拡張子を持たないファイルの処理を禁止できます。

127

05 フォルダを作成する

今度はフォルダの作成です。たとえば「規則的な名前のフォルダを100個作れ」といわれたらどうしますか？ いちいち、キーボードとマウスの操作で作りますか？ VBAを使えば、どんなにたくさんのフォルダ作成も、一瞬です。

例01　フォルダを100個作る！

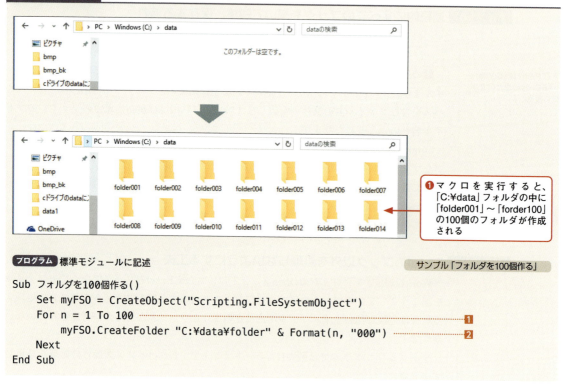

❶ マクロを実行すると、「C:¥data」フォルダの中に「folder001」～「forder100」の100個のフォルダが作成される

プログラム 標準モジュールに記述　　　　　　　　　　　　**サンプル**「フォルダを100個作る」

```
Sub フォルダを100個作る()
    Set myFSO = CreateObject("Scripting.FileSystemObject")
    For n = 1 To 100
        myFSO.CreateFolder "C:¥data¥folder" & Format(n, "000")
    Next
End Sub
```

ポイント01　フォルダを作成する方法

FileSystemObjectオブジェクトを使ってフォルダを作成する場合、CreateFolderメソッドを使います。

CreateFolderメソッド → フォルダを作成する

　書　式　　FileSystemObjectオブジェクト.**CreateFolder** foldername
　引　数　　foldername：作成するフォルダの名前をパス付きで指定します

たとえば、Cドライブのdataフォルダに「folder1」というフォルダを作成する場合は、次のようになります。

```
myFSO.CreateFolder "C:\data\folder1"
```

ただし、すでに同名のフォルダが存在するとエラーになります。

今回はFor ～ Nextステートメント（**1**）を使い、n=1からn=100まで処理を繰り返しています。

ポイント02　folder1、folder2…とならないようにする工夫

サンプルプログラムの**2**で、CreateFolderメソッドの引数を単純に「"C:\data\folder" & n」にしたら、どうなるかわかりますか？　この場合、「C:\data」の中に「folder1」、「folder2」～「forder100」が作成され、「folder」の後の数字が3桁に統一されません。

そこでサンプルではFormat関数（→P.109）を使って、nの表示形式が必ず3桁になるように指定しています。書式指定文字の**「0」は1つで数値の1桁を表し**、「000」では3桁の数字を意味します。そして**数値が3桁に満たない場合は「0」で埋めます**。つまり**1**のFor ～ Nextステートメントによりnは1から100まで処理しますので、「Format(n, "000")」の戻り値は、「001」「002」「003」…「100」のようになるわけです。

▶ "000"の「0」は「ゼロ」。

2では、「C:\data\folder」に上記の3桁の数値を結合して、CreateFolderメソッドの引数としています。これにより、次のようなフォルダが作成されていきます。

```
C:\data\folder001
C:\data\folder000
     ⋮
C:\data\folder100
```

例02　存在しないときだけ「folder」フォルダをCドライブに作る

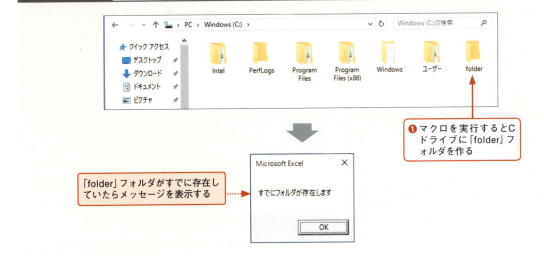

❶マクロを実行するとCドライブに「folder」フォルダを作る

「folder」フォルダがすでに存在していたらメッセージを表示する

CHAPTER 07 ファイルとフォルダの操作

プログラム 標準モジュールに記述　　　　　　　　　　　**サンプル**「存在しないときだけフォルダを作る」

```
Sub 存在しないときだけフォルダを作る()
    Set myFSO = CreateObject("Scripting.FileSystemObject")
    myFol = "C:¥folder" ─────────────────────────── 1
    If myFSO.FolderExists(myFol) Then ──────────────── 2
        MsgBox "すでにフォルダが存在します" ──────────── 3
    Else
        myFSO.CreateFolder myFol ────────────────── 4
    End If
End Sub
```

ポイント01 フォルダの存在を確認する方法

　　　CreateFolderメソッド（→P.128）でフォルダを作るとき、同名のフォルダが存在すると
エラーになってしまいます。このエラーを防ぐため今回は、あらかじめFolderExistsメソ
ッドで、同名のフォルダの存在を調べています。

▶ファイルの存在を調べ
るには、調べたいファイ
ルのパスを引数にして
FileExistsメソッドを使
用する。

FolderExistsメソッド ➡ フォルダの存在を調べる

書　式	FileSystemObjectオブジェクト.**FolderExists**(folderspec)
引　数	folderspec：調べるフォルダのパスを指定します。
戻り値	フォルダが存在すればTrue、存在しないとFalseを返します。

　　　サンプルプログラムの **1** では対象となるフォルダ名を変数myFolに代入し、**2** のIfステ
ートメントの条件としてFolderExistsメソッドを指定しています。これによりフォルダが
存在していれば **3** でメッセージを表示し、存在していなければ **4** のCreateFolderメソッド
でフォルダを作成します。

関連知識

Tips01 Notを使ってサンプルプログラムと同じ処理をする

　　　ブール値の演算をする記号を**論理演算子**といいます。論理演算子**Not**は「**否定**」を表し、
たとえば「Not True」は「Trueの否定」なのでFalseになります。つまり「Not myFSO.
FolderExists(myFol)」はフォルダが存在していればFalse、存在していなければTrueを返
します。

　　　このセクションのサンプルのようにフォルダが存在しないときだけフォルダを作成し、
存在しているときは何もしないというような場合は、次のようにNotを使用することでコ
ードを簡略化できます。

サンプル
「Tips_FolderExistsの
結果をNotで逆に」

```
Set myFSO = CreateObject("Scripting.FileSystemObject")
myFol = "C:¥folder"
If Not myFSO.FolderExists(myFol) Then
    myFSO.CreateFolder myFol
End If
```

06 フォルダをコピー

今回は単純な、たった2行だけのコピーのプログラムです。フォルダのコピーも、VBAならCopyFolderメソッドを実行するだけ。ワイルドカードを使った、効率のよいフォルダコピーが可能です。

例01　「folder」で始まるすべてのフォルダを別のフォルダにコピーする

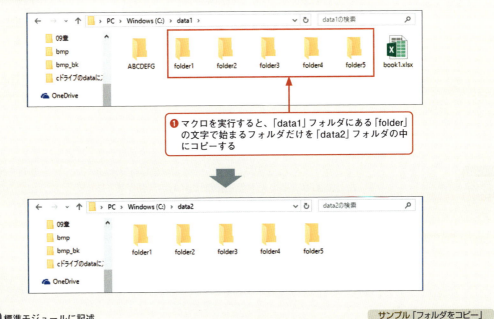

❶ マクロを実行すると、「data1」フォルダにある「folder」の文字で始まるフォルダだけを「data2」フォルダの中にコピーする

プログラム 標準モジュールに記述　　　　　　　　　　　　　　**サンプル**「フォルダをコピー」

```
Sub フォルダをコピー()
    Set myFSO = CreateObject("Scripting.FileSystemObject")
    myFSO.CopyFolder "C:¥data1¥folder*", "C:¥data2¥"
End Sub
```

ポイント01　フォルダをコピーするCopyFolderメソッド

　　FileSystemObjectオブジェクトのCopyFolderメソッドで、フォルダをコピーします。当然ですが、フォルダ内に保管されているファイルもコピーされます。このサンプルでは「C:¥data2にコピーする」という設定のため、あらかじめ「c:¥data2」がなければエラーになります。

CHAPTER
07 ファイルとフォルダの操作

CopyFolderメソッド ➡ フォルダをコピーする

書 式 FileSystemObjectオブジェクト.**CopyFolder** source, destination, overwrite

引 数 source ：コピー元フォルダのパスを指定します。複数指定のためにワイルドカードが使用できます。

destination：コピー先のパスを指定します。sourceにワイルドカード文字が含まれている場合や、"¥"で終わるパスを指定すると既存のフォルダと見なされ、その中にコピーされます。それ以外の場合は、ここで指定した名前の新規フォルダが作成されて、その中にコピーされます。

overwrite ：コピー先に同名のフォルダがある場合、Falseを指定すると上書きされなくなるかわりにエラーが発生します。Trueを指定するか省略すると上書きします。

　サンプルプログラムでは、引数sourceに「C:¥data1¥folder*」を指定して、「C:¥data1」フォルダ内の「folder」の文字で始まるすべてのフォルダコピーしています。また引数destinationには「C:¥data2¥」と、最後に「¥」をつけてdata2がフォルダであることを明示的に指定しています。

　なおこの例では、同名のフォルダがあれば上書きされますが、第3引数overwriteをFalseにすると上書きされなくなります。ただし、この場合エラーが発生しますので、On Error Gotoなどでエラー処理を行った方がよいでしょう。

サンプル
「フォルダ名を変更してコピー」

MEMO　フォルダ名を変更してコピー

　CopyFolderメソッドでは、「コピー元」とは異なるフォルダ名でコピーすることができます。たとえば次の例は、Cドライブの「data」フォルダを、Dドライブに「test」の名前でコピーします。

```
myFSO.CopyFolder "C:¥data", "D:¥test"
```

　「コピー先」には新規フォルダ「D:¥test」が作成されます。ただし次のように、最後に「¥」を付けると、そのフォルダの下にコピーすることになってしまいます。

```
myFSO.CopyFolder "C:¥data", "D:¥test¥"
```

　この場合、Dドライブにtestフォルダが存在しなければエラーになります。

07 フォルダを削除する

　今度はFileSystemObjectオブジェクトを使ったフォルダの削除です。単純に削除するだけならDeleteFolderメソッドを実行するだけなのですが、今回は「作成日時」をチェックして、作成日が2016年より古い場合のみ削除することにします。これを応用した【Tips01】の連続削除が実用的です。

例01　フォルダの作成日が2016年以前だったら削除する

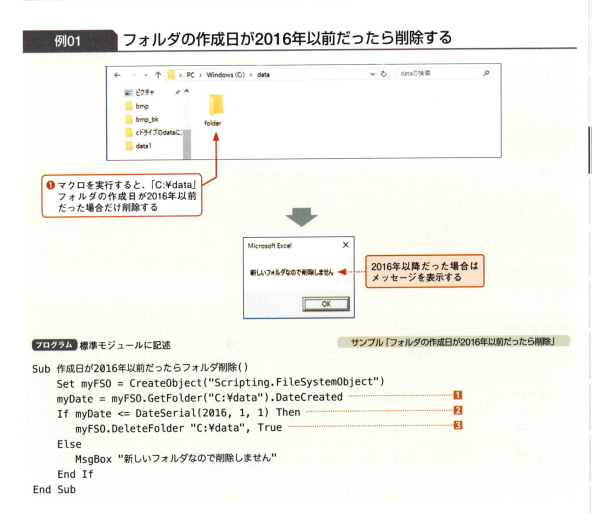

❶ マクロを実行すると、「C:¥data」フォルダの作成日が2016年以前だった場合だけ削除する

2016年以降だった場合はメッセージを表示する

プログラム 標準モジュールに記述　　　　　　　　　　　　　　サンプル「フォルダの作成日が2016年以前だったら削除」

```
Sub 作成日が2016年以前だったらフォルダ削除()
    Set myFSO = CreateObject("Scripting.FileSystemObject")
    myDate = myFSO.GetFolder("C:¥data").DateCreated  ──❶
    If myDate <= DateSerial(2016, 1, 1) Then  ──❷
        myFSO.DeleteFolder "C:¥data", True  ──❸
    Else
        MsgBox "新しいフォルダなので削除しません"
    End If
End Sub
```

ポイント01　中のファイルを含めたフォルダの削除

　FileSystemObjectオブジェクトのDeleteFolderメソッドは、中のファイルを含めてフォルダを削除します。

CHAPTER 07 ファイルとフォルダの操作

DeleteFolderメソッド ➡ フォルダを削除する

書 式	FileSystemObjectオブジェクト.**DeleteFolder** folderspec, force
引 数	folderspec ：削除するフォルダのパスを指定します。
	force ：Trueを指定すると読み取り専用も削除します。Falseを指定するか省略すると、読み取り専用フォルダは削除されません。

▶このプログラムで削除したフォルダは元に戻すことはできない。十分注意すること。

　DeleteFolderメソッドは、強力な削除機能を持ちます。Windows上でのフォルダ削除操作と異なり、**「ごみ箱」には移動しません**。強力であるがゆえに、より一層の注意が必要です。

　サンプルプログラムの **3** では、「C:¥data」フォルダを、読み取り専用も含めて削除しています。

ポイント02 フォルダの作成日時

　フォルダを表すFolderオブジェクトには、次のようなプロパティがあります。

●Folderオブジェクトのプロパティ

プロパティ	プロパティが返すもの
DateCreated	作成された日時
DateLastAccessed	最後のアクセスの日時
DateLastModified	最後の更新日時
Files	保存されているすべてのファイル
Name	名前
Path	パス
Size	ファイルサイズ
SubFolders	すべてのサブフォルダ

▶このプログラムで、「DateCreated」を「DateLastModified」に変更すれば、「作成日」ではなく「最後の更新日」の比較になる。

　サンプルプログラムの **1** では、GetFolderメソッド(→P.123)により「c:¥data」フォルダのFolderオブジェクトを取得して、その**DateCreatedプロパティ**の内容を変数myDateに代入しています。

　そして **2** で「2016年1月1日」の日付と比較して、小さい(古い)場合は **3** で「c:¥data」フォルダを削除し、そうでない場合はメッセージを表示し削除を中止しています。

```
myDate = myFSO.GetFolder("C:¥data").DateCreated
If myDate <= DateSerial(2016, 1, 1)  Then
```

　DateSerialは、引数で指定した年、月、日に対応する日時のデータを返す関数です。

DateSerial関数 ➡ に対応する日時を表す値を返す

| 書 式 | **DateSerial**(年, 月, 日) |
| 解 説 | 年、月、日で指定した日付の日時を表す値を返します。 |

フォルダを削除する **07**

関連知識

Tips01 更新日が2016年以前のサブフォルダだけ連続削除

　次はFor Each ～ Nextステートメントを使用して、「C:¥data」フォルダにある更新日が2016年以前のサブフォルダをすべて削除する例です。**1**では、Folderオブジェクトの**SubFoldersプロパティ**により、そのフォルダにあるすべてのフォルダを表すFoldersコレクションを取得して、For Each ～ Nextステートメントに渡しています。

　また**2**では、**DateLastModifiedプロパティ**から最終更新日を取得して、変数myDateに設定しています。

サンプル
「Tips_更新日が2016年以前のフォルダだけ連続削除」

```
Set myFSO = CreateObject("Scripting.FileSystemObject")
For Each fol In myFSO.GetFolder("C:¥data").SubFolders ················1
    myDate = myFSO.GetFolder(fol).DateLastModified ················2
    If myDate < DateSerial(2016, 1, 1) Then
        myFSO.DeleteFolder fol, True
    End If
Next
```

Tips02 異なるドライブへのフォルダ移動

　同じドライブ（ボリューム）内でのフォルダ移動なら、MoveFolderメソッドで簡単に実現します。

MoveFolderメソッド ➡ フォルダを移動する

書　式 FileSystemObjectオブジェクト.**MoveFolder** source, destination
引　数 source ：移動元フォルダのパスを指定します。複数指定のためにワイルドカードが使用できます。
destination ：移動先のパスを指定します。

▶ファイル単位で移動するためのMoveFileメソッド（→P.121）の場合は、異なるドライブ間でもファイル移動ができる。

　しかし、このMoveFolderメソッドでは基本的に、**異なるドライブ（ボリューム）間でのフォルダ移動はできません**。移動する場合、一度コピーしてから、元のフォルダを削除することになります。

　次はCドライブのdata1フォルダにある「folder」の文字で始まるすべてのフォルダを、Dドライブのdata2フォルダの下に移動する例です。

サンプル
「Tips_フォルダをドライブ間で移動」

```
Set myFSO = CreateObject("Scripting.FileSystemObject")
myFSO.CopyFolder "C:¥data1¥folder*", "D:¥data2¥"
myFSO.DeleteFolder"C:¥data1¥folder*"
```

Tips03 削除前に確認のメッセージを表示する

　誤ったフォルダの削除を防ぐために、実行前に、本当に削除するかどうかの確認メッセージを表示し、中止もできるようにしたのが次の例です。MsgBox関数の第2引数に

135

CHAPTER 07 ファイルとフォルダの操作

vbYesNoを付けて実行し、ユーザーが「はい」を選択したらフォルダを削除、「いいえ」を選択したら、何もしないで中止のメッセージを表示します。

サンプル
「Tips_確認してからフォルダを削除」

```
Set myFSO = CreateObject("Scripting.FileSystemObject")
ans = MsgBox("C:¥dataを完全に削除します。いいですね。", vbYesNo)
If ans = vbYes Then
    myFSO.DeleteFolder "C:¥data", True
Else
    MsgBox "フォルダの削除を中止します"
End If
```

MEMO FileSystemObjectを使わない操作 その2

本書では基本的にFileSystemObjectオブジェクトを使ってファイルやフォルダの操作を解説しています。これはFileSystemObjectオブジェクトを利用すると、より高度なファイル・フォルダ操作が可能なのと、実行速度が優れているからです。

しかし単純なファイル・フォルダ操作なら、FileSystemObjectオブジェクトを使用しない方法もVBAには用意されています。Killステートメントによるファイルの削除はP.119で紹介しましたので、ここではそれ以外を簡単に説明します。

サンプル
「FileSystemObjectを使わない操作」

(1) ファイルのコピー

ファイルのコピーはFileCopyステートメントで行うことができます。次の例ではCドライブのdataフォルダにある「test.txt」ファイルを、Dドライブにコピーします。

```
FileCopy "C:¥data¥test.txt", "D:¥test.txt"
```

コピー先ファイル名で、別のファイル名を指定することもできます。コピー先はフォルダ名だけでなく、ファイル名も書きます。複数のコピーはできません。

(2) ファイルを移動する、名前を変更する

▶このステートメントは現在開かれているファイルには実行できない。また変更後のファイル名がすでに存在するときも実行できない。

Nameステートメントはファイル名やフォルダ名を変更するためのものですが、新しいファイル名を別のパスで指定すればファイルの移動になります。次はCドライブのdataフォルダにある「test1.txt」の名前を「test2.txt」に変更する例です。

```
Name "C:¥data¥test1.txt" As "C:¥data¥test2.txt"
```

(3) フォルダの作成と削除

▶MkDirステートメントは すでに同名のフォルダが存在するときは実行できない。またRmDirステートメントはフォルダ内にファイルが存在するとエラーになる。

フォルダの作成はMkDirステートメント、削除はRmDirステートメントで行います。次の例はCドライブに「folder1」というフォルダを作り、「folder2」フォルダを削除します。

```
MkDir "C:¥folder1"
RmDir "C:¥folder2"
```

08 ダイアログボックスでフォルダを選択する

ダイアログボックスで「コピー元のフォルダ」と「コピー先のフォルダ」を選択すると、フォルダ内の全ファイルをコピーする。そんな、マウスだけでファイルバックアップができる、実用的なプログラムを作ってみましょう。

例01 ダイアログボックスを使ってフォルダ内の全ファイルをコピーする

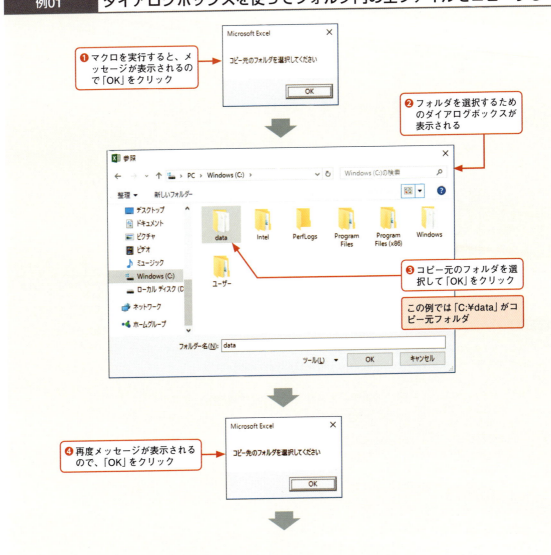

CHAPTER 07 ファイルとフォルダの操作

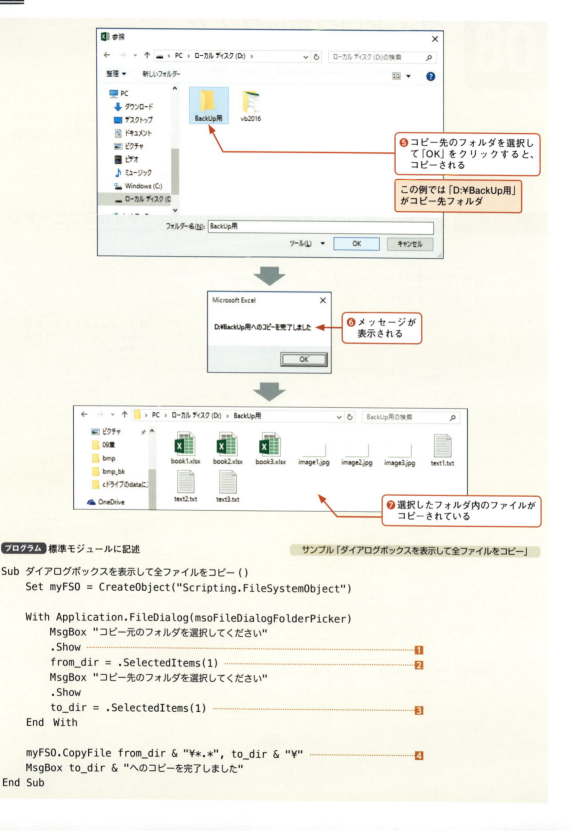

❺ コピー先のフォルダを選択して「OK」をクリックすると、コピーされる

この例では「D:¥BackUp用」がコピー先フォルダ

❻ メッセージが表示される

❼ 選択したフォルダ内のファイルがコピーされている

プログラム 標準モジュールに記述   サンプル「ダイアログボックスを表示して全ファイルをコピー」

```
Sub ダイアログボックスを表示して全ファイルをコピー ()
    Set myFSO = CreateObject("Scripting.FileSystemObject")
    
    With Application.FileDialog(msoFileDialogFolderPicker)
        MsgBox "コピー元のフォルダを選択してください"
        .Show                                                      ①
        from_dir = .SelectedItems(1)                               ②
        MsgBox "コピー先のフォルダを選択してください"
        .Show
        to_dir = .SelectedItems(1)                                 ③
    End With
    
    myFSO.CopyFile from_dir & "¥*.*", to_dir & "¥"                 ④
    MsgBox to_dir & "へのコピーを完了しました"
End Sub
```

ポイント01 フォルダをユーザーに選択させるには

ダイアログボックスを表示して、ユーザーにフォルダを選択させる方法はいくつかあります。ここではApplicationオブジェクトの**FileDialogプロパティ**を使った方法を紹介します。

Application.FileDialogは、ファイル操作のためのダイアログボックスを表すFileDialogオブジェクトを返すプロパティです。

FileDialogプロパティ ➡ FileDialogオブジェクトを返す

書　式	Applicationオブジェクト.FileDialog(ダイアログボックスの種類)
解　説	ダイアログボックスの種類で指定したダイアログボックスのFileDialogオブジェクトを返します。ダイアログボックスの種類は、次の定数で指定します。

●FileDialogプロパティで指定できる定数

種類	定数	値
ファイルを選択	msoFileDialogFilePicker	3
フォルダを選択	msoFileDialogFolderPicker	4
ファイルを開く	msoFileDialogOpen	1
ファイルを保存	msoFileDialogSaveAs	2

そして、取得したFileDialogオブジェクトの**Showメソッド**でダイアログボックスを画面表示します。このサンプルでは、**1**でWithステートメントとともに使用しています。

ポイント02 ユーザーが選択したフォルダ名を取得する

ダイアログボックスで選択されたフォルダのパス名は、FileDialogSelectedItemsコレクションに格納されています。これはFileDialogオブジェクトの**SelectedItemsプロパティ**に番号を指定することで取得します。このサンプルの場合は1つしかフォルダを選択していませんので、「SelectedItems(1)」で取り出すことができます。

2では、これを「コピー元」を示す変数from_dirに代入しています。また上記の処理を繰り返して、**3**で「コピー先フォルダ」を選択させ、変数to_dirに代入します。

ポイント03 コピー先フォルダ名を取得しコピー

4では、**2**や**3**で取得したフォルダのパス名を利用して、CopyFileメソッド（→P.115を実行しています。

```
myFSO.CopyFile from_dir & "¥*.*", to_dir & "¥"
```

たとえば冒頭の実行例のように「from_dir」が「C:¥data」、「to_dir」が「D:¥BackUp用」ならば、次のコードを実行することになります。

```
myFSO.CopyFile "C:¥data¥*.*", "D:¥BackUp用¥"」
```

CHAPTER 07 ファイルとフォルダの操作

ポイント04 FileDialogとDialogはどう違うのか？

P.106ではDialogオブジェクトを紹介しました。FileDialogとDialog、どちらも「ダイアログボックスの種類を指定してShowメソッドで表示させる」点が同じですが、次のように異なります。

FileDialogオブジェクト

- ・対応するダイアログボックスの種類は「ファイルを開く」、「ファイルを保存（名前を付けて保存）」、「ファイルを選択」、「フォルダを選択」の4つだけ
- ・たくさんのメソッド、プロパティを持つ

Dialogオブジェクト

- ・たくさんのダイアログボックスに対応。
- ・基本的にShowメソッドで、該当のダイアログボックスを表示させるときに使うだけ

FileDialogオブジェクトの場合、このサンプルのようにダイアログボックスでの操作結果を利用して次の処理につなぐことができます。これに対してDialogでは単に、Showメソッドでダイアログボックスを表示させるだけで、通常はダイアログボックスでの操作結果を利用した処理につなげることはありません。

CHAPTER

08

イベントプロシージャ

「動作」をスイッチにして、マクロを開始させる方法があります。イベントプロシージャです。「ワークシートを表示したら」、「ブックを開いたら」、「ダブルクリックしたら」など。特定のタイミングで始まるマクロには、いろいろな使い道が考えられます。

01 イベントプロシージャを作る P.142

02 ワークシートへの操作をきっかけに処理が始まるプログラム P.147

03 セルの変化に対するイベント P.150

01 イベントプロシージャを作る

　イベントプロシージャは、これまで紹介したマクロと違い、ユーザーが実行しなくてもExcelが勝手に実行してくれます。大変便利なものですが、作成方法もこれまでとはちょっと違います。まずは「印刷を始めようとすると、警告が表示」されるイベントプロシージャを作りながら手順を確認しましょう。

手順解説 01 ブックのイベントプロシージャを作る

サンプル
「印刷しようとするとメッセージ」

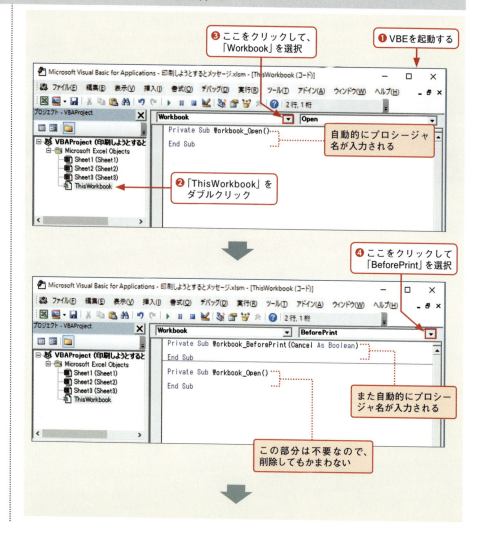

イベントプロシージャを作る 01

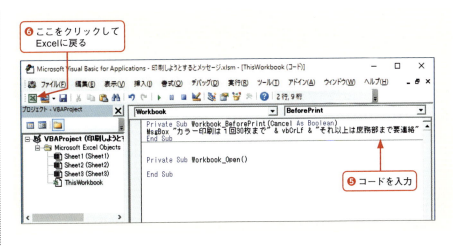

●BeforePrintイベントプロシージャ

```
Private Sub Workbook_BeforePrint(Cancel As Boolean)
    MsgBox "カラー印刷は1回30枚まで" & vbCrLf & "それ以上は庶務部まで要連絡"
End Sub
```

ポイント01 イベントとは？

　これまで私たちが作ったマクロは、VBEから【実行】→【Sub/ユーザーフォームの実行】などの命令によって実行していました。つまり、ユーザーが意図的に「プログラムを実行」するための操作を行う必要がありました。

　しかし、Excelには「クリックする」とか「ブックを開く」など、ユーザーが行った操作にあわせて自動的にプログラムを実行する機能があります。このユーザーが行った操作を**イベント**と呼び、イベント発生時に実行されるプログラムを**イベントプロシージャ**といいます。

　イベントはオブジェクトの機能として実装されているため、ワークシート（Worksheetオブジェクト）とブック（Workbookオブジェクト）では、使用できるイベントが異なっています。

▶Activateのようにワークシートとブックで共通のイベントもある。

ポイント02 イベントプロシージャとモジュール

　これまで紹介してきたサンプルプログラムは、すべて標準モジュールにSubプロシージャ（→P.6）として記述してきました。しかし、**イベントプロシージャは標準モジュールには記述することができません**。

143

CHAPTER 08 イベントプロシージャ

▶この他にクラスモジュールもあるが、本書では解説しない。

ここで、VBEのモジュールについて簡単に説明しておきます。前述のとおりモジュールはプログラムを書く場所のことですが、次の4つの種類があります。

●Excelのモジュール

名前	解説
標準モジュール	対象を制限しない処理を記述する場所
ブックモジュール	そのブックが対象のイベントプロシージャやSubプロシージャを記述する場所
シートモジュール	そのワークシートが対象のイベントプロシージャやSubプロシージャを記述する場所。シートをコピーすると、記述したプログラムもコピーされる
ユーザーフォーム	第12章参照。ユーザーフォーム内の各コントロールにイベントプロシージャが記述できる

ブックモジュールとシートモジュールは、VBEのプロジェクトエクスプローラにはじめから表示されており、ダブルクリックすることでプログラムが記述可能になります。このサンプルではブックモジュール（**ThisWorkbook**）に記述しています。

●VBEのプロジェクト

シートモジュール。シートの数だけ存在する

ブックモジュール。ファイルごとに1つ存在する

標準モジュールに記述されたマクロは別のブックからも参照可能ですが、ブックモジュール、シートモジュールに記述されたイベントプロシージャは、そのブックやワークシート固有のものになります。

ポイント03 イベントプロシージャの記述方法

イベントプロシージャの名前は、Subプロシージャと違って自由に付けられるわけではありません。次のような決まりがあります。

```
Private Sub オブジェクト名_イベント名()
```

「Private」は実行対象を制限するためのキーワードで、イベントプロシージャでは、必ずはじめに自動入力されます。オブジェクト名とイベント名については、サンプルで見て

●オブジェクト名とイベント名の選択

オブジェクト名を選択する　　　　イベント名を選択する

きたとおりVBEのドロップダウンメニューから選択するだけで自動的に入力されます。

このサンプルのようにブックモジュールのイベントプロシージャの場合、オブジェクト名は「Workbook」だけが選択可能です。
一方、選択できるイベント名は対象とするオブジェクトにより変わります。このサンプルのようにブックを対象としたイベントには、次のようなものがあります。

▶シートモジュールの場合は「Worksheet」、ユーザーフォーム内のコントロールの場合はそれぞれのオブジェクト名が選択できる。

●ブックのイベント（一部）

イベント名	解説
Activate	ブックがアクティブになったときに発生する
BeforeClose	ブックを閉じる前に発生する
BeforePrint	ブックまたはその中に含まれる内容を印刷する前に発生する
BeforeSave	ブックを保存する前に発生する
Open	ブックを開いたときに発生する
SheetChange	ワークシートのセルが変更されたときに発生する

サンプルプログラムでは、**BeforePrintイベント**で次を実行しています。

▶MsgBoxで表示するメッセージ中にある「vbCrLf」は、「文字列を改行しなさい」という意味のコード（→P.14）。

```
MsgBox "カラー印刷は1回30枚まで" & vbCrLf & "それ以上は庶務部まで要連絡"
```

なおBeforePrintイベントプロシージャには「Cancel As Boolean」という引数が自動的に設定されますが、このイベントプロシージャの引数については、P.151で解説します。

例01　ブックを開くと10分後に自動保存して強制終了

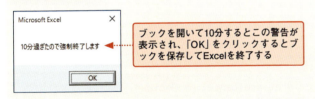

ブックを開いて10分するとこの警告が表示され、「OK」をクリックするとブックを保存してExcelを終了する

プログラム ThisWorkBookに記述　　　　　　　　　　　　　　　サンプル「開くと10分後に自動保存して強制終了」

```
Private Sub Workbook_Open()
    Application.OnTime Now + TimeValue("0:10:00"), "myStop"  ……1
End Sub
```

プログラム 標準モジュールに記述

```
Sub myStop()
    MsgBox "10分過ぎたので強制終了します"
    ActiveWorkbook.Save
    Application.Quit
End Sub
```

CHAPTER 08 イベントプロシージャ

ポイント01 10分後にメッセージを表示し強制終了する仕組み

このサンプルではThisWorkBookに記述されたイベントプロシージャから、標準モジュールに記述されているSubプロシージャを呼び出しています。ここで使用しているイベントはファイルが開かれたときに実行される「**Open**」です。

ブックを開くと、自動的に **1** を実行して「10分後のmyStop実行」がセットされます。作業中であっても開始10分後にはメッセージを表示し、「OK」をクリックするとExcelを強制終了します。大事なデータを扱っているときは、十分に注意してください。

なお、メッセージが表示されているとき、「OK」をクリックせずに Ctrl + Break （または Ctrl + Pause ）を押せば、マクロの実行が停止します。緊急時は、これで強制終了を回避できます。

▶動作確認をするときは、たとえば10秒で動作するようにして試した方が効率的。この場合「Application.OnTime Now + TimeValue("00:00:10"), "myStop"」とする（→P.78）。

ポイント02 myStopが実行する内容

「myStop」はメッセージを表示後、WorkbookオブジェクトのSaveメソッド（→P.110）でアクティブなブックを保存し、Applicationオブジェクトの**Quitメソッド**でExcelを終了します。

なお、「ActiveWorkbook.Close False」とすれば、変更を保存することなく無慈悲にブックが閉じられます（→P.112）。この場合、Excel自体は終了しません。

関連知識

Tips01 ブックを終了するとき「日時のファイル名」でバックアップ

次のサンプルは、P108の「アクティブなブックを日時のファイル名でバックアップ」するサンプルに手を加え、「ブックを閉じるときに日時のファイル名で自動バックアップ」するようにします。フックが閉じられるときに実行されるイベントは「**BeforeClose**」です。

実行する前にC:¥dataフォルダを作成しておいてください。

サンプル
「Tips_終了する前にバックアップ」

●ブック閉じるときのイベントプロシージャ

```
Private Sub Workbook_BeforeClose(Cancel As Boolean)
    ActiveWorkbook.SaveAs "C:¥data¥" & Format(Now, "yyyymmddhhmmss"), _
        xlOpenXMLWorkbookMacroEnabled
End Sub
```

146

02 ワークシートへの操作をきっかけに処理が始まるプログラム

前セクションではブックのイベントを使ったプロシージャを作成しましたが、ここではワークシートのイベントを使ってみます。基本的な作成方法は同じですが、ワークシートのイベントプロシージャはシートモジュールに作成する必要があります。まずは Enter を押したときにアクティブセルが「右に移動する」仕組みを作りながら手順を確認しましょう。

手順解説 01 ワークシートのイベントプロシージャを作る

サンプル
「表示すればEnterキーで右に移動する設定」

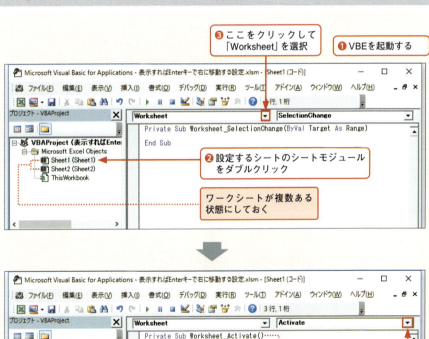

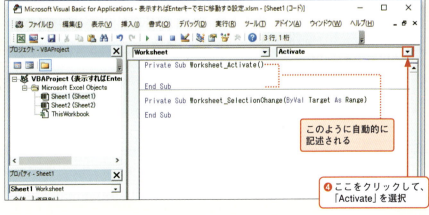

CHAPTER 08 イベントプロシージャ

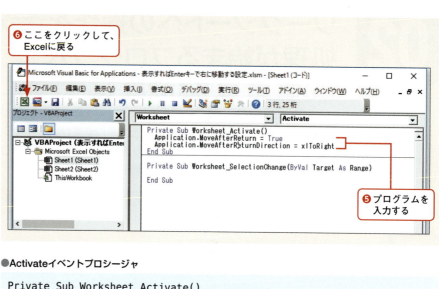

❻ ここをクリックして、Excelに戻る

❺ プログラムを入力する

●Activateイベントプロシージャ

```
Private Sub Worksheet_Activate()
    Application.MoveAfterReturn = True
    Application.MoveAfterReturnDirection = xlToRight
End Sub
```

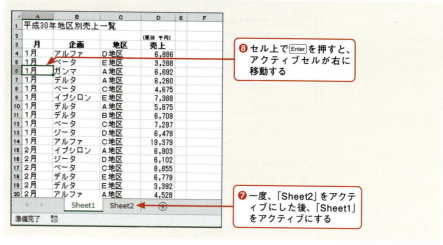

❽ セル上で Enter を押すと、アクティブセルが右に移動する

❼ 一度、「Sheet2」をアクティブにした後、「Sheet1」をアクティブにする

ポイント01 Enter を押したときのアクティブセル移動

▶別のブックにあるワークシートから切り替えてもイベントが発生しないので注意。

▶イベントプロシージャの基礎知識については、P.144参照。

　このサンプルでは、このワークシートがアクティブになったときに発生する**Activateイベント**にプロシージャを設定しています。ここでいうアクティブとは、同じブック内の別のワークシートから、このワークシートに切り替えたときを意味します。

　セル上で Enter を押したときの動作は、ApplicationオブジェクトのMoveAfterReturnプロパティとMoveAfterReturnDirectionプロパティで設定します。

　まず**MoveAfterReturn**プロパティは、Enter を押したときにアクティブセルを移動させるかどうかをブール値で指定します。Trueを指定すると移動し、Falseを指定すると移動

148

しません。通常はTrueになっているので、この記述は不要の場合も多いのですが、このサンプルでは念のために明示的にTrueを設定しています。

また**MoveAfterReturnDirectionプロパティ**は、[Enter]を押したときのアクティブセルの移動方向を次の定数で指定します。

▶P.74と同じ定数

●方向を指定する定数

方向	定数	値
上	xlUp	-4162
下	xlDown	-4121
左	xlToLeft	-4159
右	xlToRight	-4161

サンプルでは「xlToRight」を設定して、右へ移動させています。

ポイント02 移動方向を元に戻す

通常のワークシートでは、「下方向に移動」を設定した方が無難です。設定を元に戻す場合は、Deactivateイベント（下の表を参照）に次のようなマクロを設定するとよいでしょう。

▶イベントプロシージャとしてではなく、標準モジュールにSubプロシージャとして記述し、それをボタンなどに登録して切り替えるのも便利。

```
Private Sub Worksheet_Deactivate()
    Application.MoveAfterReturn = True
    Application.MoveAfterReturnDirection = xlDown
End Sub
```

ポイント03 ワークシートに対するイベント

ワークシート（Worksheet）のイベントプロシージャは、ワークシートに対する特定の操作、またはワークシートにあるセルに対する特定の操作を行ったときにイベントが発生し実行されます。

ワークシートに対するイベントには、次のようなものがあります。

●ワークシートに対するイベント（一部）

イベント名	内容
Activate	ワークシートがアクティブになったときに発生する
BeforeDoubleClick	セルをダブルクリックしたときに発生する
BeforeRightClick	セルを右クリックしたに発生する
Calculate	再計算を実行したに発生する
Change	セルの内容が変更されたときに発生する
Deactivate	ワークシートがアクティブでなくなったときに発生する
FollowHyperlink	ハイパーリンクをクリックしたときに発生する
PivotTableUpdate	ピボットテーブルを更新したときに発生する
SelectionChange	選択範囲を変更したときに発生する

149

03 セルの変化に対するイベント

　編集した記録を、ワークシートに残してみましょう。Excelには、「変更履歴の記録」の機能があります。しかしイベントプロシージャを使えば、「任意のワークシートに、任意の形式で、勝手に記録」する仕組みを作ることができます。

例01　データを修正すると、「日時」「訂正場所」「訂正後データ」を自動記録

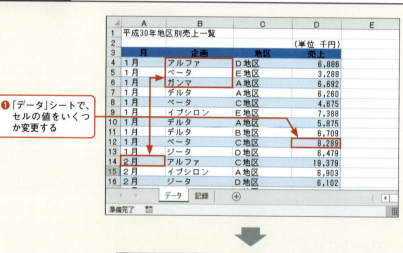

❶「データ」シートで、セルの値をいくつか変更する

❷「記録」シートに変更日時、変更されたセル、変更後の値が次々に追加されていく

プログラム　「データ」シートのシートモジュールに記述　　　　**サンプル**「修正すると勝手に記録」

```
Private Sub Worksheet_Change(ByVal Target As Range) ……❶
    With Worksheets("記録").Range("A1").End(xlDown)
        .Offset(1).Value = Now
        .Offset(1, 1).Value = Target.Address ……❷
        .Offset(1, 2).Value = Target.Value
    End With
End Sub
```

セルの変化に対するイベント **03**

ポイント01 変更されたセルに関するデータ

　セルの変更で実行されるイベントプロシージャは、次のような記述になります（**1**）。つまりWorksheetオブジェクトの**Changeイベント**を使用します。

```
Private Sub Worksheet_Change(ByVal Target As Range)
```

▶ByValは「値渡し」の意味。詳細は省くが「値渡し」とは、「変更したセルの情報をコピーして取得する」ことを意味する。

　ここで「Target As Range」は、「変更されたセル範囲（Rangeオブジェクト）を、Targetという変数として受け取る」という意味です。このようにイベントによっては、そのイベントに関する何らかの値を**引数として受け取る**ことができるものがあります。

▶たとえばRange("A1").Adreessは「A1」の文字列を返す。

　Rangeオブジェクトの**Addressプロパティ**は、Rangeオブジェクトが表すセル範囲の絶対参照を文字列で返します。したがって、「Target.Address」は「変更されたセル範囲」ということになります。また、「Target.Value」は「対象となるセルの値」（セルの変更後の値）です。

　サンプルプログラムのイベントプロシージャでは、現在の日時を返す「Now関数の値」と、上記の「Target.Address」、「Target.Value」の値を、ワークシート「記録」に入力しています。

MEMO 「Cancel As Boolean」について

　P.145で紹介したWorkbookのBeforePrintイベントプロシージャや、P146で紹介したBeforeCloseイベントプロシージャでは、引数として「Cancel As Boolean」が指定されています。このCancelという変数にはイベントの発生時に自動的にFalseが代入されて渡されます。そしてプログラマが、イベントプロシージャ内でこのCancelにTrueを代入すると、プロシージャが終了してもブックの印刷やファイルを閉じる動作が行われなくなります。

　つまり何らかの理由で、印刷の中止やファイルを開いたままにしておきたい場合の処理を記述できるというわけです。

ポイント02 データを最下端の下に追加して入力

　サンプルプログラムでは**2**の部分で、データを入力しています。

▶セル「A1」や「A2」にデータが入力されていないと正しく動作しないので注意。

　「Worksheets("記録").Range("A1").End(xlDown).Value」は、ワークシート「記録」のセル「A1」に続く最下端の値を意味します（→P.74）。サンプルプログラムでは、これに「.Offset(1)」を付けてワークシート「記録」のセル「A1」の「最下端の下」にNow関数の戻り値を代入しています。

```
Worksheets("記録").Range("A1").End(xlDown).Offset(1).Value = Now
```

　そして同様に「.Offset(1, 1)」を付けることで、セル「A1」に続く「最下端の下の右」（B列）にTarget.Addressを入力。また「.Offset(1, 2)」を付けることで、「最下端の下の2つ右」（C列）にTarget.Valueを入力しています。

151

関連知識

Tips01 アニメーションで矢印が移動して、入力する行を指し示す

ワークシートの**SelectionChangeイベント**は、セルの選択範囲を変更したときに発生します。次の例はP.84のプログラムをイベントプロシージャとして書き直したものです。

```
Private Sub Worksheet_SelectionChange(ByVal Target As Range)
    For y = 1 To Target.Top
        ActiveSheet.Shapes(1).Top = y
        DoEvents
    Next
End Sub
```

サンプル
「Tips_アニメーションで矢印が移動して入力する行を指し示す」

❶ どれかのセルを選択すると、作業している行に矢印が移動する

CHAPTER

09

ウィンドウを操作する

編集しやすい、そして見やすいワークシートを作るために、ウィンドウの表示を工夫しましょう。ここでは、ウィンドウの分割、整列、表示倍率、そしてワークシートの表示・非表示など、編集しやすい環境を作る方法を解説します。

01 ウィンドウを分割する P.154

02 ワークシートを並べて表示する P.157

03 表示倍率の変更 P.159

04 ワークシートの表示・非表示 P.161

01 ウィンドウを分割する

表の最下行にデータを追加していくと、どんどん縦に長くなってしまい、最下行の位置までスクロールしなければならない場合も出てきます。そのようなときは画面を上下分割して、上のウィンドウにタイトルだけを常に表示できるようにし、下のウィンドウでは表の最下行の1行下がアクティブになるようなマクロを作成すると便利です。

例01　ウィンドウを分割し、最下行の下をアクティブにする

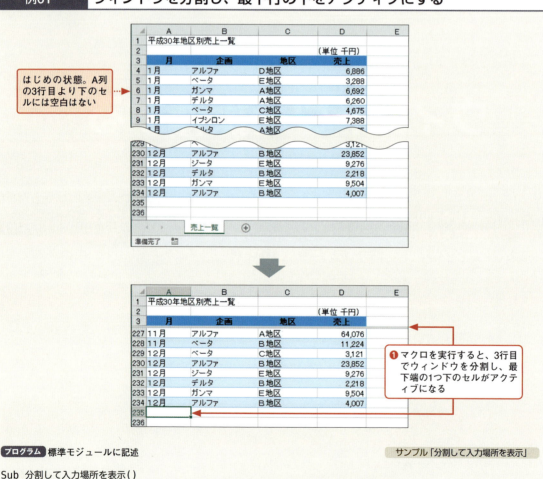

プログラム 標準モジュールに記述　　　　　　　　　　　　　　　　サンプル「分割して入力場所を表示」

```
Sub 分割して入力場所を表示()
    Range("A4").Select                          ①
    ActiveWindow.SplitRow = 3                   ②
    Range("A3").End(xlDown).Offset(1).Select    ③
End Sub
```

ウィンドウを分割する **01**

ポイント01 ウィンドウの分割

▶ショートカットキーに
このマクロを登録
(→P.15)しておくと便
利。

　このサンプルは、ウィンドウを上下に分割し、上のウィンドウには3行目までを常に表示させ、下のウィンドウで最下行をアクティブにするものです。これにより大量のレコードがあっても、「上の項目名を表示」した状態で、「一番下に入力」できるようにします。

　ウィンドウの上下分割は、Windowオブジェクトの**SplitRow**を使って行います。このプロパティは、ウィンドウの上下分割位置を示す行数 (ウィンドウ分割線の上側にある行数) を整数で設定します。

　このサンプルでは**2**で、3行目の下で分割します。そして**3**で、セル「A3」に続く最下端の下を選択して表示します。

ポイント02 アクティブセルが上のウィンドウにこないように

　もし、アクティブセルが3行目より上にある状態で分割してしまうと、上の項目名は表示されず、次のようになってしまいます。

●アクティブセルが3行目より上にある状態で分割してしまうと…

	A	B	C	D	E
234	12月	アルファ	B地区	4,007	
235					
236					
4	1月	アルファ	D地区	6,886	
5	1月	ベータ	E地区	3,288	
6	1月	ガンマ	A地区	6,692	
7	1月	デルタ	A地区	6,260	
8	1月	ベータ	C地区	4,675	
9	1月	イプシロン	E地区	7,388	

3の処理が上のウィンドウで行われ、「最下端の下」のセルがここに表示されてしまう

▶セルをアクティブにするので、Selectの代わりにActivateを使ってもよい。

　つまり、**2**や**3**の処理は、3行目より下にアクティブセルがある状態で実行しないと目的の動作を行いません。このため分割前に、**1**で分割位置よりも下 (セル「A4」) を選択しています。

ポイント03 ウィンドウ分割の解除

　ウィンドウの上下分割を解除するときは、Windowオブジェクトの**Splitプロパティ**にFalseを設定します。このプロパティは、分割方法にかかわらず、ウィンドウを分割するかしないかをブール値で設定します。また、サンプルのような上下分割だけなら、SplitRowプロパティに0を設定することでも解除できます。

　たとえば Ctrl + e でウィンドウ分割、 Ctrl + q で分割解除のようにショートカットキーを設定しておくと、ユーザーの編集が楽になります。

関連知識

Tips01 左右に分割／解除するには

　SplitColumnプロパティは、ウィンドウを左右に分割するときに使用します。値には分割する位置の列数を指定します。

　分割を解除するときは、先ほどと同様に「ActiveWindow.Split = False」を実行するか、WindowオブジェクトのSplitColumnプロパティに0を設定します。

155

CHAPTER 09 ウィンドウを操作する

Tips02 ウィンドウが分割していなかったら分割、分割していたら分割解除

ウィンドウの分割と解除はExcelのコマンドでも可能なので、マクロの実行時にウィンドウがすでに分割されている可能性もあります。次のサンプルは、どちらであってもいいように、ウィンドウの分割と解除を切り替えます。

▶このプログラムでは、最初左右に分割していても、分割解除後、上下に分割する。

サンプル
「Tips_分割していなかったら分割_分割していたら分割解除」

```
If ActiveWindow.Split Then
    ActiveWindow.Split = False
Else
    ActiveWindow.SplitRow = 3
End If
```

Tips03 クリックした位置の上で上下分割

次の例ではInputBoxメソッドを使ってダイアログボックスを表示し、ユーザーがクリックしたセルのRangeオブジェクトを取得して、その1行上で分割しています。

サンプル
「Tips_クリックした位置の上で上下分割」

```
Set MyRange = Application.InputBox("分割したいところでクリック", Type:=8)
ActiveWindow.SplitRow = MyRange.Row - 1
```

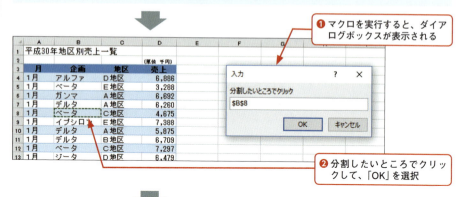

❶ マクロを実行すると、ダイアログボックスが表示される

❷ 分割したいところでクリックして、「OK」を選択

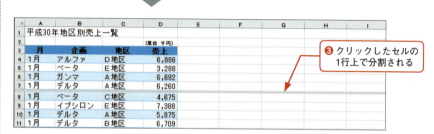

❸ クリックしたセルの1行上で分割される

02 ワークシートを並べて表示する

複数のワークシートを見比べて作業したいとき、すべてのワークシートのウィンドウを、並べて表示できたら便利ですよね。ここではワークシートの数だけウィンドウを用意して、すべてのワークシートを並べて表示するというプログラムを作ってみます。

例01　すべてのワークシートを並べて表示する

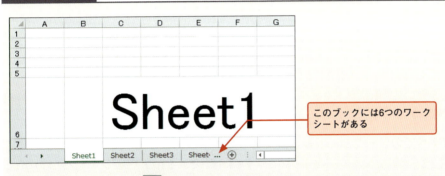

このブックには6つのワークシートがある

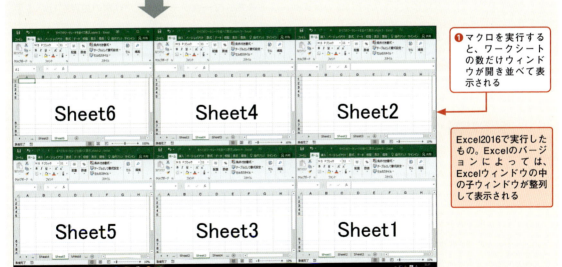

❶ マクロを実行すると、ワークシートの数だけウィンドウが開き並べて表示される

Excel2016で実行したもの。Excelのバージョンによっては、Excelウィンドウの中の子ウィンドウが整列して表示される

プログラム 標準モジュールに記述　　　　　　　　　サンプル「すべてのワークシートを並べて表示」

```
Sub すべてのワークシートを並べて表示()
    For n = 1 To (Worksheets.Count - ActiveWorkbook.Windows.Count)  ❶
        ActiveWorkbook.NewWindow                                     ❷
    Next
```

CHAPTER 09 ウィンドウを操作する

```
    For c = 1 To Worksheets.Count
        Windows(c).Activate
        Worksheets(c).Activate            ┐ 3
    Next
    Windows.Arrange                          4
End Sub
```

ポイント01　ウィンドウをワークシートの数だけ用意

▶万が一「ワークシート
の数」より「ウィンドウの
数」が多ければ、このFor
〜 Nextは実行されず、
ウィンドウを並べるだけ
になる。

　すべてのワークシートを並べて表示するには、ワークシートと同じ数だけウィンドウが
必要です。「ワークシートの数」から「ウィンドウの数」を引いた数だけ、ウィンドウを追
加で開く必要があります。そこでサンプルの**1**では、この足りない数だけ、For 〜 Next
ステートメントを使ってウィンドウを新規に開いています。

▶Countは、コレクショ
ンに存在するオブジェク
トの数を返すプロパティ
（→P.97）。

　ワークシートの数はWorksheetsコレクションの**Countプロパティ**（Worksheets.Count）、
「アクティブなブックのウィンドウの数」は、Workbookオブジェクトの**Windowsプロパ
ティ**に格納されているWindowsコレクションのCountプロパティ（ActiveWorkbook.
Windows.Count）で取得できます。

　そして実際にウィンドウを開いているのが、**2**のWorkbookオブジェクトの**New
Windowメソッド**です。

ポイント02　すべてのワークシートが、別々のウィンドウに表示されるようにする

　すべてのワークシートを並べて表示するには、それぞれのワークシートを別々のウィン
ドウに表示しなければいけません。そこで、ワークシートの数だけ次の処理を行います。

①n番目のウィンドウをアクティブにする
②n番目のワークシートをアクティブにする

　オブジェクトをアクティブにするのはActivateメソッドです（→P.38）。**3**では、ワーク
シートの数だけ上記の処理を繰り返しています。

ポイント03　ウィンドウを並べて表示する

　WindowsコレクションのArrangeメソッドは、すべてのウィンドウを並べます。

Arrange メソッド ➡ すべてのウィンドウを並べる

| 書　式 | Windowsコレクション.**Arrange** ArrangeStyle |
| 引　数 | ArrangeStyle：ウィンドウを並べる方法を次の定数により指定します。この引数を省略すると「xlArrangeStyleTiled」が選択されます。 |

●引数「ArrangeStyle」で設定できる定数

方法	定数	値
少しずつずらして重ねる	xlArrangeStyleCascade	7
同じサイズで縦積みにする	xlArrangeStyleHorizontal	-4128
サイズを縮小して並べる	xlArrangeStyleTiled	1
同じサイズで横並びにする	xlArrangeStyleVertical	-4166

　サンプルプログラムの**4**では、引数「ArrangeStyle」を省略しているため「サイズを縮
小して並べる」（xlArrangeStyleTiled）ことになります。

158

表示倍率の変更

表示倍率を設定する方法を勉強します。データが小さくて見づらいワークシート。「ドラッグで指定した領域だけ拡大表示」という便利なプログラムを作ってみましょう。

例01　ドラッグした領域を拡大して表示する

❷ 拡大したい範囲をドラッグして、「OK」をクリック

❶ マクロを実行すると、このメッセージが表示される

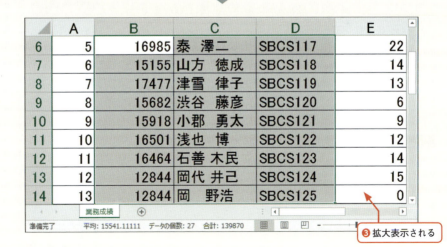

❸ 拡大表示される

プログラム 標準モジュールに記述　　　　　　　　　　サンプル「ドラッグした領域を拡大表示」

```
Sub 選択した範囲で拡大()
    Set myRange = Application.InputBox("拡大する範囲をドラッグしてください", Type:=8)  ……❶
    myRange.Select  ……❷
    ActiveWindow.Zoom = True  ……❸
End Sub
```

159

CHAPTER 09 ウィンドウを操作する

ポイント01 表示拡大率を変える

Windowオブジェクトの**Zoomプロパティ**は、作業中のウィンドウの表示拡大率を％単位で取得/設定します。たとえば50を設定すれば半分の大きさ、200を設定すれば2倍になります。Excelの「表示」タブで、「ズーム」から「ズーム」ボタンを選択したときと同様、10 ～ 400の範囲の値が設定できます。

おもしろいのは、このプロパティにTrueを設定したときです。この場合、選択された範囲が存在する場合は、その領域がウィンドウいっぱいに表示されるように表示倍率を自動で設定してくれます。

ポイント02 ドラッグした範囲を拡大表示

サンプルプログラムでは、ユーザーが拡大したい領域を、ドラッグで指定できるようにしています。

「Type:= 8」を指定したInputBoxメソッドでは、マウスで選択した領域のRangeオブジェクトを取得することができました（→P.66）。

1でダイアログボックスを表示してユーザーに領域を選択させ、その領域を変数myRangeに代入します。そして**2**で変数myRangeのセル範囲を選択します。最後に**3**で、選択した領域に合わせて、倍率を自動設定します。

▶Zoomプロパティに
Trueを設定する場合、選
択されたセル範囲がない
とズームが行われない。

関連知識

Tips01 拡大率を少しずつ変更し、アニメーションのように画面を拡大していく

次の例では、最初20％に縮小し、後は300％までだんだん拡大します。

サンプル
「Tips_アニメーション
のように画面を拡大」

```
For z = 20 To 300
    ActiveWindow.Zoom = z
    DoEvents
Next
```

Tips02 現在の拡大率の半分の拡大率を設定する

サンプル
「Tips_半分の拡大率を
設定」

```
ActiveWindow.Zoom = ActiveWindow.Zoom * 0.5
```

04 ワークシートの表示・非表示

「ワークシートを作って秘密のデータを入力し」、「他人からは見えないワークシートにする」プログラムです。Excelのメニューでは再表示不可能、存在もわからない秘密のワークシートになります。無論、VBAを知っている人には、簡単に見られてしまいますが…。

例01　新しく非表示のワークシートを作って、秘密の文字列を入力する

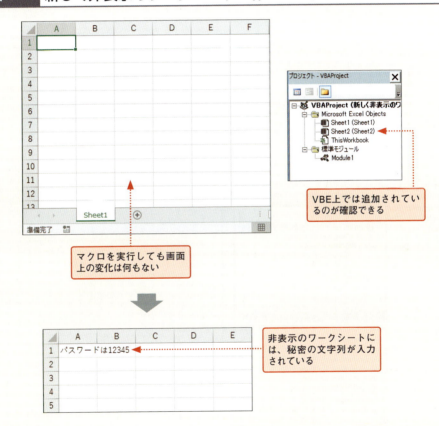

プログラム 標準モジュールに記述

```
Sub 新しく非表示のワークシートを作って秘密の文字列記入()
    Set S = Worksheets.Add
    S.Visible = xlVeryHidden
    S.Range("A1").Value = "パスワードは12345"
End Sub
```

CHAPTER 09 ウィンドウを操作する

ポイント01 ワークシートを非表示にする

「他人に変更されたくない、見られたくない」データがあるときは、ワークシートを非表示にしましょう。Worksheetオブジェクトの**Visibleプロパティ**は、シートの表示／非表示の状態を設定します。Falseを設定すると非表示になり、xlVeryHiddenで完全非表示、Trueで表示されます。

完全非表示にすると、Excel上の操作（「ホーム」タブの「セル」から「書式」→「非表示／再表示」を選択するなど）では、再表示することができなくなります。

サンプルプログラムでは、新規作成したワークシートを完全非表示にしてから、「パスワードは12345」の文字列を書き込んでいます。

ポイント02 xlVeryHiddenで非表示にしたワークシートを再表示するには

前述のとおり、xlVeryHiddenで非表示にしたシートは、Excel上の操作では再表示することができません。

再表示するには、再びVisibleプロパティにTrueを設定する必要があります。たとえば「Sheet2」という名前の非表示ワークシートを再表示する場合、次を実行します。

```
Worksheets("Sheet2").Visible = True
```

またVBEのプロパティウィンドウで設定する方法もあります。

▶VBE上でも表示されなくするには、【ツール】→【VBAProjectのプロパティ】を実行し、「保護」タブで設定する。ただし、この設定は一度ファイルを保存し、再度開いたときに有効になる。

●プロパティウィンドウでの設定

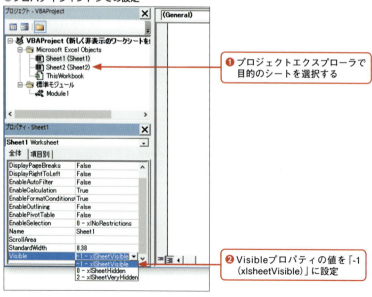

❶ プロジェクトエクスプローラで目的のシートを選択する

❷ Visibleプロパティの値を「-1 (xlsheetVisible)」に設定

CHAPTER

10

グラフを操作する

VBAでグラフを作ってみましょう。グラフは、VBAのいい教材になります。そしてデータ分析の有効な手段になります。VBAなら、メニュー操作では不可能なアニメーションも、簡単に実現します。

01　グラフを作成する P.164

02　グラフシートを作成する P.168

03　軸の最大値／最小値、凡例、タイトルを設定する P.170

04　グラフの変化を強調する P.174

01 グラフを作成する

まずはグラフのオブジェクトに慣れましょう。最初に、普通の埋め込みグラフを作ってみます。「入れ物」となるChartObjectsオブジェクトを作成し、さらに「本体」であるChartオブジェクトを設定する、という手順になります。

例01　3-D棒グラフを作成する

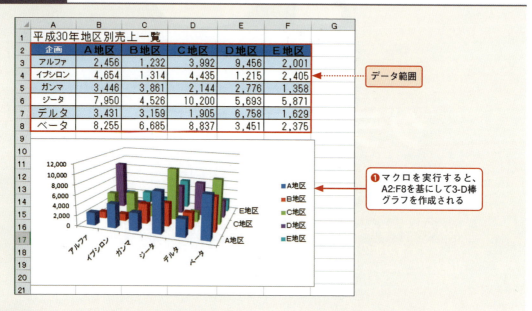

❶ マクロを実行すると、A2:F8を基にして3-D棒グラフを作成される

プログラム 標準モジュールに記述　　　　　　　　　　　　　　**サンプル**「位置やサイズを指定して3D棒グラフを作成」

```
Sub 位置やサイズを指定して3D棒グラフを作成()
    Set MyChartOb = ActiveSheet.ChartObjects.Add(0, 150, 400, 200) ……❶
    MyChartOb.Chart.ChartType = xl3DColumn ……❷
    MyChartOb.Chart.SetSourceData Range("A2:F8"), xlColumns ……❸
End Sub
```

ポイント01　埋め込みグラフのオブジェクトとは

「埋め込みグラフ」はワークシート内に設定する、いわゆる普通のグラフです。埋め込みグラフはグラフの入れ物である**ChartObjectオブジェクト**とグラフ本体の**Chartオブジェクト**に分けられ、次のような入れ子構造になっています。

●Chartオブジェクトの位置

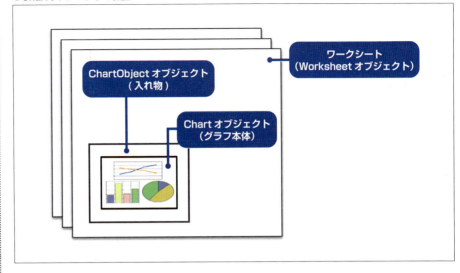

　ワークシートに「埋め込みグラフ」を作成するときは、まず「入れ物」のChartObjectオブジェクトを作り、次に「本体」であるChartオブジェクトの種類やデータ範囲を設定する、という手順になります。

ポイント02　埋め込みグラフを新規作成

　ChartObjectオブジェクトの作成は、WorkSheetオブジェクトの**ChartObjectsプロパティ**からChartObjectsコレクションを取得し、Addメソッドを実行します。

Addメソッド ➡ 埋め込みグラフを作成する

書式	ChartObjectsコレクション.**Add**(Left, Top, Width, Height)
引数	Left　　：グラフの左端の位置(x座標)をポイント単位で指定します。
	Top　　：グラフの上端の位置(y座標)をポイント単位で指定します。
	Width　：グラフの幅をポイント単位で指定します。
	Height：グラフの高さをポイント単位で指定します。
戻り値	ChartObjectオブジェクト。

　サンプルプログラムの **1** では、アクティブなワークシートにChartObjectsオブジェクトを作成し、変数MyChartObに代入しています。

▶オブジェクトを変数に代入する場合、Setを使う(→P.58)。

```
Set MyChartOb = ActiveSheet.ChartObjects.Add(0, 150, 400, 200)
```

　ここで引数の意味は次の図のとおりです。

●Addメソッドの引数の意味

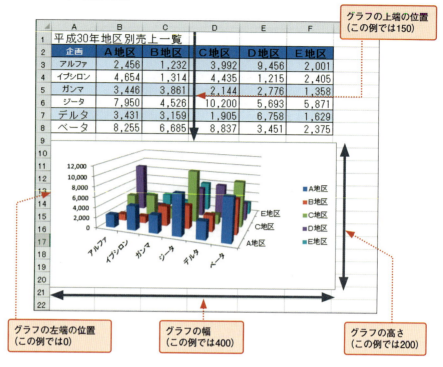

ポイント03 グラフの種類を設定

　グラフ本体のChartオブジェクトは、作成されたChartObjectオブジェクトの**Chartプロパティ**に格納されています。グラフの種類を設定する場合は、Chartオブジェクトの**ChartTypeプロパティ**に次のような定数を代入することで行います。

●ChartTypeプロパティで指定できる定数

系統	グラフの種類	定数	値
縦棒	集合縦棒	xlColumnClustered	51
	3-D集合縦棒	xl3DcolumnClustered	54
	積み上げ縦棒	xlColumnStacked	52
	3-D積み上げ縦棒	xl3DcolumnStacked	55
	3-D縦棒	xl3Dcolumn	-4100
横棒	集合横棒	xlBarClustered	57
	3-D集合横棒	xl3DBarClustered	60
	積み上げ横棒	xlBarStacked	58
	3-D積み上げ横棒	xl3DBarStacked	61
折れ線	折れ線	xlLine	4
	3-D折れ線	xl3DLine	-4101
円	円	xlPie	5
	分割円	xlPieExploded	69
	3-D円	xl3Dpie	-4102

グラフを作成する **01**

散布図	散布図	xlXYScatter	-4169
バブル	バブル	xlBubble	15
面	面	xlArea	1
	3-D面	xl3DArea	-4098
	積み上げ面	xlAreaStacked	76
ドーナツ	ドーナツ	xlDoughnut	-4120
	分割ドーナツ	xlDoughnutExploded	80
レーダー	レーダー	xlRadar	-4151
	塗りつぶしレーダー	xlRadarFilled	82
株価	高値-安値-終値	xlStockHLC	88
円柱	集合円柱縦棒	xlCylinderColClustered	92
	積み上げ円柱縦棒	xlCylinderColStacked	93
	3-D円柱縦棒	xlCylinderCol	98
円錐	集合円錐縦棒	xlConeColClustered	99
	積み上げ円錐縦棒	xlConeColStacked	100
	3-D円錐縦棒	xlConeCol	105
ピラミッド	集合ピラミッド縦棒	xlPyramidColClustered	106
	積み上げピラミッド縦棒	xlPyramidColStacked	107
	3-Dピラミッド縦棒	xlPyramidCol	112

2では、「3-D棒グラフ」の定数xl3DColumnを設定しています。

```
MyChartOb.Chart.ChartType = xl3DColumn
```

ポイント04 グラフの元データの設定

　最後に、グラフの基になるデータ領域をChartオブジェクトのSetSourceDataメソッドで設定します。

SetSourceDataメソッド ➡ グラフのデータ領域を設定する

書　式　Chartオブジェクト.**SetSourceData** Source, PlotBy

引　数　Source：データ領域のセル範囲をRangeオブジェクトで指定します。
　　　　PlotBy：データ系列の方向を次の定数で指定します。
　　　　　　　　行方向▶xlRows、
　　　　　　　　列方向▶xlColumns

　3では第1引数Sourceにセル範囲A2:F8、第2引数PlotByに「xlColumns」（列方向）を指定しています。

```
MyChartOb.Chart.SetSourceData Range("A2:F8"), xlColumns
```

▶xlColumnsやxlRowsは、省略することもできる。省略した場合、データの状況で自動的に判断される。

167

02 グラフシートを作成する

Excelで作成するグラフは2種類あります。セクション01で紹介した埋め込みグラフ、そして今回登場するグラフシートです。グラフシートは、それ自体がChartオブジェクト（グラフ本体）です。

例01　3D縦棒グラフのグラフシートを作成する

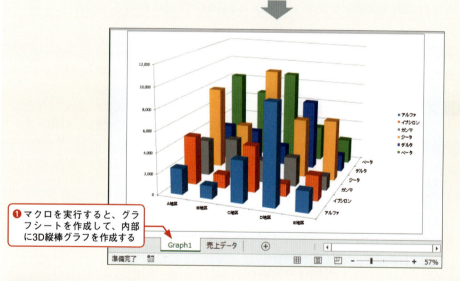

❶ マクロを実行すると、グラフシートを作成して、内部に3D縦棒グラフを作成する

プログラム 標準モジュールに記述　　　　　　　　　　　　　　　　サンプル「グラフシートを作成」

```
Sub グラフシートを作成()
    Set MyChart = ActiveWorkbook.Charts.Add                                   ❶
    MyChart.ChartType = xl3DColumn
    MyChart.SetSourceData Worksheets("売上データ").Range("A2:F8"), xlRows     ❷
End Sub
```

グラフシートを作成する 02

ポイント01 グラフシートの作成

　グラフシートは、1枚の独立したシートです。グラフシート自体がグラフ本体であるChartオブジェクトになります。埋め込みグラフとしてChartオブジェクトを配置する場合はChartObjectオブジェクトが必要ですが、グラフシートの場合は不要である代わりに内蔵できるグラフは1つだけです。

　グラフシートを作成するときは、WorkbookオブジェクトのChartsプロパティから、指定したブックにあるすべてのグラフシートを表すChartsコレクションを取得してAddメソッドを実行します。実行すると、「Graph1」などのグラフシートが作られ、アクティブになります。

▶埋め込みグラフを作成するときは、ChartObjectsコレクションのAddメソッドを実行している（→P.165）。

Addメソッド ➡ グラフシートを作成する

- **書　式**　Chartsコレクション.**Add** Before, After, Count
- **引　数**　Before：指定したWorksheetオブジェクトやChartオブジェクトの直前に新しいシートを追加します。
　　　　　　After　：指定したWorksheetオブジェクトやChartオブジェクトの直後に新しいシートを追加します。
　　　　　　Count　：追加するグラフシートの数を整数で指定します（既定値は1）。
- **戻り値**　新規作成したグラフシートのChartオブジェクトを返します。

　サンプルプログラムの**1**ではグラフシート（Chartオブジェクト）を作成し、オブジェクト変数MyChartに代入しています。

　以降のグラフ種類の選択と、データ領域の指定についてはP.164のサンプルと同じですが、**2**のデータ領域の指定では別シートのセル範囲を指定しているところに注意してください。

ポイント03 オブジェクトの違い…「埋め込みグラフ」と「グラフシート」

　グラフには「埋め込みグラフ」と、「グラフシート」の2種類があり、どちらもグラフ自体を表すのはChartオブジェクトです。ただしそれぞれの上位オブジェクトが異なります。

●グラフに関するオブジェクト構造

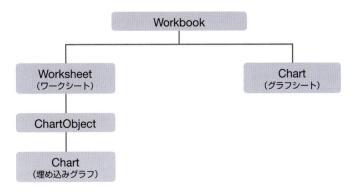

169

03 軸の最大値／最小値、凡例、タイトルを設定する

作成したグラフの、最大値／最小値、凡例、タイトルが自由に設定できるようにしましょう。作者の意図を強調したグラフ表示が可能になります。

例01　数値軸の最大値と最小値を設定する

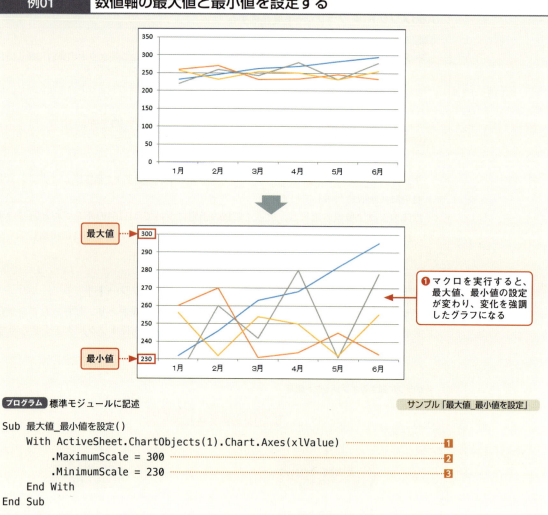

❶マクロを実行すると、最大値、最小値の設定が変わり、変化を強調したグラフになる

プログラム 標準モジュールに記述　　　　　　　　　　　　　サンプル「最大値_最小値を設定」

```
Sub 最大値_最小値を設定()
    With ActiveSheet.ChartObjects(1).Chart.Axes(xlValue)     ……1
        .MaximumScale = 300                                   ……2
        .MinimumScale = 230                                   ……3
    End With
End Sub
```

03 軸の最大値／最小値、凡例、タイトルを設定する

ポイント01 軸の最大値／最小値を設定する方法

ChartオブジェクトのAxesメソッドは、グラフの軸を表すAxisオブジェクトを返します。

Axesメソッド ➡ グラフの軸を返す

- 書 式　Chartオブジェクト.**Axes**(Type)
- 引 数　Type：軸の種類を以下の定数で指定します。

●引数Typeに指定する定数

定数	値	解説
xlCategory	1	項目軸
xlValue	2	数値軸
xlSeriesAxis	3	データ系列

- 戻り値　Axisオブジェクト。

1のWithステートメントでは、上記のAxesメソッドを使って埋め込みグラフの数値軸を取得し、それを処理対象にしています。

またAxisオブジェクトの**MaximumScaleプロパティ**は「数値軸の最大値」を、**MinimumScaleプロパティ**は「数値軸の最小値」を設定します。

アクティブシートにある、1番目の埋め込みグラフ本体は「ActiveSheet.ChartObjects(1).Chart」なので、次で「最大値」「最小値」が設定できます。

▶グラフシート「Graph1」に対して設定する場合は、「Charts("Graph1").Axes(xlValue).MaximumScale = 300」のように記述する。

```
ActiveSheet.ChartObjects(1).Chart.Axes(xlValue).MaximumScale = 300 …2
ActiveSheet.ChartObjects(1).Chart.Axes(xlValue).MinimumScale = 230 …3
```

例02 埋め込みグラフの、凡例の表示・非表示を切り替えるボタンを設定

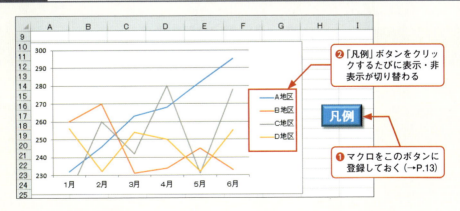

プログラム　標準モジュールに記述

サンプル「凡例の表示_非表示を切り替える」

```
Sub 凡例の表示_非表示を切り替える()
    ActiveSheet.ChartObjects(1).Chart.HasLegend = _
        Not ActiveSheet.ChartObjects(1).Chart.HasLegend
End Sub
```

ポイント01　表示・非表示を切り替える仕組み

凡例を表示する場合、ChartオブジェクトのHasLegendプロパティにTrueを設定します。また、非表示にするときはFalseを設定します。

Notは「否定」を表す論理演算子でした（→P.130）。つまり、「Not True」は「Trueの否定」なのでFalseとなり、「Not False」は「Falseの否定」なのでTrueになります。

サンプルで記述している「ActiveSheet.ChartObjects(1).Chart.HasLegend」は、「アクティブシートの埋め込みグラフの凡例」が表示されていればTrueを、非表示ならFalseを返しますが、ここではNotを使用して現在の値とは逆の値を代入しています。これにより、ボタンのクリックで凡例の表示／非表示がトグルで切り替えられるというわけです。

ちなみにこのプログラムは、Withステートメントを使うと次のように書き換えることができます。

```
With ActiveSheet.ChartObjects(1).Chart
    .HasLegend = Not .HasLegend
End With
```

例03　グラフのタイトルを表示する

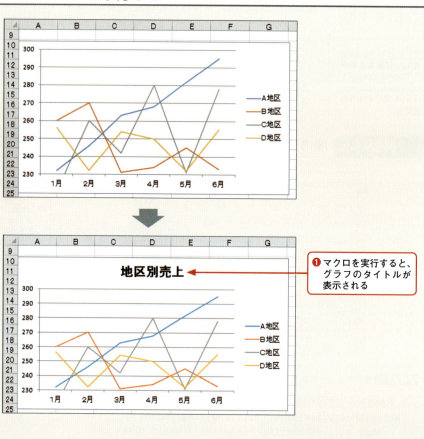

❶マクロを実行すると、グラフのタイトルが表示される

軸の最大値／最小値、凡例、タイトルを設定する **03**

プログラム 標準モジュールに記述する　　　　　　　　　　**サンプル** 「タイトルを地区別売上と表示する」

```
Sub タイトルを地区別売上と表示する()
    With ActiveSheet.ChartObjects(1).Chart
        .HasTitle = True
        .ChartTitle.Text = "地区別売上"
    End With
End Sub
```

ポイント01 **タイトルの設定**

　　グラフタイトルの表示／非表示は、Chartオブジェクトの**HasTitleプロパティ**にブール
値を設定することで行います。表示する場合がTrue、しない場合がFalseです。

　　またタイトルの文字列は、Chartオブジェクトの**ChartTitleプロパティ**から取得できる
ChartTitleオブジェクトの**Textプロパティ**で設定します。サンプルプログラムでは、タイ
トルを表示した後、「地区別売上」というタイトル文字列を設定しています。

関連知識

Tips01 **タイトルの表示・非表示を切り替える**

　　グラフタイトルの表示、非表示を切り替える方法です。グラフタイトルを一度非表示に
した場合、Textプロパティをもう一度設定し直すことになります。次の例ではHasTitle
プロパティの値をifステートメントで調べ、Trueの場合はFalseへ変更、Falseの場合は
Trueに変更してからタイトル文字列を設定しています。

サンプル
「Tips_タイトルの表示_
非表示を切り替える」

```
With ActiveSheet.ChartObjects(1).Chart
    If .HasTitle Then
        .HasTitle = False
    Else
        .HasTitle = True
        .ChartTitle.Text = "地区別売上"
    End If
End With
```

Tips02 **グラフシートのタイトルを表示**

　　埋め込みグラフでなく、グラフシートのグラフのタイトルを表示する例です。グラフシ
ートグラフ「Graph1」がすでに存在するものとして、そのタイトルを設定します。

サンプル
「Tips_グラフシートの
タイトルを表示」

```
Charts("Graph1").HasTitle = True
Charts("Graph1").ChartTitle.Text = "地区別売上"
```

173

04 グラフの変化を強調する

折れ線グラフや棒グラフを、アニメーション的に動かしましょう。データソースが変化すれば折れ線グラフも変化し、成長の様子が表現できます。また3次元グラフを回転させましょう。突出した値が強調されます。グラフのアニメーション的な表現方法。どうぞお楽しみください。

例01 「月」ごとの変化を折れ線グラフのアニメーションで表現する

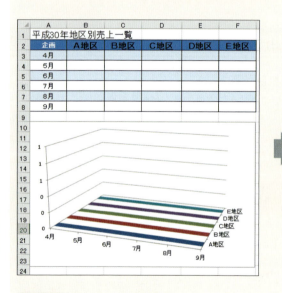 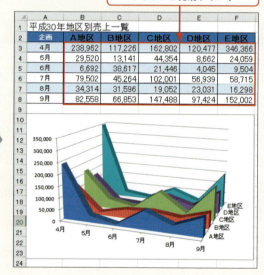

❶ マクロを実行すると、データ領域に少しずつ数値が追加されて、グラフが完成していく

サンプル「月ごとの変化を折れ線グラフのアニメーションで表現」

プログラム 標準モジュールに記述する

```
Sub 月ごとの変化を折れ線グラフのアニメーションで表現()
    For y = 3 To 8                                              ①
        For x = 2 To 6                                          ②
            Cells(y, x).Value = Cells(y, x).Offset(24).Value    ③
            DoEvents                                            ④
        Next
        Application.Wait Now + TimeValue("00:00:01")            ⑤
    Next
End Sub
```

ポイント01 グラフアニメーションの手順

折れ線グラフをアニメーションで描くと、変化が強調され、印象的な表現になります。仕組みは単純で、グラフのデータ領域を1秒ごとに書き込んでいくだけなのですが、あらかじめ次のようにシートを作成しておく必要があります。

最初にグラフを完成させ、次にグラフのデータ領域であるA2:F8を24行下のセル範囲A26:F32にコピーして、セル範囲B3:F8を消去します。消去すると、グラフの値も0になります。

●データをコピーして消去

▶右の図では表の見出しも含めてデータ領域全体をコピーしているが、必要なのは数値の部分だけ。

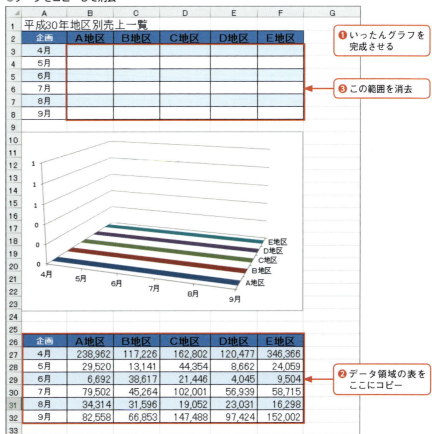

これで準備は終了です。プログラムの内容は、1秒おきに次を実行するだけです。

4月ぶんであるB27:F27のデータをB3:F3にコピー
5月ぶんであるB28:F28のデータをB4:F4にコピー
　　　⋮
9月ぶんであるB32:F32のデータをB8:F8にコピー

CHAPTER 10 グラフを操作する

ポイント02 コピーの方法

　このサンプルではFor～Nextステートメントが2重になっていますが、変数yが行番号、xが列番号を表しています。そして値のコピーは、Cells(y, x) に Cells(y, x).Offset(24)の値を代入することで行っています。Offset(24)は24行下のセルを表します（→P.70）。

　たとえば、4月ぶんのデータ領域は3行目（y=3）にあります。このため❷❸のコードは次のようになり、この行の2列目から6列目の値を処理することで4月ぶんがコピーできます。

```
For x = 2 To 6          ❷
    Cells(3, x).Value = Cells(3, x).Offset(24).Value     ❸
    DoEvents          ❹
Next
```

　❹のDoEventsは、例によってアニメーション的な動きを実現するために入れてあります（→P.86）。

　4月ぶんのデータがコピーし終わったら、❺で1秒間処理を停止し、さらにy=4（5月）、y=5（6月）…y=8（9月）の処理を、外側のFor～Next（❶）で実行します。

例02　3D縦棒グラフをアニメーションでゆっくりと回転させる

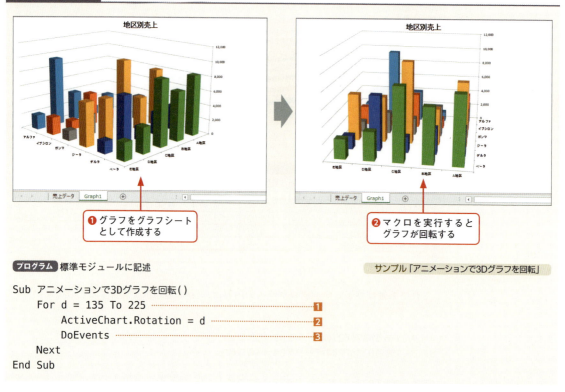

❶ グラフをグラフシートとして作成する

❷ マクロを実行するとグラフが回転する

サンプル「アニメーションで3Dグラフを回転」

プログラム 標準モジュールに記述

```
Sub アニメーションで3Dグラフを回転()
    For d = 135 To 225          ❶
        ActiveChart.Rotation = d      ❷
        DoEvents          ❸
    Next
End Sub
```

グラフの変化を強調する 04

ポイント01 3Dグラフを回転させる処理

Rotationプロパティの値が連続的に変化すると、対象のオブジェクトがアニメーション的に回転します。VBAのプログラムではよく使われるテクニックであり、プレゼンテーションには最適です。

この例のような3Dグラフの回転角度は、ChartオブジェクトのRotationプロパティで設定します。値には回転角度を0から360の間の整数で指定します。

サンプルでは **1** のFor～Nextステートメントで、135°から225°まで回転させます。

3 のDoEventsは、回転角度の設定が、すぐに反映されるように入れています。

▶回転の速さは設定していないため、環境によって異なる。

ポイント02 ActiveChartプロパティ

2 の「ActiveChart.Rotation = d」でdの値が変化すると、グラフが回転します。ActiveChartは、アクティブなグラフシート、またはアクティブな埋め込みグラフを表すプロパティです。このため、回転させたいグラフシートや埋め込みグラフをアクティブにしてからプログラムを実行する必要があります。

なお、アクティブでない埋め込みグラフを回転させたい場合は、次のようにしてグラフを選択してください。

▶埋め込みグラフの場合、アクティブにしないで実行するとActiveChartが存在しないためエラーになる。

```
ActiveSheet.ChartObjects(1).Chart.Rotation = d
```

サンプル
「Tips_アニメーションで_埋め込みの3Dグラフを回転」

関連知識

Tips01 円グラフをアニメーションで動かす！

P.174の「3D折れ線グラフの成長」を応用して、「円グラフが成長」していく様子をアニメーションで表現するテクニックを紹介します。実際にやってみればわかりますが、何もない状態から3D円グラフが成長していく様子は実に印象的です。プレゼンテーション等できっと活躍することでしょう。ただし円グラフの成長を表現するには、ちょっとしたテクニックが必要です。

サンプル
「Tips_円グラフのアニメーション」

●だんだん完成する円グラフ

177

CHAPTER

10 グラフを操作する

作成手順は次のとおりです。

▶この「dummy」はどんな文字でもよい。また数値もdummyの塗りつぶしを設定するためだけに必要なので、表示されればどんな値でもよい。

①セル範囲B2:C7に円グラフの元になるデータを入力
②セル「B8」に「dummy」、セル「C8」に「500」と入力
③セル範囲B2:C8のデータ領域に対応する3D円グラフを作成し、「dummy」に相当する要素（扇形）の塗りつぶしを「なし」に設定する

▶③の設定で「dummy」は表示されなくなる

④セル範囲C3:C7のデータを20行下のC23:C27にコピーし、C3:C7はすべて0にする
⑤次のプログラムを標準モジュールに作成して実行する

```
Sub 月ごとの変化を折れ線グラフのアニメーションで表現( )
    For m = 0 To 10
        For y = 3 To 7
            Cells(y, 3).Value = Cells(y, 3).Offset(20).Value / 10 * m   ■1
            Cells(8, 3).Value = 1000 - m * m * m                        ■2
            DoEvents
        Next
        Application.Wait Now + 1 / 24 / 60 / 60
    Next
End Sub
```

そもそも円グラフははじめから円の形をしているので、扇形から円に成長するように見せるために「dummy」の行を使っています。

プログラムの基本構造はP.174の例と同じですが、こちらでは単に数値をコピーするのではなく、コピーする数値を10分の1ずつだんだん増やしていって、10回の動作でグラフが完成するようにしています。

■1では、セル範囲C3：C7に、それらの20行下にある値の10分のm倍の値を代入しています。これにより各要素の割合がだんだん最終形に近づいていきます。

「Cells(8, 3).Value」はdummyの透明な扇形の値です。この値を「1000 - m * m * m」としています（■2）。これは、mの3乗を引いていくことで、だんだん早く白い部分が小さくなるようにする工夫です。別に「100 - m * m」でも「10 - m」でも、あるいは「10000 - m * m * m * m」でも、最終的にmが10になったとき、その値が0になればかまいません。

CHAPTER

11

他のアプリケーションを操作する

ExcelVBAを使って、Excel以外のアプリケーションやプログラムを制御することができます。ここではExcel以外のアプリケーション、および他のOffice製品との連携について解説します。Excelを業務の中心にして他のアプリケーションと連携すれば、作業の幅は大きく広がるはずです。

01	Excel以外のアプリケーションを利用する	P.180
02	開く対象を指定してShell関数を実行する	P.183
03	キーコードを送って制御する	P.186
04	Wordを操作する1	P.189
05	Wordを操作する2	P.192
06	Internet Explorerを操作する	P.195
07	Outlookを操作する	P.200

01 Excel以外のアプリケーションを利用する

ExcelVBAは「Excelを制御する」だけのものではありません。とりあえずWindowsのプログラムでしたら、ExcelVBAでも実行することができます。手軽にできる「アクセサリの起動」に慣れましょう。ワークシートの編集中に、「メモ帳」、「電卓」、「Word」、「Internet Explorer」など、さまざまなプログラムが起動できます。

例01　Excelからメモ帳を起動する

 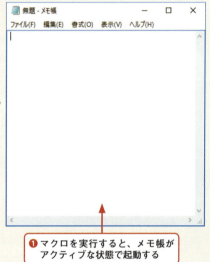

❶ マクロを実行すると、メモ帳がアクティブな状態で起動する

プログラム 標準モジュールに記述　　　　　　　　　　　　　　　　　**サンプル**「メモ帳を開く」

```
Sub メモ帳を開く()
    Shell "notepad.exe", 1
End Sub
```

ポイント01　Shell関数

▶「実行ファイル」とは、拡張子が「.exe」のファイルなど、プログラムとして実行できるファイルのこと。

VBAには、Windowsで動作する「実行ファイル」を起動する「Shell関数」があります。

たとえば「電卓」の実行ファイルは「calc.exe」、「Word」なら「WINWORD.EXE」です。したがって、一般的な環境で「Shell "calc.exe"」を実行すると電卓が起動し、「Shell "WINWORD.EXE"」を実行するとWordが起動します。

次は主なアプリケーションの実行ファイル一覧です。

Excel以外のアプリケーションを利用する **01**

●実行ファイルの一覧

アプリケーション	実行ファイル
Excel	EXCEL.EXE
Word	WINWORD.EXE
Power Point	POWERPNT.EXE
Outlook	OUTLOOK.EXE
Access	MSACCESS.EXE
Internet Explorer	explorer.exe
電卓	calc.exe
ペイント	mspaint.exe

▶Office製品以外の実行ファイルでは、ファイルの場所を示すパスを含めないと起動しないこともある。

上記のファイル名を引数で指定して、Shell関数を実行してみてください。一般的な環境でしたら該当のアプリケーションが起動するはずです。

ポイント02 Shell関数によるアプリケーションの制御は「非同期」

▶ただし、P.186で解説するSendKeysステートメントでキーコードを送ることは可能

Shell関数を使った、他のアプリケーションの制御は「非同期」です。つまりExcelが、該当のアプリケーションと連絡を取り合って制御することはできません。たとえばShell関数で起動したメモ帳のデータと、Excelのワークシートのデータを比較し修正するなどの処理は困難です。ただしWordやInternet ExplorerなどOffice製品でしたら、「同期」した連携も可能です。この方法はP.189以降で説明します。

ポイント03 フォーカスを持って起動

サンプルプログラムでは、Shell関数の第2引数に「1」を付けています。「1」は「フォーカスを持ち、元のサイズと位置」で起動することを意味します。

Shell関数 ➡ 「実行ファイル」を実行する

書　式　**Shell**("実行ファイル", 起動するプログラムのウィンドウの状態)

解　説　実行ファイルを起動するプログラムのウィンドウの状態で起動します。起動するプログラムの状態は、次の定数で指定します。

▶非表示で起動すると、タスクマネージャでしか確認できなくなるので、通常のアプリの起動には使わない。

▶「元のサイズと位置」とは、「該当のアプリケーションで最後にウィンドウを閉じたときのサイズと位置で、ウィンドウを開く」という意味。

●「起動するプログラムのウィンドウの状態」で指定する値

ウィンドウの状態	定数	値
フォーカスを持ち、非表示	vbHide	0
フォーカスを持ち、元のサイズと位置	vbNormalFocus	1
フォーカスを持ち、最小化表示	vbMinimizedFocus	2
フォーカスを持ち、最大化表示	vbMaximizedFocus	3
フォーカスを持たず、元のサイズと位置	vbNormalNoFocus	4
フォーカスを持たず、最小化表示	vbMinimizedNoFocus	6

アプリケーションがすぐに実行できる状態になっていることを、「フォーカスがある」といいます。キーボード入力がすぐにできるように、「フォーカスを持っている状態」で起動しましょう。この場合、第2引数に「1（またはvbNormalFocus）」や「3（またはvbMaximizedFocus）」を指定します。

181

CHAPTER 11 他のアプリケーションを操作する

ポイント04 フォーカスを持つって何？

Shell関数の第2引数では、起動するプログラムの状態が指定できることを説明しました。この「フォーカスを持つ」とか「ウィンドウを非表示」というのは、多くの書籍やマニュアルに書かれていますが、みなさんはその意味がわかりますか？

まず「フォーカスがある」、というのはアプリケーションがすぐに実行できる状態になっているということです。このフォーカスの意味を確認するために、ちょっと実験をしてみることにしましょう。

次のプロシージャを実行してメモ帳を起動し、画面が表示されたら、すかさず何かのキーを押してみてください。

サンプル
「フォーカスがある状態
でメモ帳起動」

```
Sub フォーカスがある状態でメモ帳起動()
    Shell "Notepad.exe", 1
End Sub
```

起動したメモ帳に文字が入力されますよね！ これが「フォーカスがある」ということです。

では次に、一度メモ帳を終了してから、引数を「4」に変更後、同じことをやってみてください。

```
Sub フォーカスがない状態でメモ帳起動()
    Shell "Notepad.exe", 4
End Sub
```

メモ帳の起動後、すかさず何かのキーを押してみます。しかし今度は、起動したメモ帳に文字が入力されることはありません。もしこのプログラムをVBEから実行したのであれば、VBEのアクティブだった位置に文字が入力されるはずです。この場合フォーカスはVBEにあり、Shell関数で起動したメモ帳には「フォーカスがない」ということです。

ただし同じことをWordで確認しようとして「Shell "WINWORD.EXE", ×」を実行してもその違いは確認できません。Shell関数を使ったプログラムは、起動する相手によって結果が異なることがあります。利用にあたっては、事前の十分な検証が必要になります。

02 実行ファイルに引数を指定して Shell関数を実行する

　「実行ファイル」に渡す情報を指定して、Shell関数を実行してみましょう。Internet Explorerは「explorer.exe」で起動しますが、引数にURLを指定すればそのWebページが表示されます。ここでは「ドラッグで指定したURLのWebページを、すべて連続表示」というプログラムを作ってみます。

例01　ワークシートのURLをInternet Explorerで開く

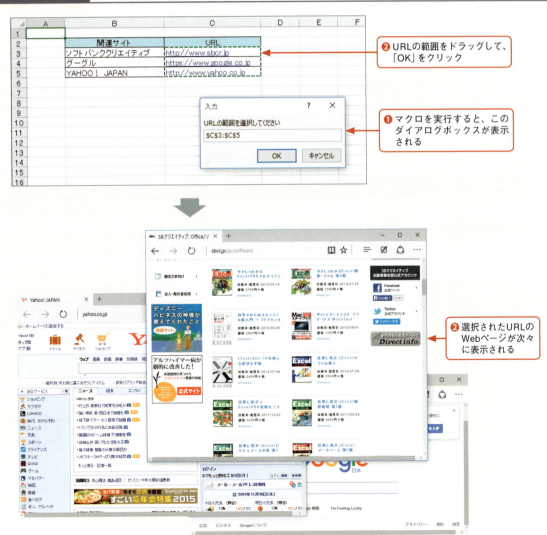

❷ URLの範囲をドラッグして、「OK」をクリック

❶ マクロを実行すると、このダイアログボックスが表示される

❷ 選択されたURLのWebページが次々に表示される

CHAPTER 11 他のアプリケーションを操作する

プログラム 標準モジュールに記述   サンプル「ドラッグしたURLをブラウザで表示」

```
Sub ドラッグした範囲のURLを次々とブラウザで表示()
    Set myRange = Application.InputBox("URLの範囲を選択してください", Type:=8) ……❶
    For Each r In myRange ……❷
        Shell "explorer.exe " & r.Value ……❸
    Next
End Sub
```

ポイント01 引数を指定してアプリケーションを実行する

　多くの実行ファイルでは、引数に対象となるファイルが指定できます。たとえばコマンドプロンプトでメモ帳を実行するとき、編集するファイルのパスが指定できます。次は、Cドライブのdataフォルダにあるtest.txtをメモ帳で開く例です。

```
C:¥> notepad.exe  C:¥data¥test.txt
```

　実行ファイルを、Shell関数で実行するときも同じです。マクロの「Shell "notepad.exe C:¥data¥test.txt"」を実行すれば、C:¥dataにあるtest.txtがメモ帳で開きます。

　Internet Explorerの実行ファイルは「explorer.exe」であり、引数にURLが指定できます。たとえば次を実行すると、(株)SBクリエイティブのWebページを、「フォーカスを持ち、最大化」で表示します。

```
Shell "explorer.exe http://www.sbcr.jp", 3
```

ポイント02 ドラッグした範囲のURLのすべてのWebページを開く

　ApplicationオブジェクトのInputBoxメソッドは、引数Typeに「8」を指定すると、ドラッグした範囲のRangeオブジェクトを返しました（→P.66）。サンプルプログラムの❶ではドラッグした範囲を、オブジェクト変数myRangeに代入しています。

　❷のFor Each ～ Nextでは、ドラッグした範囲中の1つのセルをrとして、すべてのセルに対して処理を繰り返します。「r.Value」はそれぞれのURLの文字列です。❸でこのURLを引数にして「explorer.exe」を実行し、各Webページを連続表示しています。

　顧客一覧のワークシートにURLも入力し、このプログラムを起動するボタンを設定しておきましょう。「ドラッグだけで、必要なWebページをすべて表示」という、賢いワークシートが完成します。

　なお、前述のとおりShell関数による処理は非同期です。対象となるWebページの状態によっては連続表示されないこともあります。同期した処理方法はP.195をご覧ください。

▶タイミングがあわない場合は、❸の次に「Application.Wait Now + TimeValue("00:00:02")」（2秒待たせる→P.83）等の行を入れ調整するとよい。

184

実行ファイルに引数を指定してShell関数を実行する 02

関連知識

Tips01 質問の解答によって起動するアプリケーションを切り替える

▼サンプル
「Tips_回答によってアプリケーションを切り替える」

「顧客名簿を確認しますか」のメッセージで、「はい」を選択すればAccessを起動し、「顧客名簿.mdb」が開きます。また、「いいえ」を選択すればWordを起動して「納品の手引き.docx」が開きます。

```
ans = MsgBox("顧客名簿を確認しますか", vbYesNo)
If  ans = vbYes  Then
    Shell "MSACCESS.EXE C:¥data¥顧客名簿.mdb", vbMaximizedFocus
Else
    Shell "WINWORD.EXE C:¥data¥納品の手引き.docx", vbMaximizedFocus
End If
```

▶Cドライブのdataフォルダに「顧客名簿.mdb」と「納品の手引き.docx」が存在し、またWordやAccessが起動できる状態にしておくこと。

●「はい」をクリックしたとき

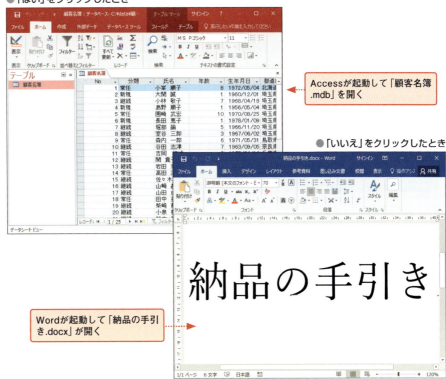

Accessが起動して「顧客名簿.mdb」を開く

●「いいえ」をクリックしたとき

Wordが起動して「納品の手引き.docx」が開く

185

03 キーコードを送って制御する

　Shell関数で起動したアプリケーションを、遠隔操作してみましょう。SendKeysを使うとアプリケーションが制御できます。まるで「キーボードで操作」する感覚です。同期してないので、かなり操作は不安定ですが、十分な検証すれば作業効率化に貢献するはずです。ここでは「ExcelVBAで電卓を操作する」という、商談でのパフォーマンスに最適なプログラムを紹介します。

例01　電卓で「20万円の3割引きはいくらか？」のパフォーマンスをする

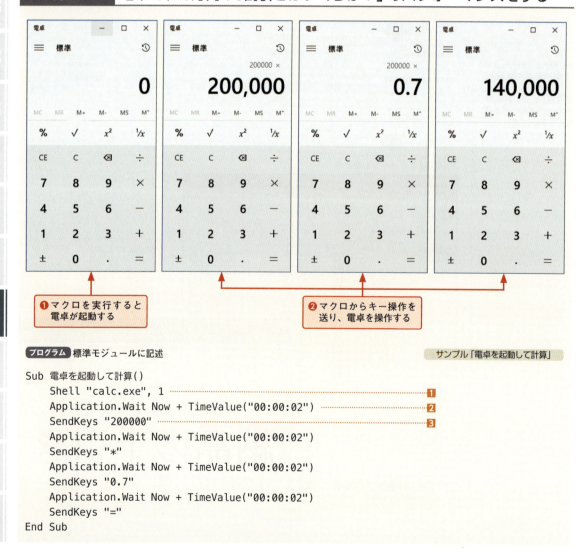

❶ マクロを実行すると電卓が起動する
❷ マクロからキー操作を送り、電卓を操作する

プログラム 標準モジュールに記述　　　　　　　　**サンプル**「電卓を起動して計算」

```
Sub 電卓を起動して計算()
    Shell "calc.exe", 1                                    ❶
    Application.Wait Now + TimeValue("00:00:02")           ❷
    SendKeys "200000"                                      ❸
    Application.Wait Now + TimeValue("00:00:02")
    SendKeys "*"
    Application.Wait Now + TimeValue("00:00:02")
    SendKeys "0.7"
    Application.Wait Now + TimeValue("00:00:02")
    SendKeys "="
End Sub
```

キーコードを送って制御する **03**

ポイント01 ## SendKeysステートメントとは

SendKeysステートメントは、現在アクティブなアプリケーションに対して、キーコードを送信します。**キーコード**とは、キーボードやマウスのボタンによる入力を判断するために設定されている値のことです。

構文 Sendkeysステートメント

```
SendKeys 送信するキーコード, True／False
```

第2引数は送信終了まで処理を中断するか否かを設定するもので、Trueなら**キーコードの送信が終わるまで処理を中断**します。省略するかFalseを指定した場合は中断されません。

たとえば「現在アクティブなウィンドウで、"ABCDE"のキーを押したい」というときは次を実行します。

```
SendKeys "ABCDE"
```

Excelのワークシートでこれを実行すれば、アクティブセルに「ABCDE」と入力されますし、VBEで実行すればカーソル位置に「ABCDE」が挿入されます。Altのコマンドメニューやショートカットキーを駆使すれば、Excelを普通に操作することも可能です。

サンプルプログラムでは、**1**でアクティブな状態で電卓を起動し、**2**で2秒停止してから、**3**で「200000」のキーコードを送って、電卓に「200000」とキー入力しています。そしてさらに、2秒ごとに「*」、「0.7」、「=」を送っています。

Waitで指定する時間は、環境と表示するタイミングを考えて調整してください。サンプルプログラムでは2秒を設定していますが、短すぎると正しく動作しません。

▶SendKeysを使うときはVBEを閉じ、Excelの画面から「開発」タブ→「マクロ」でプログラムを実行するとよい。

ポイント02 ## 送信するキーの記述方法

SendKeysステートメントで、Altなど画面表示されないキーを送信するには、対応するコードを記述します。次はSendKeysステートメントで、引数に記述できるコードの例です。

▶ApplicationオブジェクトのSendKeysメソッドは、SendKeysステートメントと同様に「Application.SendKeys(Keys, Wait)」の構文のように引数を指定する。動作に関しても、SendKeysステートメントと同様。

●SendKeysの引数に記述するコード

キー	コード
BackSpace	{BACKSPACE} または {BS}
Break	{BREAK}
CapsLock	{CAPSLOCK}
Clear	{CLEAR}
Delete または Del	{DELETE} または {DEL}
↓	{DOWN}
End	{END}
Enter (テンキー)	{ENTER}
Enter	~ (ティルダ)
Esc	{ESCAPE} または {ESC}
Help	{HELP}
Home	{HOME}
Ins	{INSERT}

キー	コード
←	{LEFT}
NumLock	{NUMLOCK}
PageDown	{PGDN}
PageUp	{PGUP}
Return	{RETURN}
→	{RIGHT}
ScrollLock	{SCROLLLOCK}
Tab	{TAB}
↑	{UP}
F1 ～ F15	{F1} ～ {F15}
Shift	+
Ctrl	^
Alt	%

187

CHAPTER 11 他のアプリケーションを操作する

ポイント03 SendKeysでうまく動作しなかったら…

SendKeysは、人間が行うキー操作を再現します。ただし、「単にキーコードを送る」だけなので、相手の様子に関係なく進んでしまいます。動作速度も環境によって異なるため、あるマシンで動作したプログラムが別のマシンで動作するという保証はありません。利用にあたっては、事前の十分な検証が必要です。もし、Sendkeysによる操作でうまくいかなかったら、次を試してみましょう。

▶DoEventsについては、P.86参照。

・ Sendkeysで送信する前にApplication.Waitで停止して時間をかせぐ。**待ち時間を調整する**
・ DoEventsで制御をWindowsに渡す

これらの方法で試行錯誤すれば、多くの場合問題は解決するはずです。

関連知識

Tips01 VBEで入力中のコードをすべて選択しメモ帳に貼り付ける

編集中のコードを、テキストとして保存したいときに便利なプログラムです。

サンプル
「Tips_VBEで入力中のコードをメモ帳に貼り付け」

「"^a"」は Ctrl + a 、つまり「すべて選択」する操作を行います。さらに「"^c"」（ Ctrl + c ）で選択したデータをコピー後、「Shell "notepad.exe", …」でメモ帳を起動します。最後に起動したメモ帳で「"^v"」（ Ctrl + v ）で「貼り付け」をしています。「"^a"」、「"^c"」、「"^v"」などは小文字で記述することに注意してください。

```
SendKeys "^a", True
DoEvents
SendKeys "^c", True
DoEvents
Shell "notepad.exe", vbMaximizedFocus
DoEvents
SendKeys "^v", True
```

▶Windows7以上の電卓なら Alt + 1 で標準電卓、 Alt + 2 で関数電卓になる。このため電卓起動後「SendKeys "%2"」を送ると関数電卓になる。これを実行する場合も前後に2秒等のWaitを入れること。

キーコードの送信が終了する前に他の処理が始まってしまうと困ります。これを防ぐためSendKeysの第2引数に「True」を指定しています。

04 Wordを操作する1

　Excelから他のOffice製品を制御してみましょう。まずはWord文書への差し込み印刷です。「差し込み印刷」とは、共通のレイアウトを持つ文書の一部分に、データを次々と差し込みながら行う印刷のことです。今度はExcelから完全に同期した状態でWordを制御します。もちろんWord自体に、「Excelのデータを使った差し込み印刷」という、立派な機能があります。しかし、文書に1行入れる程度でしたら、ExcelVBAでWordを制御した方がはるかに効率的です。

例01　ExcelからWordを起動して差し込み印刷を実行する

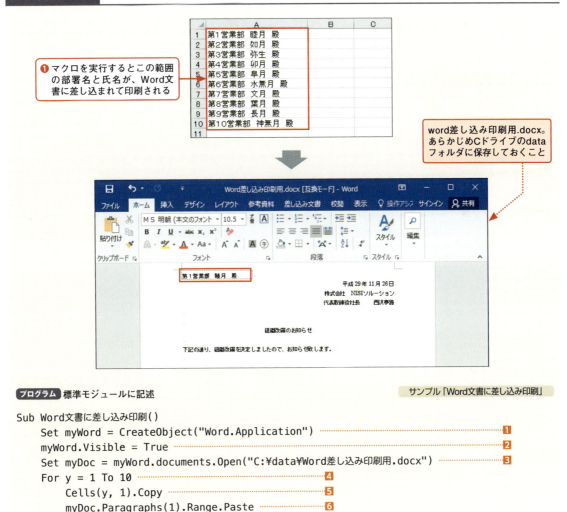

プログラム 標準モジュールに記述　　　　　　　　　　　　　　サンプル「Word文書に差し込み印刷」

```
Sub Word文書に差し込み印刷()
    Set myWord = CreateObject("Word.Application")                         ……1
    myWord.Visible = True                                                 ……2
    Set myDoc = myWord.documents.Open("C:\data\Word差し込み印刷用.docx")   ……3
    For y = 1 To 10                                                       ……4
        Cells(y, 1).Copy                                                  ……5
        myDoc.Paragraphs(1).Range.Paste                                   ……6
```

CHAPTER 11 他のアプリケーションを操作する

```
        myDoc.PrintOut ················· 7
    Next
    myDoc.Close 0 ················· 8
    myWord.Quit ················· 9
End Sub
```

ポイント01 Wordの制御開始

▶もともと「Word.Appli cation」という正式に定義されたオブジェクトがあり、そこにはたくさんのメソッドやプロパティが用意されている。

　Excelから他のアプリケーションを制御（遠隔操作）する場合、まずオブジェクト変数を用意し、実体となるオブジェクトを扱うことができる「オブジェクトへの参照」を作成して代入します。ExcelからWordを制御するなら、作成するのはWordオブジェクトへの参照です。そして、オブジェクトへの参照を行う変数を通してWordを制御します。

▶あらかじめ各Office製品のセキュリティを変更し、マクロが動作するようにしておくこと。

　オブジェクトへの参照を作成する場合は、FileSystemObjectのときと同じくCreate Object関数を使います（→P.114）。1ではWordオブジェクトへの参照を、変数myWordに代入しています。

　次にWordを画面表示します。この場合2のように、Wordオブジェクトの**Visibleプロパティ**にTrueを指定します。

ポイント02 Wordの文書を開き、ExcelからWord文書に差し込み印刷

　3では、Word文書「C:¥data¥Word差し込み印刷用.docx」をWordで開きます。Excelでブックを開く場合はWorkbooksコレクションのOpenメソッド（→P.101）を使用しましたが、Wordの場合は**DocumentsコレクションのOpenメソッド**を実行します。

　開いたWord文書（Documentオブジェクト）への参照を変数myDocに代入し、この変数を通して文書を処理します。

▶アクティブなワークシートが対象になるため、マクロを実行する前に必ずデータがあるワークシートをアクティブにしておくこと。

　5はExcel側の処理、6、7はWord側の処理です。5でアクティブなワークシートのセル「A1」～「A10」の値（Cells(y, 1)）をコピーします。そして6でこのデータをWord文書の1段落目に貼り付けて、7で印刷し、これらの処理を4のFor ～ Nextで繰り返しています。

```
For y = 1 To 10 ················· 4
    Cells(y, 1).Copy ················· 5
    myDoc.Paragraphs(1).Range.Paste ········· 6
    myDoc.PrintOut ················· 7
Next
```

　Word文章の段落はParagraphオブジェクトで表し、myDoc.Paragraphs(1)は該当文書の1段落目であるParagraphオブジェクトを取得します。

　ParagraphオブジェクトのRangeプロパティはRangeオブジェクトを取得します。WordにおけるRangeオブジェクトは**文書の隣接する領域**を表します。6では取得したRangeオブジェクトに対してWordの**Pasteメソッド**を実行して、クリップボードの内容を1段落目に貼り付けています。

190

ポイント03 変更を保存せずにWord文書を閉じて終了する

差し込み印刷が終了したら、変更を保存せずに文書を閉じます。Wordではこの場合、Closeメソッドの引数に、WordVBAの定数wdDoNotSaveChangesを指定します。ただ、VBE上でWordへの参照設定を行ってない場合、定数を利用することはできません（→P.117）。そこで**8**では、定数wdDoNotSaveChangesの実際の値である「0」を、引数として指定しています。

作業が終了したら、**Quitメソッド**でWordを終了します。

MEMO Excelで他のアプリケーションを制御する手順（まとめ）

ExcelVBAで他のOffice製品を制御する場合、次のような手順になります。

(1) CreateObject関数によりアプリケーションへの参照を作成して変数に代入する
(2) 変数を通してアプリケーションを制御

Office製品のオブジェクトへの参照を作成する場合、CreateObject関数の引数に設定する値は次のようになります。

●CreateObjectに渡す文字列

製品名	オブジェクト名
Word	Word.Application
Excel	Excel.Application
Access	Access.Application
PowerPoint	PowerPoint.Application
Outlook	Outlook.Application

MEMO WordVBAのPrintOutメソッド

このセクションでは、WordのDocumentオブジェクトのPrintOutメソッドで印刷しています。サンプルの中では簡略化のために引数を指定していませんが、PrintOutメソッドにはたくさんの引数が用意されています。以下にその一部を紹介しておきます。

●PrintOutメソッドの引数（一部）

引数名	解説
Range	印刷するページの範囲を、wdPrintAllDocument（文書全体）、wdPrintCurrentPage（現在のページ）、wdPrintFromTo（FromとToで指定した範囲）、wdPrintRangeOfPages（Pagesで指定したページの範囲）、wdPrintSelection（現在の選択範囲）の定数で指定する
From	印刷を開始するページ番号
To	印刷を終了するページ番号
Copies	印刷する部数
Pages	印刷するページ番号およびページ範囲を、カンマで区切って指定する。たとえば"2, 6-10" は2 ページと6 〜 10ページを印刷する
PageType	印刷するページの種類をwdPrintAllPages（すべてのページ）、wdPrintEvenPagesOnly（偶数ページ）、wdPrintOddPagesOnly（奇数ページ）の定数で指定する

Wordを操作する2

今度は逆に「Word文書の、指定した段落のデータを抜き出し、ワークシートに挿入」するプログラムです。例02で紹介する「指定したフォルダにあるすべてのWord文書からデータを抜き出す」プログラムが便利です。使いこなせるようにしましょう。

例01　Word文書のデータをワークシートに取り込む

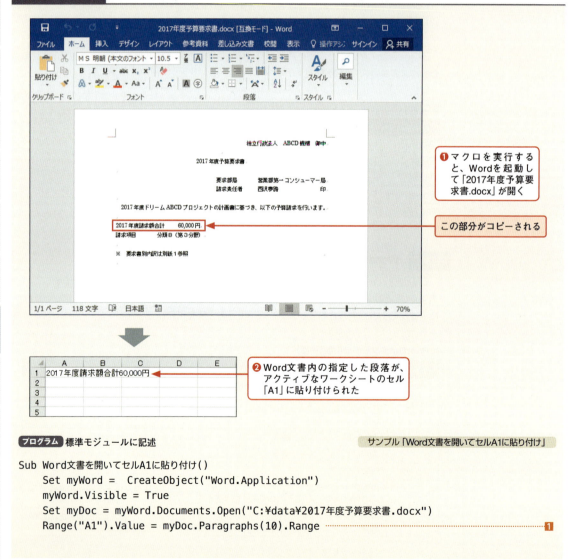

❶マクロを実行すると、Wordを起動して「2017年度予算要求書.docx」が開く

この部分がコピーされる

❷Word文書内の指定した段落が、アクティブなワークシートのセル「A1」に貼り付けられた

プログラム 標準モジュールに記述　　　　　　　　　　サンプル「Word文書を開いてセルA1に貼り付け」

```
Sub Word文書を開いてセルA1に貼り付け()
    Set myWord = CreateObject("Word.Application")
    myWord.Visible = True
    Set myDoc = myWord.Documents.Open("C:\data\2017年度予算要求書.docx")
    Range("A1").Value = myDoc.Paragraphs(10).Range ……………………………❶
```

```
        myDoc.Close 0
        myWord.Quit
End Sub
```

ポイント01 Word文書における段落の数え方

前半のWordオブジェクトの作成からWord文書を開くまでの手順は、P.189のサンプルと同じです。

Word文章の段落はParagraphオブジェクトで表します。 **1** では、この10段落目の値を、Excel側ワークシートのセル「A1」に貼り付けています。なお、Paragraphオブジェクトにおける段落の数え方ですが、改行から改行の間にある文章を1段落と数えます。ただし**改行だけの行も1段落に数える**ので注意してください。

貼り付けが完了したら、Word文書を閉じてWordを終了します。この処理もP.189と同じです。

例02 指定フォルダにあるすべてのWord文書からデータを抜き出す

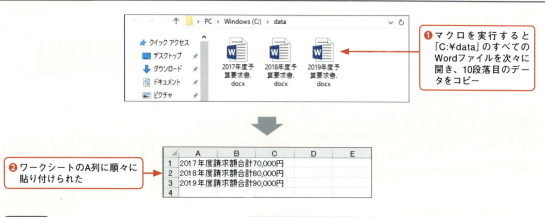

❶ マクロを実行すると「C:¥data」のすべてのWordファイルを次々に開き、10段落目のデータをコピー

❷ ワークシートのA列に順々に貼り付けられた

プログラム 標準モジュールに記述　　サンプル「フォルダのすべてのWord文書を開いてセルA1から順に貼り付け」

```
Sub フォルダのすべてのWord文書を開いてセルA1から順に貼り付け()
    Set myFSO= CreateObject("Scripting.FileSystemObject")
    Set myWord = CreateObject("Word.Application")
    myWord.Visible = True
    y = 1
    For Each f In myFSO.GetFolder("C:¥data").Files ………………………… 1
        If InStr(f.Name, ".docx") <> 0 Then ………………………… 2
            Set myDoc = myWord.Documents.Open(f.Path) ………………………… 3
            Cells(y, 1).Value = myDoc.Paragraphs(10).Range ………………………… 4
            myDoc.Close 0
            y = y + 1
        End If
    Next
    myWord.Quit
End Sub
```

CHAPTER 11 他のアプリケーションを操作する

ポイント01 フォルダにあるすべてのWord文書からデータを抜き出す処理

▶このプログラムは10段落目がないWord文書だとエラーになるので注意。

例01の応用で、「C:¥data」フォルダにある「.docx」の拡張子を持つすべてのファイルを処理する例です。各文書ファイルの10段落目のデータを、アクティブなワークシートのセル「A1」から次々と貼り付けます。

P.122の「フォルダ中のすべてのファイルを処理」するプログラムと、P.192の「ExcelでWord文書のデータを取得」するプログラムを組み合わせています。

❷で拡張子が「.docx」であることを確認し、❸でブックを開き、❹で10段落目のデータをA列に入力。これを❶のFor Each ～ Nextで、「C:¥data」にあるすべてのファイルに対し繰り返し実行しています。

MEMO 他のOffice製品でVBAが利用できるか？

Office製品であるWord、Power Point、Access、Outlookが利用できる状態なら、[Alt]+[F11]を押して、VBEを起動してみてください。

オブジェクトやプロパティなどは異なりますが、操作方法自体はほとんど同じです。Excelのときと同様に「MsgBox Now」という、現在の日時を表示するプロシージャが実行できるはずです。

●Outlookで実行した場合

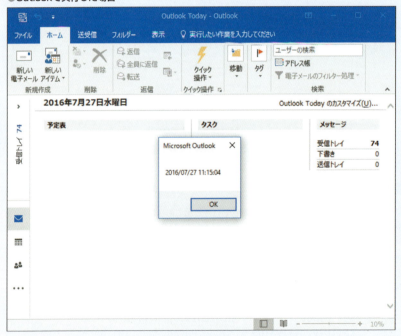

表計算のExcel、ワープロのWord、データベースのAccess、メールのOutlook。それぞれの機能を別々に利用するよりも、互いに制御しあうことで、より高度な処理ができるはずです。たとえば、Excelはグラフ作成が得意で、Wordは文書校正が得意です。ExcelからWordの文書校正機能を利用し、またWordからExcelのグラフ機能を利用すれば作業効率が上がります。

06 Internet Explorerを操作する

　ExcelでWebページが自由に操れたら便利ですよね。ここでは、ExcelVBAでInternet Explorerを制御するための、基礎的な知識を解説します。とりあえず入門編として「キーワードを入力すると、勝手にYahoo!で検索」という仕組みを作ってみましょう。

例01　Yahoo!で自動検索を行う

❶ マクロを実行するとInternet Explorerが起動する

❷ 自動的に検索文字列が入力される

❷ 検索結果が表示された

CHAPTER 11 他のアプリケーションを操作する

| プログラム | 標準モジュールに記述 | サンプル「InternetExplorerの検索窓に自動入力」 |

```
Sub InternetExplorerの検索窓に自動入力()
    Set myIE = CreateObject("InternetExplorer.Application") ··············· 1
    With myIE
        .Visible = True ············································· 2
        .Navigate "http://www.yahoo.co.jp/" ··········· 3
        Do While .Busy Or .ReadyState <> 4 ··········· 4
            DoEvents
        Loop
        .Document.Forms(0).Elements("p").Value = "SBクリエイティブ" ··· 5
        .Document.Forms(0).Submit ················· 6
    End With
End Sub
```

ポイント01 Internet Explorerを起動しWebページにアクセス

　ここまで紹介したアプリケーションと同じく、CreateObject関数を利用して、オブジェクトへの参照を作成します。InternetExplorerの場合は、"InternetExplorer.Application"を引数に指定します。サンプルプログラムの **1** では、InternetExplorerオブジェクトへの参照をオブジェクト変数myIEに代入しています。

　これ以降の操作はすべて、変数myIEに対するものです。ここではWithステートメントを使用して、記述の簡略化を図っています。

　2 ではInternet Explorerの画面を表示するため、VisibleプロパティにTrueを代入します。そしてWebページを表示するため、**3** でURLを引数にしてNavigateメソッドを実行します。

Navigateメソッド ➡ Webページを開く

| 書　式 | InternetExplorerオブジェクト.**Navigate** URL |
| 引　数 | URL：リンク先のURLを文字列で指定します。 |

ポイント02 相手側の準備ができるまで待つ

　4 のDo While ～ Loopステートメントでは、「Busyプロパティの値がTrue」、または「ReadyStateプロパティが4ではない」という条件のどちらかがTrueの間は、DoEventsメソッドを繰り返します。

　データを送信するときは、相手側の準備が完了してなければいけませんが、ここでは2つの方法でそれを確認しています。

　InternetExplorerオブジェクトの**Busyプロパティ**はプログラムが別の処理をしていて使用できない状態かどうかをブール値で設定します。このプロパティがTrueの場合はビジー状態ということになります。

　また**ReadyStateプロパティ**は、InternetExplorerオブジェクトのWebページの読み込み状態を次の整数で示します。

▶Busy、およびReadyStateプロパティは値の取得だけが可能なプロパティ。

196

Internet Explorerを操作する 06

●ReadyStateプロパティの値

数値	解説
0	初期化が完了していない状態
1	ロード中状態
2	ロードは完了したが操作は不可能な状態
3	とりあえず操作が可能な状態
4	全データ読み込み完了状態

なんとなく「3」でもいいような気がしますが、必ず「4」になるまで待ちましょう。

Orは、P.130で紹介したNot演算子と同じく論理演算子です。両側の式のどちらかがTrueの場合にTrueを返します。これにより「BusyプロパティがTrue」または「ReadyStateが4以外」の間は、DoEvents(→P.86)だけを実行しながら待ち続けます。このBusyプロパティとReadyStateプロパティによる確認はテンプレートとして覚えておきましょう。

ポイント03 検索窓に関するHTMLの記述

VBAでデータ送信の仕組みを作るには、該当のWebページのHTML構造を知る必要があります。検索文字列入力用のテキストボックスと、サブミットボタン（検索）に相当する記述を見つけ出さなくてはいけません。

サブミットは、「<input type="submit" ～」のようなHTMLで設定されているものでしたら、このサンプルの「.Document.Forms(0).Submit」で送信できます。しかしWebページによってサブミットボタンが画像になっている場合などは、この方法では送信できません。実行前に、この記述を確認してください。

●テキストボックスとサブミットボタン

次は、Yahoo! JAPANの検索窓に該当するHTMLファイルの記述です。

●HTMLの内容

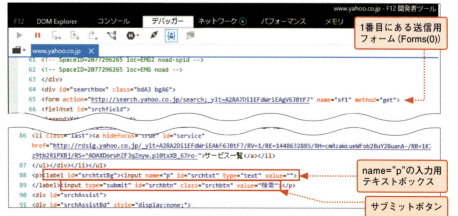

▶HTMLの中には複数のform要素が存在する。テキストボックスと「検索」ボタンを含むform要素が何番目のものかを確認しておく。

CHAPTER 11 他のアプリケーションを操作する

▶これは、あくまで2016年2月現在の構成

将来的に上記ページの構造が変更された場合、プログラムの修正が必要になることもあります。ご了承ください。

ポイント04 検索窓をどう表すのか

Internet Explorerで表示したWebページは、Documentオブジェクトで表されます。下の図を見てください。

Webページ中のフォーム（form要素）はFormオブジェクトで表され、Formオブジェクトはaocumentオブジェクトの下位に位置します。個々のFormオブジェクトはFormsコレクションを使って1番目がForms(0)、2番目がForms(1)…のように表すことができます。

▶テキストボックスと「検索」ボタンを含むform要素は最初に出現するので、Forms(0)になる。

●DocumentオブジェクトとFormオブジェクト

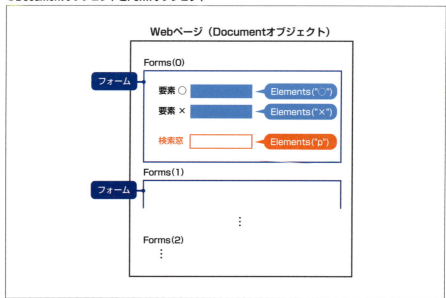

また、フォームに所属するテキストボックスなどの要素はElementオブジェクトで表され、1つ1つの要素はElements("データを識別する名前")のように表すことができます。

調べてみると、検索窓に該当するテキストボックスは1番目のフォームにあり、「<input name="p"…」の記述になっています。つまり、「データを識別する名前」は「p」となります。

ポイント05 検索窓に入力するには

検索窓に該当するテキストボックスは「Document.Forms(0).Elements("p")」となるため、その値は「Document.Forms(0).Elements("p").Value」で取得・設定できます。

サンプルプログラムでは次の **5** を実行することで、検索窓に「SBクリエイティブ」の文字列を入力しています。

```
.Document.Forms(0).Elements("p").Value = "SBクリエイティブ"
```

Internet Explorerを操作する **06**

ポイント06 送信するには

フォームの内容を送信するには、Formオブジェクトの**Submitメソッド**を実行します。サンプルプログラムでは、次の**6**で送信しています。

▶オブジェクト変数myIE
を解放する場合、最後に
「Set myIE = Nothing」
を記述する。

```
.Document.Forms(0).Submit
```

関連知識

Tips01 Yahoo! JAPANに自動ログインする

「Yahoo! JAPAN ID」と「パスワード」を使って、Yahoo!に自動ログインするプログラムです。Internet Explorerを使ったデータ送信の練習として、よい題材です。もちろん、マクロにパスワードなどの情報を書くことは問題となることがあります。十分ご注意ください。

なおこのプログラムは、2016年2月現在での情報を基にしています。将来変更なる可能性があることをご了承ください。

サンプル
「Tips_自動ログイン」

```
Set objIE = CreateObject("InternetExplorer.Application")
With objIE
    .Visible = True
    .Navigate "https://login.yahoo.co.jp"
    Do While objIE.Busy Or objIE.ReadyState <> 4
        DoEvents
    Loop
    .Document.Forms(0).Item("username").Value = "<Yahoo!ID>"
    .Document.Forms(0).Item("passwd").Value = "<パスワード>"
    .Document.Forms(0).Submit
End With
```

実行してみる場合は、<Yahoo!ID>と<パスワード>にご自分のIDとパスワードを記述してください。

199

07 Outlookを操作する

「ワークシートのデータを、全自動でメール送信」するプログラムを作ってみましょう。OutlookとExcelが連携できれば、業務処理に大きく貢献するはずです。とりあえず「宛先」、「件名」、「本文」だけの、簡単なメール送信プログラムを作ってみます。なお事前に、Outlookの手動操作で、確実にメール送信できることを確認しておいてください。

例01　ワークシート上のデータを使って自動メール送信

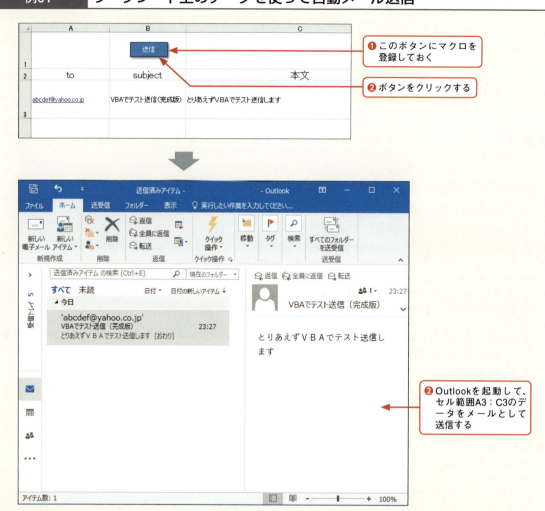

Outlookを操作する **07**

プログラム 標準モジュールに記述   **サンプル「自動メール送信」**

```
Sub 自動メール送信()
    Set myOutlook = CreateObject("Outlook.Application")   ……… 1
    Set myNS = myOutlook.GetNamespace("MAPI")             ……… 2
    Set myFol = myNS.GetDefaultFolder(5)                  ……… 3
    myFol.Display                                         ……… 4
    Set myMAIL = myOutlook.CreateItem(0)                  ……… 5
    myMAIL.Display                                        ……… 6
    myMAIL.To = Range("A3").Value
    myMAIL.Subject = Range("B3").Value                    ……… 7
    myMAIL.Body = Range("C3").Value
    myMAIL.Send                                           ……… 8
End Sub
```

ポイント01 Outlookの起動

このプログラムを実行する前に、Outlookで適切なアカウント設定を行い、メール送信が問題なく実行されることを確認しておきましょう。

ExcelでOutlookを制御するときの手順も、他のOffice製品と同じです。Outlookを表すApplicationオブジェクトへの参照を変数に代入して、その変数を通して制御します。サンプルプログラムの 1 では、CreateObject関数に「Outlook.Application」を渡して、Outlookを起動しています。

ポイント02 NameSpaceオブジェクトへの参照を作成

Outlookの「受信トレイ」や「送信済みアイテム」などの既定のフォルダを操作するには、まず 2 のようにメールに関する「**MAPI** (Messaging Application Programming Interface) ネームスペース」オブジェクトへの参照を取得します。MAPIとは、Windowsでメールの送受信を行うアプリケーションの仕様のことですが、本書ではネームスペースやMAPIについての解説は行いません。とりあえず必要だということだけ覚えてください。

このNameSpaceオブジェクトを取得するには、引数に「"MAPI"」を指定して**GetNamespaceメソッド**を実行します。サンプルプログラムではこれを変数myNSに代入し、このmyNSを通して操作を行っています。

```
Set myNS = myOutlook.GetNamespace("MAPI")  ………… 2
```

NameSpaceオブジェクトの**GetDefaultFolderメソッド**は、Outlookのフォルダを表すFolderオブジェクトを返します。引数に「5」を指定すると「送信済みアイテム」のFolderオブジェクトが取得できます。サンプルの 3 では、これを変数myFolに代入しています。

▶ちなみに「5」の代わりに「6」を指定すれば「受信トレイ」が表示される。

さらに 4 のようにDisplayメソッドを実行すると、Outlookの「送信済みアイテム」フォルダが表示されます。

```
Set myFol = myNS.GetDefaultFolder(5)  ………… 3
myFol.Display  ………… 4
```

201

この❸、❹の処理は、プログラム上は単にOutlookの「送信済みアイテム」フォルダを表示するだけのものです。ただし環境によってはこの2行を実行しないと、メールが送信されず、「送信トレイ」に作成したメールが残ったままになってしまうことがあります。もしメールが残ってしまった場合、結局手動でOutlookを起動して送信を実行する必要があります。このサンプルでは環境によらず確実に送信を実行するために入れてあります。

ポイント03 新規メールの作成

Outlookのアイテム（メールや予定、メモなど）を作成する場合は、Outlookオブジェクトの**CreateItemメソッド**を使用します。メールを作成する場合は引数に「**olMailItem**」を指定しますが、ここでは参照設定を行っていないため、❺ではその値である「0」を指定しています。ここで「1」を指定すれば予定表アイテム、「2」を指定すれば連絡先アイテムが作成されます。

CreateItemメソッドに「0」を渡して生成されるのはMailItemオブジェクトです。❺ではMailItemオブジェクトを作成し、その参照を変数myMAILに代入しています。そして❻でDisplayメソッドを実行してメールアイテムを表示しています。

▶ただし❹および❻を実行せず、Outlookを表示しない状態でメール送信することも可能。

```
Set myMAIL = myOutlook.CreateItem(0) ………❺
myMAIL.Display ………❻
```

ポイント04 メールアイテムに「宛先」、「件名」、「本文」を設定して送信

次に、メールの「宛先」、「件名」、「本文」の設定作業です。これらはMailItemオブジェクトの次のようなプロパティに値を設定することで行います。

●MailItemオブジェクトのプロパティ

プロパティ名	解説
Toプロパティ	メールの宛先（メールアドレス）
Subjectプロパティ	メールの件名
Bodyプロパティ	メールの本文
Ccプロパティ	CCする宛先
Bccプロパティ	BCCする宛先

❼では、セル「A3」、「B3」、「C3」のデータを、メールアイテムに対する「宛先」、「件名」、「本文」として設定しています。

```
myMAIL.To = Range("A3").Value
myMAIL.Subject = Range("B3").Value ………❼
myMAIL.Body = Range("C3").Value
```

最後に❽で、MailItemオブジェクトの**Sendメソッド**を実行してメール送信を行います。

```
myMAIL.Send ………❽
```

Outlookを操作する **07**

関連知識

Tips01 「Cc」「Bcc」「添付ファイル」を設定する

CCやBCCにアドレスを設定する場合は、次のようにMailItemオブジェクトのCcプロパティやBccプロパティを利用します。

サンプル
「Tips_Cc_Bcc_添付ファイルを付けたメール送信」

▶Cc,Bccを含め送信不可能なアドレスを指定するとエラーになってしまうので注意。

```
Set myOutlook = CreateObject("Outlook.Application")
Set myNS = myOutlook.GetNamespace("MAPI")
Set myFol = myNS.GetDefaultFolder(5)
myFol.Display
Set myMAIL = myOutlook.CreateItem(0)
myMAIL.To = "<送信先アドレス>"
myMAIL.Cc = "<CCするアドレス>"
myMAIL.Bcc = "<BCCするアドレス>"
myMAIL.Subject = "<件名>"
myMAIL.Body = "本文1" & vbCrLf & "本文2" & vbCrLf & "本文3…"
myMAIL.Attachments.Add "<添付ファイルのパスとファイル名>"
myMAIL.Send
```

また添付ファイルはAttachmentオブジェクトで表されます。AttachmentオブジェクトはMailItemオブジェクトの**Attachementsプロパティ**から取得できるAttachementsコレクションに含まれています。

添付ファイルを作成する場合、AttachmentsコレクションのAddメソッドを実行します。

Addメソッド ➡ メールに添付ファイルを作成する

- **書 式** Attachmentsコレクション.**Add** Source
- **解 説** Source：添付ファイルをフルパスで指定します。
- **戻り値** 添付ファイルを表すAttachmentオブジェクトを返します。

Attachments.Addには4つの引数がありますが、とりあえずファイルのフルパスだけ指定すれば、添付ファイルを設定することができます。ただし該当のファイルが存在しなければエラーとなりプログラムが止まってしまうので注意してください。

なお、本文を改行する場合、Bodyプロパティの文字列にvbCrLfを結合します。

203

CHAPTER 11 他のアプリケーションを操作する

MEMO 郵便番号を入力すると地図が表示される仕組み

　「Yahoo!地図」では、郵便番号を入力すると該当する地図の候補が表示されます。その仕組みの解説は省略しますが、ブラウザのアドレスバーに「http://map.search.yahoo.co.jp/search?p=郵便番号」の形式で入力すると、同じ地図検索を行ってくれます。郵便番号がたとえば「106-0032」なら「http://map.search.yahoo.co.jp/search?p=106-0032」となります。

　次のプログラムは、InputBoxでユーザーが入力した郵便番号を、Yahoo!地図で検索するものです。Shell関数でInternet Explorerを起動しています。

▶これも将来的にYahoo!地図の仕組みやURLが変更される可能性があるのでご了承いただきたい。

サンプル
「Tips_郵便番号で地図を検索」

```
y = InputBox("地図を検索したい郵便番号を入力してください")
Shell "explorer.exe " & _
    """http://map.search.yahoo.co.jp/search?p=""" & _
    y, 3
```

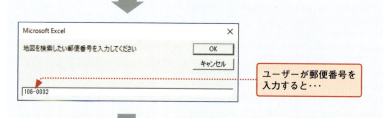

ユーザーが郵便番号を入力すると…

地図の候補が表示されるので、どれかを選択すると地図が表示される

　InputBoxで入力した郵便番号の文字列を変数yに代入し、yを「http://map.search.yahoo.co.jp/search?p=郵便番号」の「郵便番号」の文字列として結合しています。そしてこのURLを、explorer.exeの引数にします（→P184）。
　ただしURLとして指定する文字列に「?」などが含まれていると、Shell関数はうまく動作しません。これはWindowsのコマンドでは「?」が特別な文字として扱われるためです。そこで上記のようにして"""で「?」を含む文字列を囲んでいます。これで、"""で囲まれた部分が、単純に「"」で囲まれた文字列として扱われるため、正常に動作します。

204

CHAPTER

12

ユーザーフォーム

多くのユーザーが共有するブックでは、ワークシートが直接編集できる構造は危険です。ユーザーフォームで入力する仕組みを作りましょう。必要な項目だけをピックアップしたユーザーフォームなら、誤ってデータや数式を削除する心配もありません。そしてオリジナルな多機能ダイアログボックスは、入力を容易にします。

01　コマンドボタンを使う..P.206

02　テキストボックスを使う..P.213

03　スピンボタンを使う...P.218

04　オプションボタンを使う..P.221

05　チェックボックスを使う..P.225

06　リストボックスを使う..P.228

07　多機能なテキストボックス..P.234

01 コマンドボタンを使う

　ユーザーフォームはユーザーが作成するダイアログボックスです。ここにコントロールと呼ばれるボタンやテキストボックスを配置して、それらをVBAで制御します。まずは「印刷」ボタンと「閉じる」ボタンだけの簡単なユーザーフォームを作成しながら、基本的なことを学んでいきましょう。

例01　印刷するだけのシンプルなユーザーフォームの作成

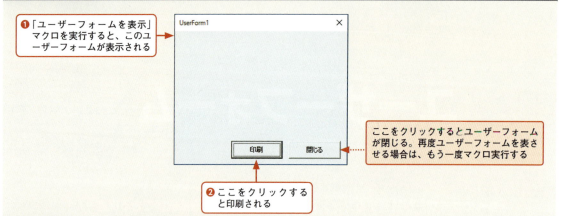

❶「ユーザーフォームを表示」マクロを実行すると、このユーザーフォームが表示される

ここをクリックするとユーザーフォームが閉じる。再度ユーザーフォームを表させる場合は、もう一度マクロ実行する

❷ ここをクリックすると印刷される

手順解説 01　ユーザーフォームの作成

サンプル
「コマンドボタン」

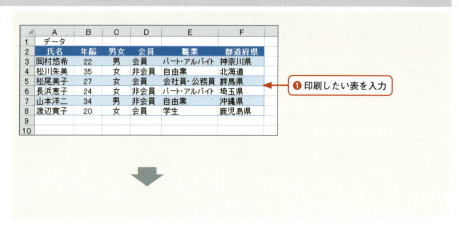

❶ 印刷したい表を入力

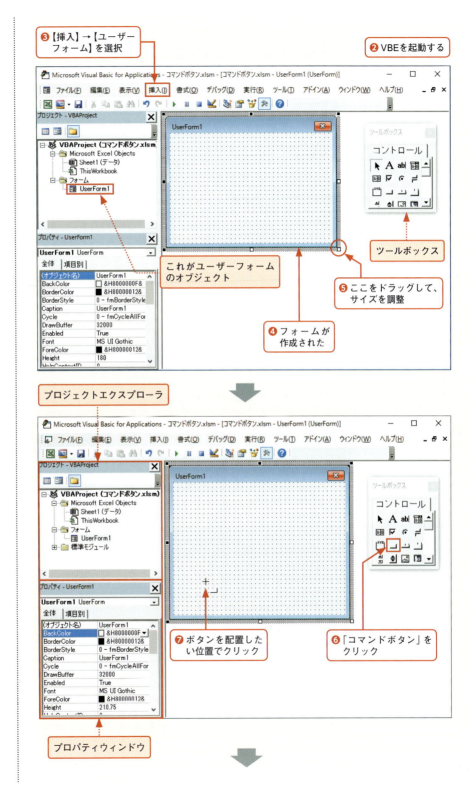

CHAPTER 12 ユーザーフォーム

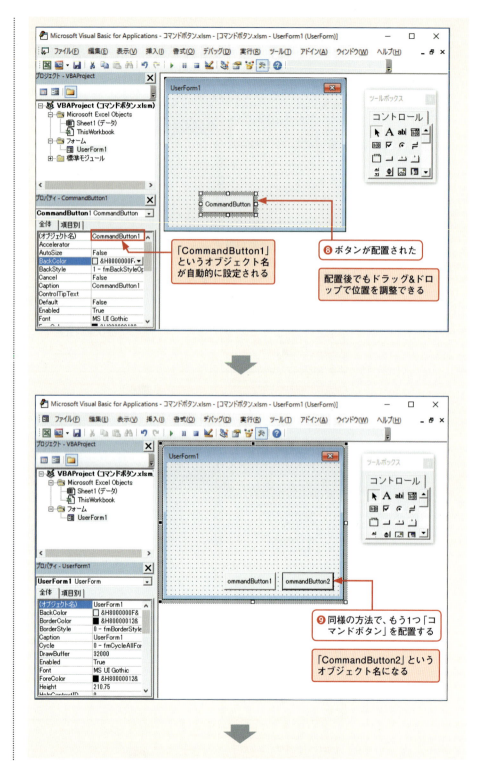

コマンドボタンを使う 01

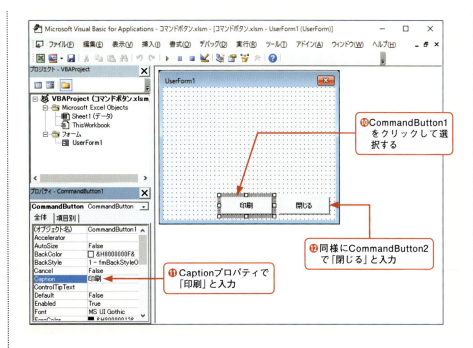

▶コントロールに表示されているCommandButton2の文字列をゆっくり2回クリックすると、直接編集することもできる。

⑩CommandButton1をクリックして選択する

⑪Captionプロパティで「印刷」と入力

⑫同様にCommandButton2で「閉じる」と入力

ポイント01 ユーザーフォームって何？

ユーザーフォームは、ユーザーが自由に作れるダイアログボックスです。既存のダイアログボックスは、デザインや機能が変更できません。しかしユーザーフォームなら、目的に合わせた自由な設計が可能です。

データの構造が複雑なワークシートや膨大なデータが入力されていて、どこに入力すればよいのかすぐには判断できないワークシートに入力するときにユーザーフォームが活躍します。必須の項目だけの入力用テキストボックスを設定したユーザーフォームを作っておきましょう。ユーザーが入力に戸惑うことはなくなりますし、ワークシート上の入力位置を間違えることもありません。快適なアプリケーションを作成するのに、ユーザーフォームは欠かすことはできない存在です。

またワークシート上のデータを一般ユーザーに、勝手に修正されたくないときにもユーザーフォームは活躍します。たとえばブックを開いたらすぐにユーザーフォームが表示され、ユーザーフォーム以外では入力・編集ができないようにしておきます。これで、ワークシートにある元データを、一般ユーザーが誤って消してしまうことが防げるのです。

ポイント02 ユーザーフォームを作成するには

▶プロジェクトエクスプローラの「VBAProject」を右クリック→【挿入】→【ユーザーフォーム】を実行してもよい。

標準モジュールを作成するときはVBEのメニューで【挿入】→【標準モジュール】を実行しましたが、今回は【挿入】→【ユーザーフォーム】となります。

ユーザーフォームを設定する場合、**ツールボックス**にあるボタンをクリックし、ユーザーフォーム上にコントロールを配置します。**コントロール**とは、ユーザーフォームに設定する部品のことです。「ツールボックス」からは次のコントロールを設定することができます。

●ツールボックス

209

CHAPTER 12 ユーザーフォーム

●ツールボックスから選択できるコントロール

コントロール	解説
ラベル	項目名などを表示するための文字列
テキストボックス	ユーザーが入力できるテキスト枠を表示する
コンボボックス	ドロップダウンメニューから項目を選択できる
リストボックス	選択肢をリストで表示する
チェックボックス	項目のオンとオフを切り替える
オプションボタン	複数の選択肢から1つだけを選択するときに使用する
トグルボタン	ボタンの状態をオン/オフできる
フレーム	他のコントロールを内部に配置できるコンテナ
コマンドボタン	ボタン
タブストリップ	同一の項目を複数のタブで共有する場合に使用する
マルチページ	画面表示はタブストリップと同じだが、タブごとに違う項目が設定できる
スクロールバー	特定範囲の値をスクロールして切り替えることができる
スピンボタン	ボタンにより値を増減することができる
イメージ	画像を表示する
RefEdit	フォームからワークシートのセル範囲を選択できる

　配置したコントロールは、1つ1つがオブジェクトです。クリックして選択すると、VBEの左下にあるプロパティウィンドウには、選択したコントロールが持つプロパティが表示されます。各プロパティはここで直接設定することもできますし、またプログラムから設定することもできます。

　プロパティウィンドウに表示されるプロパティはコントロールにより異なりますが、「オブジェクト名」の項目は共通して存在し、ここで設定されている名前を使ってプログラミングしていきます。このサンプルの場合は、特にオブジェクト名を設定していませんので、「CommandButton1」、「CommandButton2」など自動的に付けられた名前のままになっています。

手順解説 02 プログラムを記述する

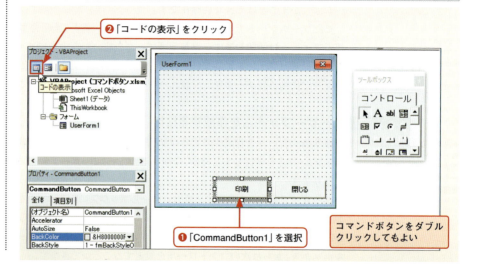

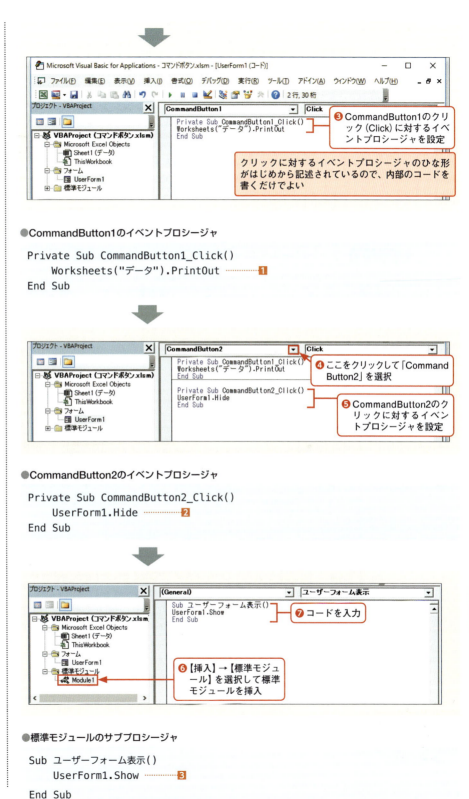

●CommandButton1のイベントプロシージャ

```
Private Sub CommandButton1_Click()
    Worksheets("データ").PrintOut ……1
End Sub
```

●CommandButton2のイベントプロシージャ

```
Private Sub CommandButton2_Click()
    UserForm1.Hide ……2
End Sub
```

▶ユーザーフォーム自体を表示するプログラムは標準モジュールにSubプロシージャとして記述する。

●標準モジュールのサブプロシージャ

```
Sub ユーザーフォーム表示()
    UserForm1.Show ……3
End Sub
```

CHAPTER 12 ユーザーフォーム

ポイント01 ユーザーフォームのオブジェクト

ユーザーフォームはUserFormオブジェクトで表されます。ユーザーフォームを作成するたび、順番に「UserForm1」、「UserForm2」、「UserForm3」…というオブジェクト名が付けられます。1つのブックに複数のユーザーフォームを作って、同時に利用することもできます。しかしプログラムが複雑になってしまうので、本書では1つのブックに作成するユーザーフォームを1つだけとし、ユーザーフォームのオブジェクト名はすべてUserForm1で統一しています。

このサンプルでは標準モジュールに記述したサブプロシージャの中でUserFormオブジェクトの**Show**メソッドによりこのユーザーフォームを表示し(**3**)、「閉じる」ボタン(CommandButton2)のイベントプロシージャ内で**Hide**メソッドにより非表示にしています(**2**)。

ポイント02 コントロールにはイベントプロシージャを設定

上記のように、コントロールに設定するプログラムは、すべてイベントプロシージャ(→P.143)です。「クリックする」、「値を変更する」、「マウスを置く」など、コントロールにかかわる操作がきっかけとなってプログラムを実行することになります。

●イベントの選択

設定できるイベントはコントロールによって異なり、コマンドボタンの場合は次のようなイベントが選択できます

●コントロールに設定するイベントの例

イベント名	解説
Click	このコントロールをクリックしたときに発生する(→P.211)
DblClick	このコントロールをダブルクリックしたときに発生する
Change	このコントロールのValueプロパティ(値)を変更したときに発生する(→P.216)
MouseMove	このコントロール上でマウスポインタを動かしたときに発生する
MouseDown	このコントロール上でマウスボタンを押したときに発生する
MouseUp	このコントロール上でマウスボタンを離したときに発生する

このサンプルでは「CommandButton1」、「CommandButton2」の2つのコマンドボタンをクリックしたときのイベントプロシージャを記述しました。「印刷」ボタン(CommandButton1)のイベントプロシージャでは、ワークシートを印刷しています(**1**)。

▶RangeオブジェクトのPintOutメソッドはセル範囲を印刷するが(→P.34)、WorksheetオブジェクトのPrintOutメソッドはワークシート全体を印刷する。

テキストボックスを使う

セクション「01」で作ったユーザーフォームに機能を追加していきましょう。ユーザーがユーザーフォームから入力したデータを、A列最下端の下に追加する仕組みを作ります。ラベルとテキストボックスのコントロールを配置して、イベントプロシージャを記述しましょう。

例01　ユーザーフォームに入力したデータをワークシートに挿入する

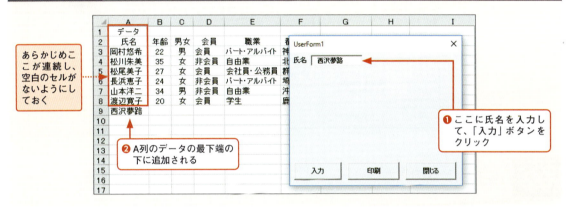

手順解説01　ラベルとテキストボックスの追加

サンプル
「テキストボックス」

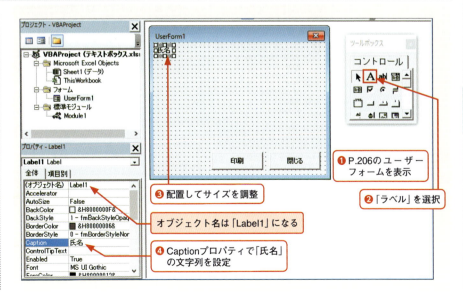

213

CHAPTER 12 ユーザーフォーム

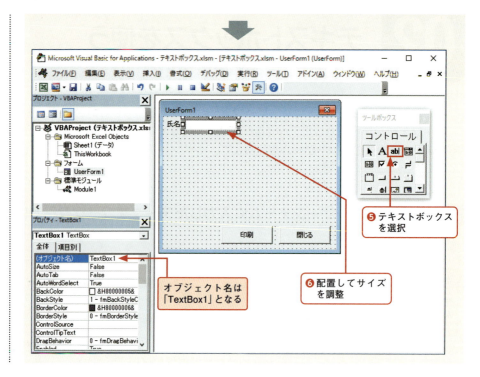

手順解説 02 プログラムの入力

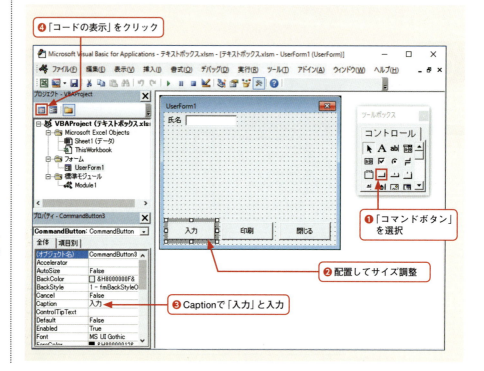

▶「入力」ボタンのオブジェクト名は「CommandButton3」になる。

テキストボックスを使う **02**

⓫ CommandButton3のクリックに対する
イベントプロシージャを設定

●CommandButton3のイベントプロシージャ

```
Private Sub CommandButton3_Click()
    Worksheets("データ").Range("A1").End(xlDown).Offset(1).Value = _
        TextBox1.Value                                              ①
    TextBox1.Value=""  ·············· ②
End Sub
```

ポイント01 最下端の下にデータを入力する仕組み

テキストボックスの値を、A列の最下端の下に入力します。A列の最下端の下は、次で表わされます（→P.74）。

```
Range("A1").End(xlDown).Offset(1).Value
```

▶「TextBox1.Value」の上位オブジェクトも記述すると、「UserForm1.TextBox1.Value」となる。もしユーザーフォームが複数ある場合は、必ず「UserForm1.」を付けなければいけない。

ここに「TextBox1.Value」の値を代入すれば、テキストボックスの値がA列の最下端の下に入力できます（①）。

なお、ワークシートにデータを入力しても、以前入力した値はテキストボックスに残ります。そこで、入力と同時に値が削除されるように、②でテキストボックスに""を代入しています。

ポイント02 ラベルコントロール

ラベルコントロールは、ユーザーフォームに表示する文字列を設定します。このサンプルのように、表示する文字列をプロパティウィンドウで編集することもできますし、プログラムで設定することもできます。

基本的には文字列を表示するだけであり、何かの情報を入力するという機能はありません。これから紹介する多くのコントロールは、その値を示すValueプロパティを持ちますが、ラベルコントロールにはありません。表示する文字列は**Captionプロパティ**で設定します。

次を実行するとラベル「Label1」には「入力済」と表示されます。

```
UserForm1.Label1. Caption ="入力済"
```

215

CHAPTER 12 ユーザーフォーム

このコントロールは単純な項目名の表示に使われるだけでなく、たとえばボタンがクリックされたら表示を変更するなどのプログラムで使うこともできます。

ポイント03 テキストボックスコントロール

テキストボックスはユーザーが入力したデータをプログラムで利用するときに、最もよく利用されるコントロールです。文字列を入力するだけでなく、処理したデータを表示することもできます。

次はテキストボックスの内容を変化したときに発生する**Changeイベント**に「自動ふりがな表示」のプログラムを設定した例です。テキストボックス「TextBox1」に文字列を入力すると、すぐにラベル「Label1」にそのふりがなが表示される、という便利なものです。ぜひお試しください。なおGetPhoneticメソッドの詳細に関してはP.239で勉強します。

●TextBox1に入力した日本語のふりがなをLabel1に即表示

```
Private Sub TextBox1_Change()
    Label1.Caption = Application.GetPhonetic(TextBox1.Value)
End Sub
```

関連知識

Tips01 テキストボックスのプロパティ

次は、テキストボックスに設定できる主なプロパティです。プロパティウィンドウで直接設定することもできますし、またマクロで設定することもできます。マクロで設定する場合、たとえば背景色なら「UserForm1.TextBox1.BackColor=vbRed」のように設定します。

●テキストボックスのプロパティ

プロパティ	内容
BackColor	背景色
BorderColor	境界線の色
BorderStyle	境界線のスタイル
Enabled	キー操作の許可・不許可(True→許可。False→不許可)
EnterKeyBehavior	Enterを押したときの動作を設定(Trueなら新しい行が作られる)
Font	表示されるテキストのフォント(フォント名、太字、下線、サイズなど)
Height	高さ(単位はポイント)
IMEMode	日本語入力システムのモード(→P.237)
Left	フォームの左端からの距離(単位はポイント)
MultiLine	複数行のテキストに関する設定(True→複数行を許可。False→複数行を不許可しない)
PasswordChar	パスワードとして入力する文字。入力した文字の代わりにここで設定した文字が表示される(→P.237)
TextAlign	文字列の配置の設定(例:中央揃え→fmTextAlignCenter)
Top	フォームの上端からの距離
Visible	表示・非表示の設定
Width	幅(単位はポイント)

次はコマンドボタンでテキストボックスを動かすサンプルです。テキストボックス（TextBox1）、および2つのコマンドボタン（CommandButton1とCommandButton2）があるユーザーフォームで、CommandButton1をクリックするとテキストボックスが左に、またCommandButton2をクリックすると右に動きます。

サンプル
「Tips_テキストボックスの移動」

```
Private Sub CommandButton1_Click()
    TextBox1.Left = TextBox1.Left - 10
End Sub

Private Sub CommandButton2_Click()
    TextBox1.Left = TextBox1.Left + 10
End Sub
```

Tips02 未入力だと赤色、入力すると水色になるテキストボックス

テキストボックスのデータが変更されたときのイベントプロシージャによって、「未入力だと赤色、入力すると水色になる」テキストボックスを作ってみます。テキストボックスの背景色はBackColorプロパティで設定します。

未入力に対する警告として利用できます。

サンプル
「Tips_未入力は赤_入力で青のテキストボックス」

▶ユーザーフォームを表示する前に、テキストボックスの初期の背景色を赤色にしておく。

●標準モジュールに作成するサブプロシージャ

```
Sub ユーザーフォーム表示()
    UserForm1.TextBox1.BackColor = vbRed
    UserForm1.Show
End Sub
```

●TextBox1のChangeイベントプロシージャ

```
Private Sub TextBox1_Change()
    If TextBox1.Value = "" Then
        TextBox1.BackColor = vbRed
    Else
        TextBox1.BackColor = vbCyan
    End If
End Sub
```

●初期状態

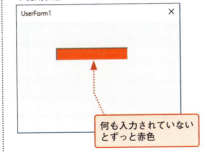

何も入力されていないとずっと赤色

●入力時

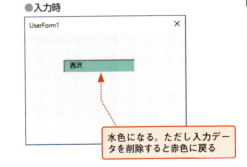

水色になる。ただし入力データを削除すると赤色に戻る

217

03 スピンボタンを使う

クリックだけで数値が入力できる、スピンボタンの仕組みを作ってみましょう。セクション02のサンプルに続けて設定します。記述をわかりやすくするため、With ～ End Withを使います。

例01　年齢をスピンボタンで入力させる

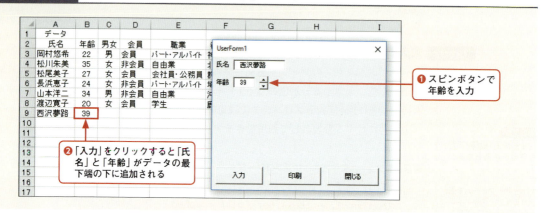

❶ スピンボタンで年齢を入力

❷「入力」をクリックすると「氏名」と「年齢」がデータの最下端の下に追加される

手順解説 01　ユーザーフォームにスピンボタンを追加する

サンプル
「スピンボタン」

▶特に指定しないとスピンボタンで設定できる値の最小値は「0」、最大値は「100」になる。これらはプロパティウィンドウでMin、およびMaxプロパティで変更できる。

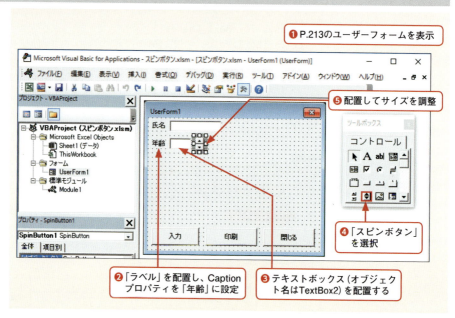

❶ P.213のユーザーフォームを表示
❷「ラベル」を配置し、Captionプロパティを「年齢」に設定
❸ テキストボックス（オブジェクト名はTextBox2）を配置する
❹「スピンボタン」を選択
❺ 配置してサイズを調整

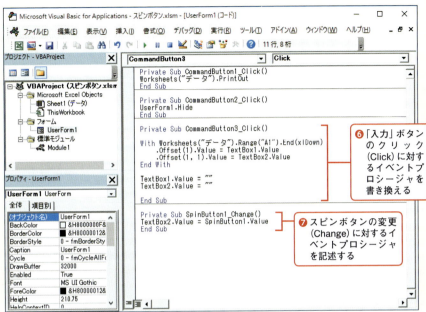

▶プロパティウィンドウでMaxとMinプロパティを設定すれば、スピンボタンで変更できる数値の最大値と最小値を設定できる。

❻「入力」ボタンのクリック(Click)に対するイベントプロシージャを書き換える

❼スピンボタンの変更(Change)に対するイベントプロシージャを記述する

●「入力」ボタンのイベントプロシージャ

```
Private Sub CommandButton3_Click()
    With Worksheets("データ").Range("A1").End(xlDown)
        .Offset(1).Value = TextBox1.Value
        .Offset(1, 1).Value = TextBox2.Value           ❶
    End With

    TextBox1.Value=""
    TextBox2.Value=""                                  ❷
End Sub
```

●スピンボタンのイベントプロシージャ

```
Private Sub SpinButton1_Change()
    TextBox2.Value = SpinButton1.Value                 ❸
End Sub
```

ポイント01　スピンボタンの変更に対するイベントプロシージャ

　Changeイベントはコントロールの内容が変更されたときに発動します。❸では、スピンボタンの値をテキストボックスに反映させるため、スピンボタン(SpinButton1)の値を、テキストボックス(TextBox2)に代入します。
　これで、スピンボタンをクリックするたび、テキストボックスの値が変更されるようになります。

CHAPTER 12 ユーザーフォーム

ポイント02 最下端の1，2列目にデータを追加する

本書ではセクション「04」〜「06」でさらにコントロールを増やしていくので、記述が複雑になってきます。そこで簡潔にするため、Withステートメントを使って記述します。

P.215では次の記述で、TextBox1の値（氏名）をA列の最下端の下に入力しました。

```
Worksheets("データ").Range("A1").End(xlDown).Offset(1).Value = _
    TextBox1.Value
```

これはWithステートメントで表すと、次のようになります。

```
With Worksheets("データ").Range("A1").End(xlDown)
    .Offset(1).Value = TextBox1.Value
End With
```

今回はさらに、セル「A1」に続く最下端の「1行下、1列右」（.Offset(1, 1).Value）に、TextBox2の値を入力する記述を追加しています（**1**）。また**2**では、次のデータ入力のためにTextBox2の値をクリアしています。

関連知識

Tips01 スピンボタンのプロパティ

スピンボタンで設定できる、いくつかのプロパティを以下に紹介します。これらはプロパティウィンドウで変更することができます。

●スピンボタンのプロパティ（一部）

プロパティ名	解説
SmallChange	矢印をクリックしたときに変化する増減量。既定値は1
BackColor	背景色
ForeColor	▲▼の部分の色
ControlSource	スピンボタンの値をリンクさせるワークシート上のセル。たとえば「SpinButton1. ControlSource = "B1"」を実行しておくと、スピンボタンの変化に応じてセル「B1」の値も変化する
ControlTipText	マウスポインタをスピンボタンの上に置いたときに表示する文字列。機能のヘルプとして便利
Max	スピンボタンの最大値
Min	スピンボタンの最小値

オプションボタンを使う

セクション03のサンプルに続けて、性別を選択できる仕組みを作りましょう。通常、性別は「男」か「女」かどちらかですので、片方が選択されている場合は必ず片方は選択されないようにしなければなりません。これにはオプションボタンを使います。

例01　「性別」をオプションボタンで選択させる

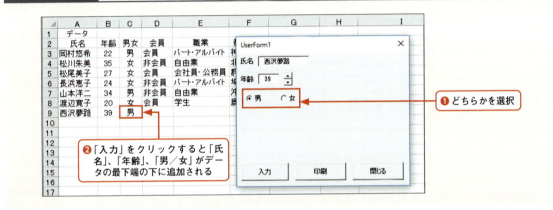

❶ どちらかを選択

❷「入力」をクリックすると「氏名」、「年齢」、「男／女」がデータの最下端の下に追加される

手順解説01　オプションボタンの配置

サンプル　「オプションボタン」

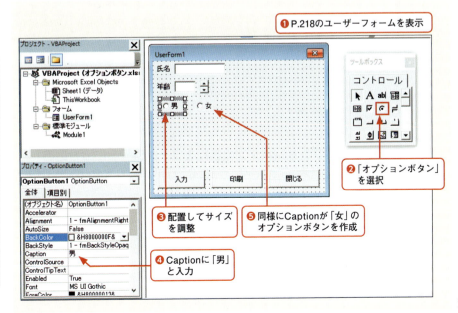

❶ P.218のユーザーフォームを表示

❷「オプションボタン」を選択

❸ 配置してサイズを調整

❹ Captionに「男」と入力

❺ 同様にCaptionが「女」のオプションボタンを作成

CHAPTER 12 ユーザーフォーム

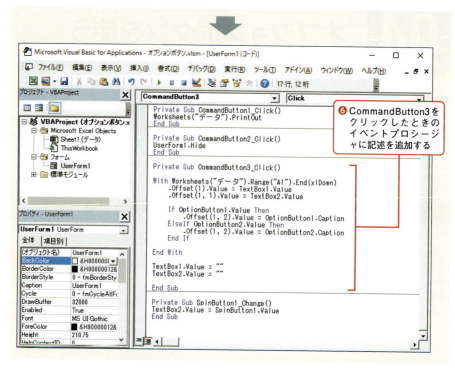

❻ CommandButton3をクリックしたときのイベントプロシージャに記述を追加する

●「入力」ボタンのイベントプロシージャ

```
Private Sub CommandButton3_Click()
    With Worksheets("データ").Range("A1").End(xlDown)
        .Offset(1).Value = TextBox1.Value
        .Offset(1, 1).Value = TextBox2.Value
        If OptionButton1.Value Then                          ❶
            .Offset(1, 2).Value = OptionButton1.Caption      ❷
        ElseIf OptionButton2.Value Then                      ❸
            .Offset(1, 2).Value = OptionButton2.Caption      ❹
        End If
    End With

    TextBox1.Value=""
    TextBox2.Value=""
End Sub
```

ポイント01　オプションボタンの選択をワークシートに取り込む

　　オプションボタンの**Value**プロパティは、「**選択しているとTrue**」、「**選択してないとFalse**」を返します。つまり「男」(OptionButton1)を選択すると、❶のIfステートメントの条件がTrueになり、❷を実行します。❷では、OptionButton1のCaptionプロパティの値をC列の最下端の下に入力します。

　　Captionプロパティは、チェックボックスの横に設定されている文字列です。「OptionButton1.Caption」の場合、「男」の文字列となります。

▶OptionButton1とOptionButton2の両方とも選択されていない場合は、C列には何も入力されない。

同様に3では、「女」が選択されていればOptionButton2.ValueがTrueとなり、4により「女」の文字がC列の最下端の下に入力されます。

オプションボタンをどちらも選択していなければ、C列は空欄になります。

ポイント02 別グループのオプションボタンを作るには（その1）

今回の例のように、ツールボックスを使ってオプションボタンを作ると、「一方を選択すると他は非選択」になります。もし同じ方法で、3つ目や4つ目のオプションボタンを追加しても「一方を選択すると他は非選択」という関係は変わりません。つまりこの方法で設定したオプションボタンは「同じグループに所属」していることになります。では、別のグループを作りたいときは、どうすればよいのでしょうか。

実はオプションボタンには、グループを設定する**GroupNameプロパティ**があります。このGroupNameプロパティが同じ値であるオプションボタンを「同じグループ」として、「一方を選択すると他は非選択」の設定になっています。

もし2つのオプションボタンを、別のグループとして新たに作成したいのでしたら、この2つだけに共通のGroupNameプロパティを設定します。

次はオプションボタンOptionButton3とOptionButton4の2つを新たに設定し、GroupNameプロパティに「会員」という文字列を設定した例です。

●GroupNameプロパティ

サンプル
「オプションボタンの
GroupName」

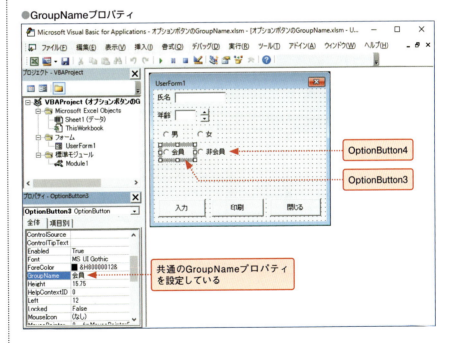

なお本文のサンプルのように、意図してGroupNameプロパティを設定しない場合、設定されていないオプションボタンどうしが1つのグループを作ることになります。

CHAPTER 12 ユーザーフォーム

ポイント03 別グループのオプションボタンを作るには(その2)

　GroupNameプロパティを設定する方法とは別に、もう1つ、オプションボタンに別のグループを作る方法があります。フレームコントロールを使います。

　フレームコントロールは、関連する複数のコントロールを1つの単位にまとめます。フレームが設定された領域は、初期設定では細線で囲まれて、視覚的にも1つの単位のようになります。

　あらかじめフレームコントロールを設定しておけば、その中に設定したオプションボタンは同じグループになります。

　次は、フレームコントロール(Frame1)をあらかじめ設定し、その中に「会員」および「非会員」のオプションボタンを設定した例です。「会員・非会員」のオプションボタンは同じグループになり、「男・女」のグループとは異なる設定になります。

サンプル
「オプションボタンのFrame」

●フレームコントロールの利用

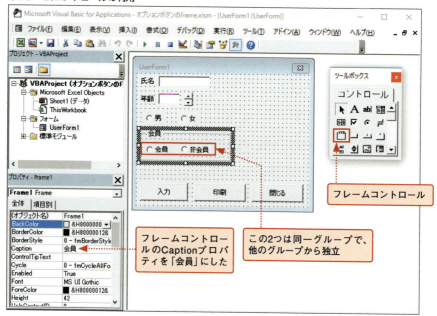

05 チェックボックスを使う

　チェックボックスは、設定値が選択されたかどうかをチェックマークで表します。選択するとチェックマークが表示され、設定値はTrueとなります。選択を解除するとチェックマークの表示は消えて、設定値はFalseになります。ここでは、チェックボックスを使って、D列に「会員」または「非会員」の文字列を入力できるようにします。

例01　チェックボックスで「会員」、「非会員」を選択する

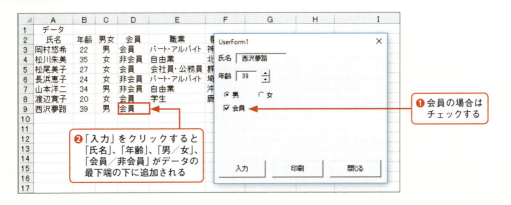

❶会員の場合はチェックする

❷「入力」をクリックすると「氏名」、「年齢」、「男／女」、「会員／非会員」がデータの最下端の下に追加される

手順解説01　チェックボックスの配置とプログラムの記述

サンプル
「チェックボックス」

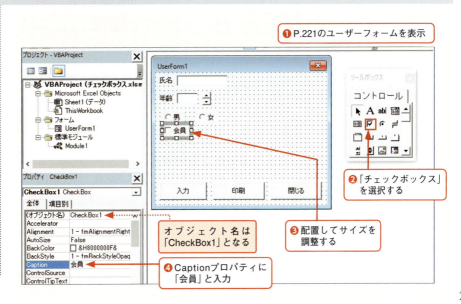

❶P.221のユーザーフォームを表示
❷「チェックボックス」を選択する
❸配置してサイズを調整する
　オブジェクト名は「CheckBox1」となる
❹Captionプロパティに「会員」と入力

CHAPTER 12 ユーザーフォーム

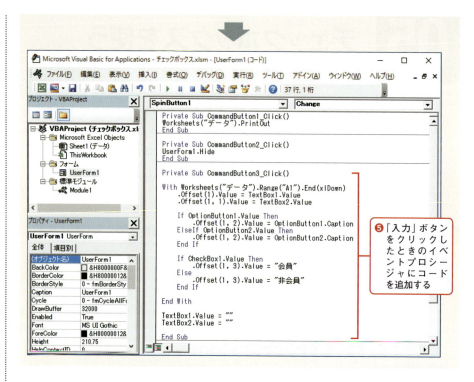

❺「入力」ボタンをクリックしたときのイベントプロシージャにコードを追加する

●「入力」ボタンのイベントプロシージャ

```
Private Sub CommandButton3_Click()
    With Worksheets("データ").Range("A1").End(xlDown)
    
        …省略…
        
        If CheckBox1.Value Then
            .Offset(1, 3).Value = "会員"
        Else
            .Offset(1, 3).Value = "非会員"
        End If
    End With
    
    TextBox1.Value = ""
    TextBox2.Value = ""
End Sub
```

❶

ポイント01 チェックボックスの値を取得する

オプションボタンの場合と同じく、チェックボックスのValueプロパティも「チェックしてあるとTrue」、「チェックしてないとFalse」を返します。そこで❶では、CheckBox1.ValueがTrueの場合は「会員」を、Falseの場合は「非会員」を、最下端の「1行下、3列右」(.Offset(1, 3).Value)に入力します。

226

関連知識

Tips01 チェックボックスで淡色表示の状態も調べる

通常、チェックボックスはチェックされたか、されなかったかの2つの状態しか設定できませんが、**TripleStateプロパティ**をTrueにすることでもう1つの状態（チェックされているが淡色表示）を選択できるようになります。淡色表示の状態では、ValueプロパティはNull値になります。

▶Null値とは、有効なデータが格納されていないことを表す特殊な値。P.95で紹介したEmpty値と似ているが、本書では両者の違いについて解説しない。

●TripleStateプロパティをTrueにした場合のチェックボックス

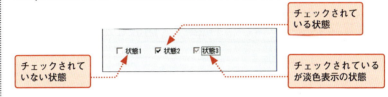

TripleStateプロパティをTrueに変更後、サンプルの■の部分を次のように変更してください。

サンプル
「Tips_TripleStateプロパティ.xlsm」

●淡色表示を含むチェックボックスから値を取得する例

```
Select Case CheckBox1.Value
    Case True                '…チェックだとTrue
        .Offset(1, 3).Value = "会員"
    Case False               '…チェックしてないとFalse
        .Offset(1, 3).Value = "非会員"
    Case Else                '…淡色状態ではNull値
        .Offset(1, 3).Value = "退会"
End Select
```

変更後のユーザーフォームでは、「会員」のチェックボックスが「チェックだと"会員"」、「チェックしてないと"非会員"」、「淡色状態では"退会"」と入力されるようになります。これは、変更後はCheckBox1.Valueの値が、「チェックだとTrue」、「チェックしてないとFalse」、「淡色状態ではNull値」を返すためです。

なお、この例でははじめにTrueかFalseかをチェックして、Null値の場合の処理はElse以降に記述していますが、Null値であるかどうかをチェックしたい場合は**IsNull関数**を使用します。IsNull関数の使い方は、IsEmpty関数（→P.95）と同じで、引数に指定した式を調べてNull値ならTrue、違う場合はFalseを返します。

06 リストボックスを使う

　リストボックスを使えば、ユーザーは用意された回答候補から、選んで入力することができます。候補リストの設定方法はいくつかありますが、ここではAddItemメソッドおよびRowSourceプロパティを使った、2つの方法を紹介します。

例01　リストボックスから「職業」を選択できるようにする

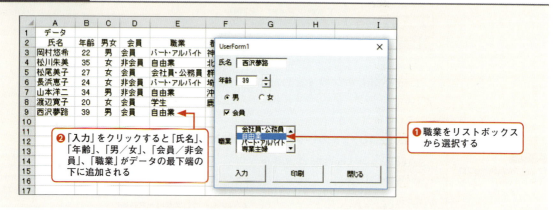

手順解説01　リストボックスの設定方法1

サンプル
「リストボックス」

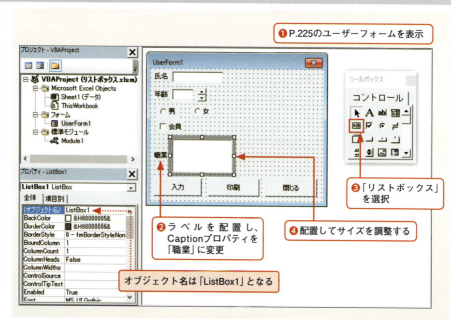

228

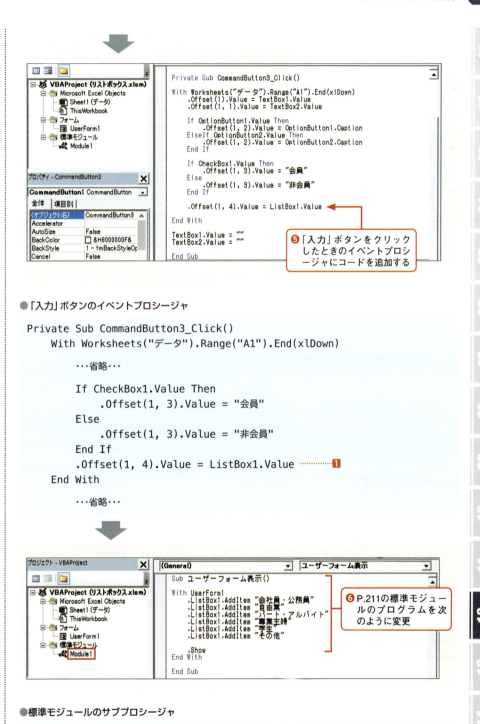

●「入力」ボタンのイベントプロシージャ

```
Private Sub CommandButton3_Click()
    With Worksheets("データ").Range("A1").End(xlDown)

        …省略…

        If CheckBox1.Value Then
            .Offset(1, 3).Value = "会員"
        Else
            .Offset(1, 3).Value = "非会員"
        End If
        .Offset(1, 4).Value = ListBox1.Value  …………1
    End With

        …省略…
```

●標準モジュールのサブプロシージャ

```
Sub ユーザーフォーム表示()
    With UserForm1
        .ListBox1.AddItem "会社員・公務員"
        .ListBox1.AddItem "自由業"
        .ListBox1.AddItem "パート・アルバイト"
```

CHAPTER 12 ユーザーフォーム

```
            .ListBox1.AddItem "専業主婦"                        2
            .ListBox1.AddItem "学生"
            .ListBox1.AddItem "その他"
            .Show
        End With
    End Sub
```

ポイント01 リストボックスで選択した値の取得

▶リストボックスコント
ロールの既定のプロパテ
ィはValue。このため
Valueの記述を省略する
ことも可能

　リストボックスは、あらかじめ用意された候補からユーザーに選択させるコントロール
です。リストボックスの値はValueプロパティで取得できます。サンプルの **1** では、リス
トボックス（ListBox1）の値を、E列の最下端の下（.Offset(1, 4).Value）に入力しています。

ポイント02 リスト項目の追加

　リストボックスでは、ユーザーが選択する項目を、あらかじめ設定しておく必要があり
ます。このサンプルでは標準モジュールのSubプロシージャから、その作業を行っていま
す。設定方法にはいくつかありますが、ここではShowメソッドでユーザーフォームを表
示する前に、**AddItemメソッド**で1つずつ追加しています（**2**）。

関連知識

Tips01 ListIndexプロパティの利用

　リストボックスで選択した項目を取得するとき、今回のサンプルではListBoxオブジェ
クトのValueプロパティを使用しました。実はリストボックスの情報の取り出しには
ListIndexプロパティを使った方法もあります。

▶インデックス番号が
「1」ではなく、「0」から
始まることに注意。

　ListIndexプロパティは、リストボックスで現在選択されている項目のインデックス番
号を取得するプロパティです。インデックス番号というのは「何番目が選択されている
か？」を示す、**0から始まる番号**です。次のようになります。

1番目の項目が選択されている ▶ ListIndexプロパティは0
2番目の項目が選択されている ▶ ListIndexプロパティは1
3番目の項目が選択されている ▶ ListIndexプロパティは2
　　　⋮

　1番目が「0」になることに注意してください。また何も選択されていない場合には「-1」
を返します。

　さて、**List**はListBoxオブジェクトの全項目を返すプロパティです。「List(インデックス
番号)」でリストボックスに設定されている個々の項目名を取得することができます。たと
えば次は、すでに設定されている3番目の項目を表示します。

```
MsgBox ListBox1.List(2)
```

現在選択されている項目のインデックス番号は「ListBox1.ListIndex」で取得できます。つまり「ListBox1.Value」の代わりに、次で選択している項目名を取得することもできるのです。

```
ListBox1.List(ListBox1.ListIndex)
```

例02　リストボックスの項目をワークシートから取得する

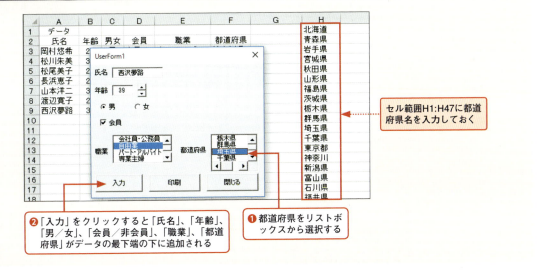

❶ 都道府県をリストボックスから選択する

❷「入力」をクリックすると「氏名」、「年齢」、「男／女」、「会員／非会員」、「職業」、「都道府県」がデータの最下端の下に追加される

セル範囲H1:H47に都道府県名を入力しておく

手順解説 02　リストボックスの設定方法2

サンプル
「リストボックス_Row Source」

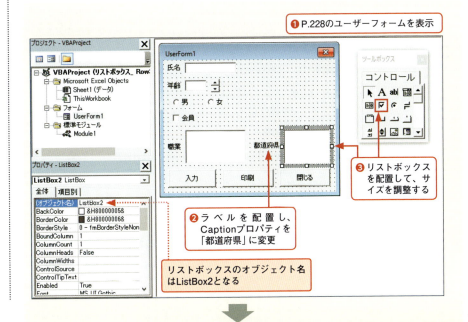

❶ P.228のユーザーフォームを表示

❷ ラベルを配置し、Captionプロパティを「都道府県」に変更

❸ リストボックスを配置して、サイズを調整する

リストボックスのオブジェクト名はListBox2となる

231

CHAPTER 12 ユーザーフォーム

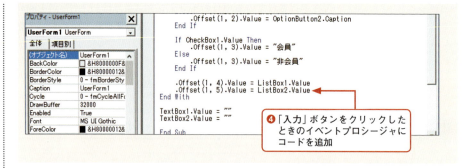

❹「入力」ボタンをクリックしたときのイベントプロシージャにコードを追加

●「入力」ボタンのイベントプロシージャ

```
Private Sub CommandButton3_Click()
    With Worksheets("データ").Range("A1").End(xlDown)

        …省略…

        .Offset(1, 5).Value = ListBox2.Value ………❷
    End With

        …省略…
```

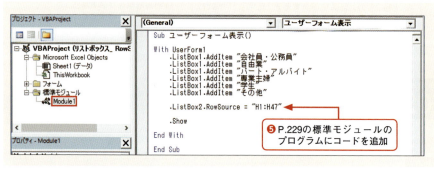

❺ P.229の標準モジュールのプログラムにコードを追加

●標準モジュールのサブプロシージャ

```
Sub ユーザーフォーム表示()
    With UserForm1

        …省略…

        .ListBox2.RowSource = "H1:H47" ………❶
        .Show
    End With
End Sub
```

ポイント01 RowSourceプロパティで選択項目を設定する

　今度は、リストボックスの項目を設定するとき、ワークシートにすでに入力されているデータを利用する方法です。この場合、リストボックスの**RowSourceプロパティ**に、項

232

リストボックスを使う **06**

▶他のワークシートのデータを指定する場合「~.RowSource = "Sheet1! H1:H47"」のようにワークシート名を記述する。

目の対象となるセル範囲を指定します。

P.231の図のように、セル範囲H1:H47に都道府県名が入力されているとします。標準モジュールの**1**で、この範囲をListBox2の候補に設定します。

2では、ListBox2の値をF列の最下端の下に入力します。

関連知識

Tips01 Listプロパティに配列として設定する方法

リストボックスの選択項目の設定は、**List**プロパティに配列を代入することでも行えます。次はP.229と同様の設定をListプロパティと配列を使って行う例です。

サンプル
「Tips_array_リストボックス_ RowSource」

```
Sub ユーザーフォーム表示()
    UserForm1.ListBox1.List = Array( _
        "会社員・公務員", "自由業", _
        "パート・アルバイト", "専業主婦", _
        "学生", "その他")
    UserForm1.Show
End Sub
```

1つのくせに「たくさんの値を格納できる便利な変数」が「**配列**」です。Arrayはカンマで区切った値のリストを配列の要素として指定する関数なので、たとえば「a = Array(10, 20, 30)」とすると、配列変数aには3つの値「10」、「20」、「30」が代入されます。

このため、「UserForm1.ListBox1.List」に「Array("会社員・公務員","自由業",・・・)」を代入することで、リストボックスの項目として「会社員・公務員」、「自由業」・・・が設定できるのです。

サンプル
「モードレス」

MEMO モードレスなユーザーフォーム

ここまで作成してきたサンプルでは、ユーザーフォームで作業しているときワークシートの編集はできません。このように子ウィンドウが表示されている間は、親ウィンドウに制御を戻さないユーザインタフェースを「**モーダル**」であると表現します。

しかし、ユーザーフォームもワークシートも両方編集したいこともありますよね。両方とも編集できる状態にしたいのなら、ユーザーフォームを「モードレス」で起動しましょう。

モードレスで起動する場合は、UserFormオブジェクトの**Showメソッド**で次のような引数を設定します。

●Showメソッドで指定できる引数

指定する内容	定数	値
モーダルで表示(既定値)	vbModal	1
モードレスで表示	vbModeless	0

「UserForm1.Show vbModeless」のように、引数にvbModelessを指定すると、「モードレス」の状態で表示されます。

233

07 多機能なテキストボックス

ユーザーフォームのまとめとして、「パスワードを非表示」、「IMEモードを指定」、「ふりがなを自動入力」、「未入力だと戻される」など…多機能なテキストボックスを作ってみることにしましょう。

例01　多機能なテキストボックスを設定する

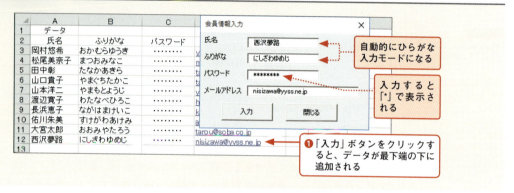

手順解説01　テキストボックスの作成とプログラムの記述

サンプル
「多機能なユーザーフォーム」

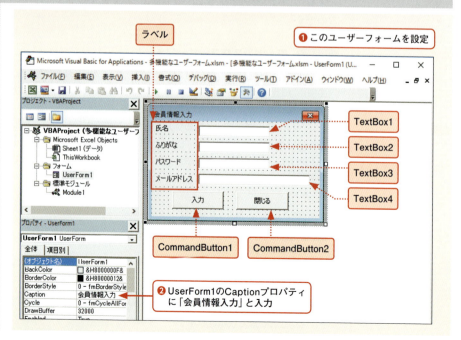

▶ここでは複数のコントロールのプロパティをまとめて設定できることを示すためにCtrlを使用しているが、別々に設定してももちろんかまわない。

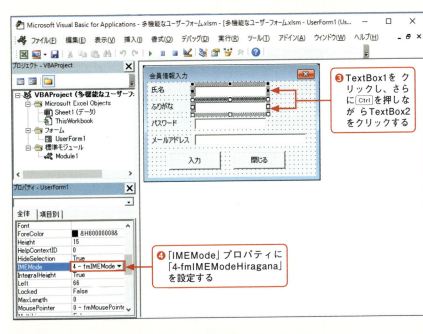

❸ TextBox1をクリックし、さらに Ctrl を押しながら TextBox2 をクリックする

❹「IMEMode」プロパティに「4-fmIMEModeHiragana」を設定する

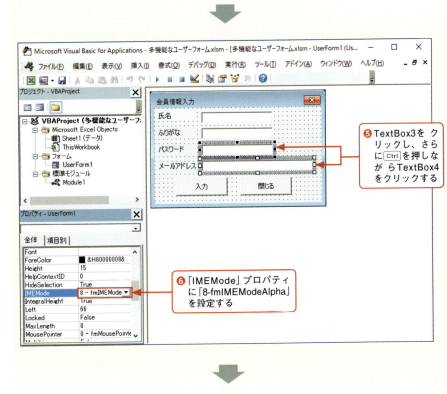

❺ TextBox3をクリックし、さらに Ctrl を押しながら TextBox4 をクリックする

❻「IMEMode」プロパティに「8-fmIMEModeAlpha」を設定する

CHAPTER 12 ユーザーフォーム

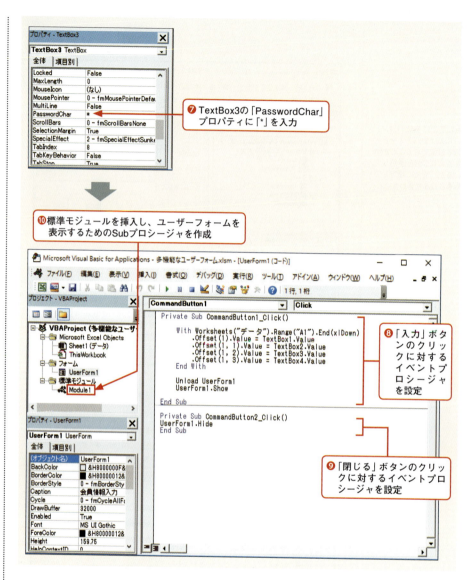

●「入力」ボタンのイベントプロシージャ

```
Private Sub CommandButton1_Click()
    With Worksheets("データ").Range("A1").End(xlDown)
        .Offset(1).Value = TextBox1.Value
        .Offset(1, 1).Value = TextBox2.Value
        .Offset(1, 2).Value = TextBox3.Value
        .Offset(1, 3).Value = TextBox4.Value
    End With

    Unload UserForm1    ……1
    UserForm1.Show      ……2
End Sub
```

多機能なテキストボックス **07**

● 「閉じる」ボタンのイベントプロシージャ

```
Private Sub CommandButton2_Click()
    UserForm1.Hide
End Sub
```

● 標準モジュールのSubプロシージャ

```
Sub ユーザーフォーム表示()
    UserForm1.Show
End Sub
```

ポイント01 テキストボックスのIMEモードを指定

IMEModeプロパティは、テキストボックスが入力するときのIME（日本語入力システム）モードを設定します。

▶これは初期設定であり、入力中に[半角/全角]などで変更することができる。

● IMEMode プロパティで設定できる値の例

設定する内容	定数	値
モードを設定しない(既定値)	fmIMEModeNoControl	0
オンにする	fmIMEModeOn	1
オフにする	fmIMEModeOff	2
オンにできない状態でオフにする	fmIMEModeDisable	3
全角ひらがなモードにする	fmIMEModeHiragana	4
全角カタカナモードにする	fmIMEModeKatakana	5
半角カタカナモードにする	fmIMEModeKatakanaHalf	6
全角英数モードにする	fmIMEModeAlphaFull	7
半角英数モードにする	fmIMEModeAlpha	8

　サンプルプログラムでは「氏名」、「ふりがな」には「fmIMEModeHiragana」（ひらがな）、「パスワード」、「アドレス」には「fmIMEModeAlpha」（半角英数）を設定しています。なお、プログラムから設定する場合は、次のようなコードになります。

```
UserForm1.TextBox1.IMEMode = fmIMEModeHiragana
```

ポイント02 パスワードを非表示にする

PasswordCharプロパティは、「実際に入力された文字の代わりに表示する文字」を設定します。サンプルのように「*」を設定すると、入力文字の代わりに「*」が表示されるようになります。

　今回はプロパティウィンドウで設定しましたが、次のようにプログラムで設定することもできます。

```
UserForm1.TextBox3.PasswordChar="*"
```

237

CHAPTER 12 ユーザーフォーム

なおサンプルではワークシートの3列目に文字列を入力すると、「・・・・・・・」の表示になるように設定しています。これは「セルの書式設定」ダイアログの「表示形式」で「ユーザー定義」を選択し、「種類」に「・・・・・・・;・・・・・・・・・・・・・・;・・・・・・・」と入力します。

ポイント03 ユーザーフォームをリセットする方法

「入力」ボタンを押した後、テキストボックスに以前のデータが残っては困ります。前のサンプルと同様に「TextBox1.Value=""」・・・「TextBox4.Value=""」を実行することでテキストボックスのデータを消すこともできます。しかし今回は**1**のように、ユーザーフォームにUnloadを実行してリセットしました。

Unloadは、**ユーザーフォームをメモリから削除する**ステートメントです。オブジェクト自体をメモリから削除するので、以前の入力は完全に消えます。前のサンプルでは、削除していない「男女」や「会員」の情報は、入力後も初期値として入力されている状態になっています。設定したいユーザーフォームの機能によってリセットする方法を選ぶとよいでしょう。

ただしこの場合は、**2**のように再度ユーザーフォームを表示する処理を加える必要があります。

関連知識

Tips01 テキストボックスの主なプロパティ

テキストボックスのプロパティについては以前にも紹介しましたが、ここでもう一度、掲載しておきます。

●テキストボックスに設定できる主なプロパティ

プロパティ	内容
Font	表示されるテキストのフォント（フォント名、太字、下線、サイズなど）
BorderColor	境界線の色
BorderStyle	境界線のスタイル
Height	高さ
Width	テキストボックスの幅（ポイント単位）
Left	フォームの左端からの距離
Top	フォームの上端からの距離
Visible	表示・非表示の設定
BackColor	背景色
Enabled	キー操作の許可・不許可（True→許可。False→不許可）
TextAlign	文字列の配置の設定（例:中央揃え→fmTextAlignCenter）
IMEMode	日本語入力システムのモード（例:全角ひらがなモード→fmIMEModeHiragana）
MultiLine	複数行のテキストに関する設定（True →複数行を許可。False→複数行を不許可しない）
EnterKeyBehavior	[Enter]を押したときの動作を設定（Trueなら[Enter]で新しい行が作られる）
PasswordChar	パスワードとして入力する文字。入力した文字の代わりにここで設定した文字が表示される

238

多機能なテキストボックス 07

例02 ふりがなを自動入力する

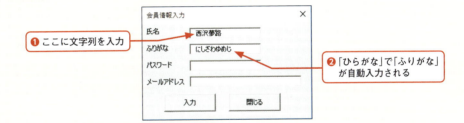

❶ ここに文字列を入力
❷「ひらがな」で「ふりがな」が自動入力される

手順解説 02 イベントプロシージャの追加

サンプル
「ふりがな自動入力」

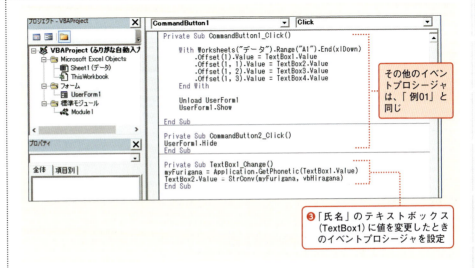

その他のイベントプロシージャは、「例01」と同じ

❸「氏名」のテキストボックス（TextBox1）に値を変更したときのイベントプロシージャを設定

●TextBox1の変更に対するイベントプロシージャ

```
Private Sub TextBox1_Change()
    myFurigana=Application.GetPhonetic(TextBox1.Value) ……❶
    TextBox2.Value=StrConv(myFurigana, vbHiragana) ……❷
End Sub
```

ポイント01 氏名を入力すると、自動的に「ふりがな」を取得する仕組み

▶ワークシート関数のPhoneticを使うと、セルに入力された値から直接ふりがなを得ることができる。

　ApplicationオブジェクトのGetPhoneticメソッドは、引数で指定した文字列の「ふりがな」をカタカナで取得します。

GetPhoneticメソッド ➡ 文字列のふりがなの候補を返す

書　式　Applicationオブジェクト.**GetPhonetic**(Text)
引　数　Text：ふりがなを得たい文字列

239

■では、テキストボックス(TextBox1)に入力された文字列の「ふりがな」を取得して、変数myFuriganaに代入しています。

なお、自動入力された「ふりがな」はプログラムが判断したものなので、当然間違っていることもあります。この場合は、後でユーザーが手動で訂正することになります。

ポイント02 カタカナをひらがなにする仕組み

GetPhoneticメソッドが返す「ふりがな」は**カタカナ**です。今回はひらがなを入力するため、StrConv関数を使って「カタカナ→ひらがな」の変換をしています。

StrConv関数 ➡ 文字列を変換する

書　式 **StrConv**(対象となる文字列, 変換の形式)

解　説 対象となる文字列を変換の形式に従って変換して返します。変換の形式は、以下の定数で指定します。

●変換の形式で設定できる定数の例

内容	定数	値
大文字に変換	vbUpperCase	1
小文字に変換	vbLowerCase	2
先頭を大文字に変換	vbProperCase	3
全角に変換	vbWide	4
半角に変換	vbNarrow	8
ひらがなをカタカナに変換	vbKatakana	16
カタカナをひらがなに変換	vbHiragana	32

▶StrConvのような関数はワークシート関数にはない。ワークシートで直接「カタカナ→ひらがな」に変換するには、メニューで「ふりがなの設定」を変更し、PHONETIC関数を使う必要がある。

たとえば「MsgBox　StrConv("ソフトバンク", vbHiragana)」を実行すると「そふとばんく」と表示されます。サンプルプログラムの■では、GetPhoneticメソッドによって得られた「カタカナ」(myFurigana)を、StrConv関数を使って「ひらがな」に変換し、さらにテキストボックスTextBox2の値に代入しています。

例03　正しい入力が行われないと先に進めないユーザーフォーム

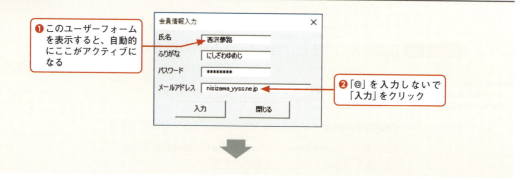

❶このユーザーフォームを表示すると、自動的にここがアクティブになる

❷「@」を入力しないで「入力」をクリック

多機能なテキストボックス 07

❸ 警告が表示された

❹「OK」をクリックすると、再度ユーザーフォームが表示されて、「メールアドレス」にカーソルがある状態でテキストボックスに戻る

手順解説 03 イベントプロシージャの追加

サンプル
「キーワード未入力でテキストボックスに戻す」

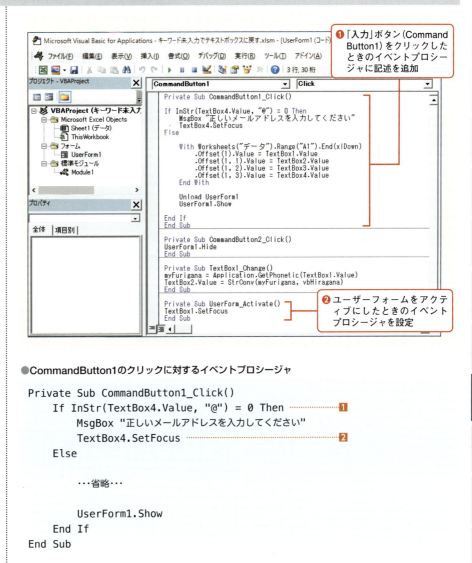

❶「入力」ボタン（CommandButton1）をクリックしたときのイベントプロシージャに記述を追加

❷ ユーザーフォームをアクティブにしたときのイベントプロシージャを設定

●CommandButton1のクリックに対するイベントプロシージャ

```
Private Sub CommandButton1_Click()
    If InStr(TextBox4.Value, "@") = 0 Then          ┈┈┈┈❶
        MsgBox "正しいメールアドレスを入力してください"
        TextBox4.SetFocus                           ┈┈┈┈❷
    Else

        …省略…

        UserForm1.Show
    End If
End Sub
```

241

CHAPTER 12 ユーザーフォーム

●ユーザーフォームをアクティブにしたときのイベントプロシージャ

```
Private Sub UserForm_Activate()
    TextBox1.SetFocus ··············3
End Sub
```

ポイント01 「キーワードを含むか否かをチェック」する機能

▶「InStr(TextBox4. Value, "@")」は、テキストボックスの内容である「TextBox4.Value」に「@」が何番目にあるかを返す。これが0であれば、「@を入力してない」と判断できる。

　メールアドレスに「@」が含まれていない場合、「InStr(TextBox4.Value, "@")」は0になります(→P.54)。サンプルプログラムの **1** では、メールアドレス中の「@」の存在をこれでチェックします。

　「@」を入力していない場合、MsgBoxでメッセージを表示後、「TextBox4.SetFocus」でメールアドレス入力用テキストボックスに戻されます。

ポイント02 フォーカスとは

　コントロールが入力・設定できる状態になっていることを、「フォーカスがある」と表現します。強制的に、指定したコントロールにフォーカスを移すときは、**SetFocusメソッド**を実行します。今回のサンプルでは、メールアドレス欄に「@」がないときは **2** でTextBox4にフォーカスを戻し、再入力を促すのに利用しています。

ポイント03 実行すると、最初のテキストボックスがアクティブに

　ユーザーフォームが表示されたとき、最初から1番上のテキストボックスにフォーカスがあると、入力が楽になります。サンプルプログラムではこれを実現するため、ユーザーフォームをアクティブにしたときのイベントプロシージャに、**3** を設定しています。

　これで、ユーザーフォーム表示と同時に、テキストボックスTextBox1にフォーカスがある状態になります。

CHAPTER

13

さまざまなデータ処理

CellsやRange、IfやFor～Nextを駆使してデータを集計する作業。実は
「抽出、並べ替え、ピボットテーブルを使ったら、一瞬でできてしまった」
ということがよくあります。この章は、そんなリスト形式のデータ処理に
ついてです。

01　データの抽出 P.244

02　データを並べ替える P.248

03　検索と置換 P.252

04　ピボットテーブルを使う P.257

01 データの抽出

オートフィルタを使って抽出してみましょう。対象となるレコードだけを抽出しコピー、貼り付けする自動処理を勉強します。じっくりと考えてみてください。

例01　オートフィルタをかけてコピーする

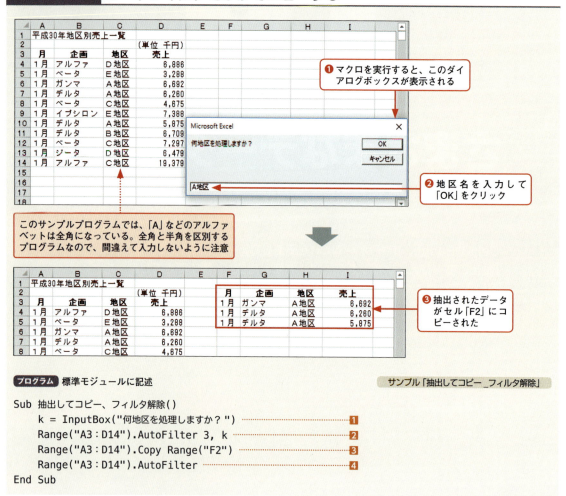

プログラム 標準モジュールに記述　　　　　　　　　　　　　　**サンプル**「抽出してコピー_フィルタ解除」

```
Sub 抽出してコピー、フィルタ解除()
    k = InputBox("何地区を処理しますか？")                  ─ 1
    Range("A3:D14").AutoFilter 3, k                        ─ 2
    Range("A3:D14").Copy Range("F2")                       ─ 3
    Range("A3:D14").AutoFilter                             ─ 4
End Sub
```

ポイント01　データの抽出方法

オートフィルタを利用してデータを抽出する場合、RangeオブジェクトのAutoFilterメソッドを実行します。AutoFilterメソッドにはさまざまな引数がありますが、とりあえず

データの抽出 **01**

第1引数（Field）と、する第2引数（Criteria1）さえ設定すれば抽出は可能です。

AutoFilterメソッド ➡ オートフィルタを利用してデータを抽出する

書　式　Rangeオブジェクト.**AutoFilter** Field, Criteria1, Operator,
Criteria2, VisibleDropDown

引　数　Field　　　　　　　：フィルタの対象となる列の番号を指定します。列番号は最も左
の列から順に1、2、3…となります。

Criteria1　　　　：抽出条件となる文字列を指定します。Criteria2が指定されて複
合抽出を行う場合は文字列以外を指定する場合もあります
（→P.246）。

Operator　　　　：特殊な抽出やCriteria2を使った複合抽出を行う場合の条件を以
下の定数で指定します。

●第3引数Operatorで指定できる定数（一部）

定数	値	指定する内容
xlAnd	1	Criteria1とCriteria2が同時に成り立つもの
xlBottom10Items	4	Criteria1で指定した項目数まで下位のもの
xlBottom10Percent	6	Criteria1で指定した%まで下位のもの
xlOr	2	Criteria1とCriteria2のどちらかが成り立つもの
xlTop10Items	3	Criteria1で指定した項目数まで上位のもの
xlTop10Percent	5	Criteria1で指定した%まで上位のもの

Criteria2　　　　：2番目の抽出条件となる文字列を指定します。
VisibleDropDown：オートフィルタのドロップダウン矢印を表示するかしないかを
True、またはFalseで指定します。既定値はTrue。

たとえば、3番目のフィールドが「A地区」であるレコードを抽出する場合、「Range("A3：
D14").AutoFilter 3, "A地区"」となります。

サンプルプログラムでは、まず**1**で、ユーザーがInputBoxで入力した地区名を変数kに
代入します。そして**2**でフィールドを「3」、抽出条件を「k」として抽出を行います。

2までを実行した段階では、オートフィルタのドロップダウン矢印は表示されている状
態です。

▶テーブルの周囲に不要
なデータが連続していな
ければアクティブセル領
域を自動的に設定するの
で、「Range("B3").
AutoFilter…」でもよい。

●抽出が実行された直後の画面

	A	B	C	D	E
1	平成30年地区別売上一覧				
2				（単位　千円）	
3	月▼	企画▼	地区🔽	売上▼	
6	1月	ガンマ	A地区	6,692	
7	1月	デルタ	A地区	6,260	
10	1月	デルタ	A地区	5,875	
15					

オートフィルタのドロップ
ダウン矢印

ポイント02 抽出した状態をコピー

RangeオブジェクトのCopyメソッドは、Rangeオブジェクトの内容を、引数で指定した
位置に貼り付けるのでしたね（→P.71）。

3では、抽出された状態をコピーして、セル「F2」に貼り付けています。

245

CHAPTER 13 さまざまなデータ処理

ポイント03 オートフィルタを中止

引数を付けずにAutoFilterメソッドを実行すれば、オートフィルタの設定と解除が切り替わります。サンプルプログラムでは、抽出データをコピーした後、**4**でオートフィルタをオフにしています。

関連知識

Tips01 上位20%、下位3項目を抽出する

AutoFilterメソッドの第3引数（Operator）を指定すると、特殊な抽出を行うことができます。たとえば次は、4番目のフィールド（列）が上位20%のデータを抽出します。この場合、第2引数（Criteria1）は抽出するパーセンテージを整数で指定します。この値を変更すれば、15%や50%など任意の値で抽出することができます。

サンプル
「Tips_上位20パーセントを抽出」

```
ActiveCell.AutoFilter 4, 20, xlTop10Percent
```

	A	B	C	D
1	No.	企画	地区	売上
2	1	アルファ	D地区	6,886
3	2	ベータ	E地区	3,288
4	3	ガンマ	A地区	6,692
5	4	デルタ	A地区	6,260
6	5	ベータ	C地区	4,675
7	6	イプシロン	E地区	7,388
8	7	デルタ	A地区	5,875
9	8	デルタ	B地区	6,709
10	9	ベータ	C地区	7,297
11	10	ジータ	D地区	6,479
12	11	アルファ	C地区	19,379
13				

	A	B	C	D
1	No	企画	地区	売上
7	6	イプシロン	E地区	7,388
12	11	アルファ	C地区	19,379

→ 上位20%が抽出された

また、次は4番目のフィールドが下位3項目を抽出しています。この場合、第2引数は下位からいくつ抽出するかを整数で指定しています。

サンプル
「Tips_下位3項目を抽出」

```
Range("B5").AutoFilter 4, 3, xlBottom10Items
```

	A	B	C	D
1	No.	企画	地区	売上
2	1	アルファ	D地区	6,886
3	2	ベータ	E地区	3,288
4	3	ガンマ	A地区	6,692
5	4	デルタ	A地区	6,260
6	5	ベータ	C地区	4,675
7	6	イプシロン	E地区	7,388
8	7	デルタ	A地区	5,875
9	8	デルタ	B地区	6,709
10	9	ベータ	C地区	7,297
11	10	ジータ	D地区	6,479
12	11	アルファ	C地区	19,379
13				

	A	B	C	D
1	No	企画	地区	売上
3	2	ベータ	E地区	3,288
6	5	ベータ	C地区	4,675
8	7	デルタ	A地区	5,875

→ 下位3項目が抽出された

246

データの抽出 **01**

なお、上記2つのサンプルを見るとわかるように、単一のセルでAutoFilterメソッドを実行しても、その対象はそのセルを含む表全体になります。フィルタを掛けたい表全体をあらかじめ選択する必要はありません。

Tips02 表示されているセルだけをコピーする

非表示になっている行があるとき、通常の「コピー」→「貼り付け」をすると、非表示の行までコピーしてしまいます。表示されている行だけ抽出してコピーするには、「可視セル」のみを対象とします。

次の例はセル範囲A3：D14の可視セルだけ（非表示な行を除く）をセル「F12」にコピーします。

```
Range("A3:D14").SpecialCells(xlCellTypeVisible).Copy Range("F12")
```

サンプル
「Tips_可視セルだけをコピー」

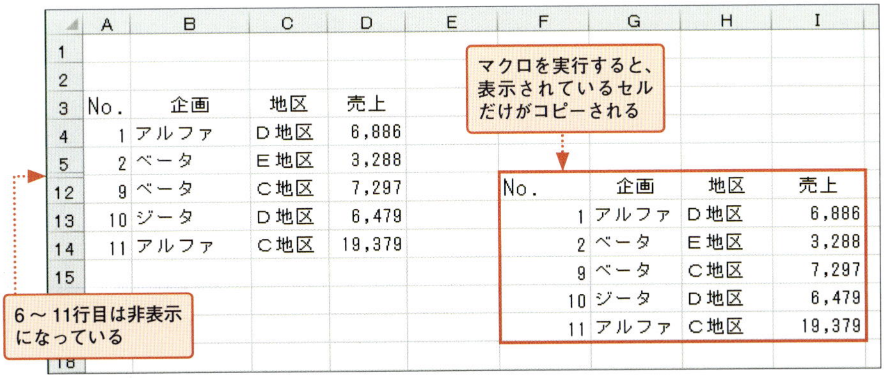

SpecialCellsは、指定された条件のRangeオブジェクトを返すメソッドです。引数に「xlCellTypeVisible」を指定すると、「可視セル」だけを返します。

SpecialCellsメソッド ➡ 指定した条件を満たすすべてのセルを返す

書式 Rangeオブジェクト.**SpecialCells**(Type)
引数 Type：返すセルの種類を次の定数で指定します。

●引数Typeで指定できる値の例

定数	内容	値
xlCellTypeAllFormatConditions	表示形式が設定されているセル	-4172
xlCellTypeBlanks	空の文字列	4
xlCellTypeComments	コメントが含まれているセル	-4144
xlCellTypeLastCell	使われたセル範囲内の最後のセル	11
xlCellTypeVisible	すべての可視セル	12

247

02 データを並べ替える

最初に単純な並べ替えの例、次にマウスで指定した任意の範囲を、任意のキーで並べ替える自動処理のプログラムを作ってみましょう。

例01 セル範囲A2:D12をセル「D2」の降順に並べ替える

▲	A	B	C	D
1	No.	企画	地区	売上
2	1	アルファ	D地区	6,886
3	2	ベータ	E地区	3,288
4	3	ガンマ	A地区	6,692
5	4	デルタ	A地区	6,260
6	5	ベータ	C地区	4,675
7	6	イプシロン	E地区	7,388
8	7	デルタ	A地区	5,875
9	8	デルタ	B地区	6,709
10	9	ベータ	C地区	7,297
11	10	ジータ	D地区	6,479
12	11	アルファ	C地区	19,379
13				

▲	A	B	C	D
1	No.	企画	地区	売上
2	11	アルファ	C地区	19,379
3	6	イプシロン	E地区	7,388
4	9	ベータ	C地区	7,297
5	1	アルファ	D地区	6,886
6	8	デルタ	B地区	6,709
7	3	ガンマ	A地区	6,692
8	10	ジータ	D地区	6,479
9	4	デルタ	A地区	6,260
10	7	デルタ	A地区	5,875
11	5	ベータ	C地区	4,675
12	2	ベータ	E地区	3,288
13				

❶ マクロを実行するとD列の降順に並べ替えられた

プログラム 標準モジュールに記述　　　　　　　　　　　　サンプル「降順に並べ替え」

```
Sub 降順に並べ替え()
    Range("A2:D12").Sort Range("D2"), xlDescending
End Sub
```

ポイント01　並べ替えるには

サンプルプログラムは単純に並べ替えを行う例です。RangeオブジェクトのSortメソッドを実行すれば、データを並べ替えることができます。

Sortメソッド ➡ データを並べ替える

書式	Rangeオブジェクト.**Sort** Key1, Order1, Key2, Type, Order2・・・, Header
引数	**Key** ：並べ替えのキーとなる列をRangeオブジェクト、または範囲名を表す文字列で指定します。キーとなる列は3つまで指定できますが、ピボットテーブルのレポートを並べ替える場合は1つしか指定できません。
	Order ：並べ替えの方法をキーごとに指定します。昇順に並べ替える場合は「xlAscending」（値は1）、降順に並べ替える場合は「xlDescending」（値は2）を指定します。
	Type ：並べ替える要素を指定します。この引数は、ピボットテーブルのレポートを並べ替えるときにのみ使用します。
	Header ：最初の行がタイトル行かどうかを、次の定数で指定します。

xlYes　▶先頭行をタイトル行として扱います。
xlNo　▶先頭行はタイトル行でないとして扱います（既定値）。
xlGuess　▶自動的に判断します。

サンプルプログラムではセル範囲A2:D12を対象に、セル「D2」をキーとして、降順（xlDescending）に並べ替えています。

このサンプルでは一番単純な方法を紹介していますが、Sortメソッドにはさまざまな設定を行う引数が用意されているので、名前付き引数を使用する場合も多くあります。詳しくは「関連知識」を参照してください。

▶本書ではSortメソッドを使った並べ替えを紹介するが、Sortオブジェクトを使った並べ替えの方法もある。

例02　「並べ替えの範囲」と「キー」をドラッグで選択する

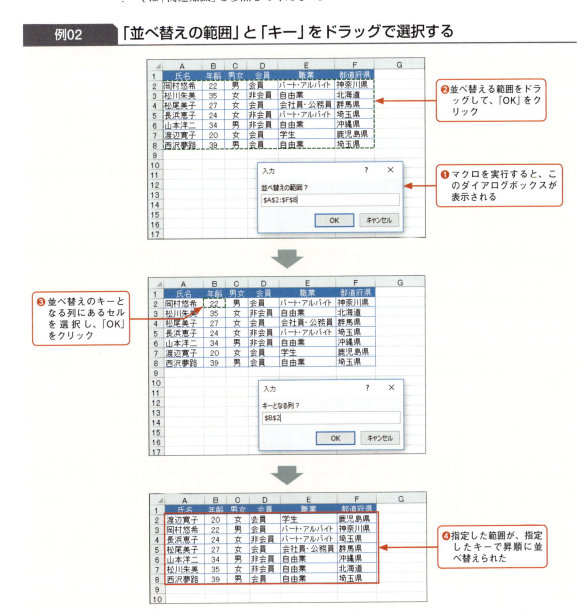

CHAPTER 13 さまざまなデータ処理

プログラム 標準モジュールに記述　　　　　　　　　　　　　　　**サンプル**「ユーザーに範囲とキーを指定させ並べ替える」

```
Sub ユーザーに範囲とキーをドラッグさせて並べ替える()
    Set myRange = Application.InputBox("並べ替えの範囲？", Type:=8)   ……1
    Set myKey = Application.InputBox("キーとなる列？", Type:=8)       ……2
    myRange.Sort myKey                                                ……3
End Sub
```

ポイント01　ドラッグで並べ替える

「並べ替えの範囲」をドラッグ→「並べ替えのキー」をクリック→昇順に並べ替え、という処理を行うプログラムです。

最初にInputBoxメソッドを「Type:=8」で実行し、ユーザーが選択した「並べ替えの範囲」を変数myRangeに代入します（1）。

▶InputBoxメソッドが返すのはRangeオブジェクトなので、単に「=」で代入することはできない。必ずSetを使う（→P.58）。

次に2で、同じくInputBoxメソッドを使って、ユーザーが選択したセルを「キーとなる列」として、オブジェクト変数myKeyに代入します。

最後に3で、myRangeの範囲に対し、myKeyをキーとしてSortメソッドを実行します。今回は、第2引数「Order1」を省略しているため、昇順で並べ替えられます。

関連知識

Tips01　複数のキーでソートする

サンプルプログラムでは、1つの列だけをキーにして並べ替えを行いました。しかし、Excelの通常の「並べ替え」でできる処理は、もちろんSortメソッドでもすべて実行することができます。ここでは複数のキーで並べ替える例を紹介します。

次はセル範囲A1:F8に対し「優先されるキーを"C列"（男女）の"降順"」、「次に優先されるキーを"B列"（年齢）の"昇順"」、「先頭行はタイトル行」として並べ替えを行うものです。今回は設定する引数が多いため、名前付き引数で設定しています。

サンプル「複数のキーで並べ替え」

```
Range("A1:F8").Sort key1:=Range("C2"),order1:=xlDescending, _
                   key2:=Range("B2"),order2:=xlAscending, _
                   Header = xlYes
```

	A	B	C	D	E	F
1	氏名	年齢	男女	会員	職業	都道府県
2	岡村悠希	22	男	会員	パート・アルバイト	神奈川県
3	松川朱美	35	女	非会員	自由業	北海道
4	松尾美子	27	女	会員	会社員・公務員	群馬県
5	長浜恵子	24	女	非会員	パート・アルバイト	埼玉県
6	山本洋二	34	男	非会員	自由業	沖縄県
7	渡辺寛子	20	女	会員	学生	鹿児島県
8	西沢夢路	39	男	会員	自由業	埼玉県
9						

▶文字列が入力されている列を並べ替える場合は文字コード順になるので、この例のように「男」と「女」の2種類しかない場合は問題ないが、たくさんある場合は意味のあるソートができないので注意。

	A	B	C	D	E	F
1	氏名	年齢	男女	会員	職業	都道府県
2	渡辺寛子	20	女	会員	学生	鹿児島県
3	長浜恵子	24	女	非会員	パート・アルバイト	埼玉県
4	松尾美子	27	女	会員	会社員・公務員	群馬県
5	松川朱美	35	女	非会員	自由業	北海道
6	岡村悠希	22	男	会員	パート・アルバイト	神奈川県
7	山本洋二	34	男	非会員	自由業	沖縄県
8	西沢夢路	39	男	会員	自由業	埼玉県
9						

Tips02 あえてランダムに並べ替える

あえてランダムに並べることがあります。たとえば、「規則性なくグループのメンバーを決める」とか「不公平にならないように順番を決める」等のときです。いろいろな方法がありますが、次は最初G列（7列目）に乱数を入力し、これをキーにして並べ替えています。Rndは0以上1未満の乱数を返す関数です。乱数なので「昇順」も「降順」も関係ありません。

サンプル
「Tips_ランダムに並べ替え」

```
For y = 2 To 8
    Cells(y, 7).Value = Rnd
Next
Range("A2:G8").Sort Range("G2")
```

	A	B	C	D	E	F
1	氏名	年齢	男女	会員	職業	都道府県
2	渡辺寛子	20	女	会員	学生	鹿児島県
3	長浜恵子	24	女	非会員	パート・アルバイト	埼玉県
4	松尾美子	27	女	会員	会社員・公務員	群馬県
5	松川朱美	35	女	非会員	自由業	北海道
6	岡村悠希	22	男	会員	パート・アルバイト	神奈川県
7	山本洋二	34	男	非会員	自由業	沖縄県
8	西沢夢路	39	男	会員	自由業	埼玉県
9						

▶気になるようなら、最後にG列の乱数を削除する処理も入れるとよい。

	A	B	C	D	E	F	G
1	氏名	年齢	男女	会員	職業	都道府県	
2	山本洋二	34	男	非会員	自由業	沖縄県	0.7747401
3	渡辺寛子	20	女	会員	学生	鹿児島県	0.705547512
4	松尾美子	27	女	会員	会社員・公務員	群馬県	0.579518616
5	長浜恵子	24	女	非会員	パート・アルバイト	埼玉県	0.53342402
6	岡村悠希	22	男	会員	パート・アルバイト	神奈川県	0.301948011
7	松川朱美	35	女	非会員	自由業	北海道	0.289562464
8	西沢夢路	39	男	会員	自由業	埼玉県	0.014017642
9							

乱数。この値で並べ替える

03 検索と置換

VBAで検索や置換をやってみましょう。捜したり、置き換えたりという処理は、その気になれば単純な繰り返し処理と条件分岐だけでやることもできます。しかし、そのまま簡単に置換ができるReplaceメソッド、そして多機能なFindメソッドがあります。ぜひこの便利なメソッドの使い方を覚えて活用できるようにしましょう。

例01　「(株)」を「株式会社」に置換する

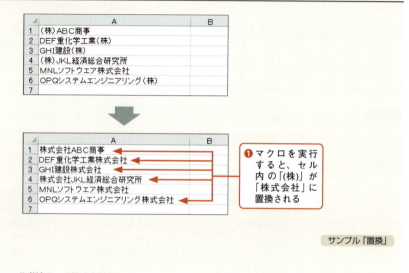

❶ マクロを実行すると、セル内の「(株)」が「株式会社」に置換される

プログラム 標準モジュールに記述　　　　　　　　　　　　　　　　　　**サンプル**「置換」

```
Sub 置換()
    Range("A1:A6").Replace "(株)", "株式会社"
End Sub
```

ポイント01　VBAで置換をするには

セルに入力されている文字列の置換は、For Each ～ Nextステートメントを使用しても実現可能ですが、VBAのReplaceメソッドなら、この例のようにたった1行で記述することができます。

このメソッドにはたくさんの引数があります。ただしサンプルプログラムのように、検索文字列（What）と置き換える文字列（Replacement）の2つだけ設定すれば実行可能です。

Replaceメソッド ➡ Rangeオブジェクトで表された範囲の文字列を置換する

書式　Rangeオブジェクト.**Replace** What, Replacement, LookAt, SearchOrder, MatchCase, MatchByte

引数　What　　　：検索する文字列を指定します（必須）。

Replacement	:	置き換える文字列を指定します（必須）。
LookAt	:	完全に同一なセルだけを置換する場合は「xlHole」を、一部分が一致するセルも置換する場合は「xlPart」を指定します。
SearchOrder	:	「xlByColumns」なら「列を下方向に検索」、「xlByRows」なら「行を横方向に検索」します。
MatchCase	:	Trueなら大文字と小文字を区別して検索します。
MatchByte	:	Trueなら全角と半角を区別します。

引数LookAt、SearchOrder、MatchCase、MatchByteの設定は、置換ダイアログボックスで置換を行ったり、メソッドを実行するたびに保存されます。ですから同じ設定で置換する場合は、2回目からこれらの引数を省略することができます。

このサンプルでは、「（株）」を「株式会社」に置換しています。

▶このサンプルでは「（株）」の「（と）」は全角で統一してある。もし半角が混在して入力されている状況なら「MatchByte:=False」を指定する。

例02　A列から「松尾」の文字を含むセルを探し、該当するセルを水色にする

❶マクロを実行すると、A列から「松尾」の文字を検索し、セルの背景を水色にする

プログラム 標準モジュールに記述　　　　　　　　　　　　　サンプル「文字を検索し水色に」

```
Sub 文字を検索し水色に()
    Range("A:A").Find("松尾").Interior.Color = vbCyan
End Sub
```

CHAPTER 13 さまざまなデータ処理

ポイント01 Findメソッド

Findは指定したデータを含むセルを検索するメソッドです。

Findメソッド ➡ 文字列を検索する

書　式　Rangeオブジェクト.**Find**(What, After, LookIn, LookAt, SearchOrder,
SearchDirection, MatchCase, MatchByte)

引　数
What	：検索する文字列を指定します。
After	：ここで指定したセルの次から検索を開始します。省略すると左上端から開始します。
LookIn	：検索の対象の種類を「xlFormulas」(数式)、「xlValues」(値)、「xlComments」(コメント)の定数で指定します。
LookAt	：完全に同一なセルだけを置換する場合は「xlHole」を、一部分が一致するセルも置換する場合は「xlPart」を指定します。
SearchOrder	：検索の方向を「xlByRows」(列方向)、「xlByColumns」(行方向)で指定します。
SearchDirection	：検索の順序を「xlNext」(順方向)(既定値)、「xlPrevious」(逆方向)で指定します。
MatchCase	：Trueを指定すると大文字と小文字を区別します。
MatchByte	：Trueを指定すると半角と全角を区別します。

戻り値　最初に見つかったセルのRangeオブジェクトを返します。見つからなかった場合はNothingを返します。

> ▶Nothingとはオブジェクト変数に格納される特殊な値で、そのオブジェクト変数が特定のオブジェクトと関係付けられていないことを表す。

引数LookIn、LookAt、SearchOrder、MatchByteの設定は、メソッドを実行あるいは検索ダイアログボックスを設定するたびに保存されます。

このサンプルではA列(Range(A:A))で「松尾」の文字を検索し、見つかったセルの背景色(Interior.Color)を水色に設定しています。

ポイント02 エラー処理

サンプルプログラムで、もし「松尾」に該当するセルがない場合、「Range("A:A").Find("松尾")」はNothingを返します。このため「Range("A:A").Find("松尾").Interior.Color」を実行すればエラーとなり停止してしまいます。

条件に一致するセルがなくてもエラーにならないようにするには、処理を分岐させる必要があります。次はFindメソッドを実行した結果をIfステートメントで分岐し、Nothingの場合の処理を加えたものです。該当の文字列が存在しない場合メッセージが表示されますが、プログラムが停止することはありません。

●一致する文字列がなかったときのエラー回避

```
If Range("A:A").Find("松尾") Is Nothing Then
    MsgBox "該当のセルがありません"
Else
    Range("A:A").Find("松尾").Interior.Color = vbCyan
End If
```

関連知識

Tips01 Findメソッドの活用例

前述のとおりFindメソッドはRangeオブジェクトを返しますので、Rangeオブジェクトのメソッドをつなげることで、さらに加工することができます。次の例は「データ」の文字列を含むセルを検索し選択します。

サンプル
「Tips_データを含むセルを検索し選択する」

```
Range("A1:J26").Find("データ").Select
```

また次は「削除項目」の文字列を探し、該当するセルを削除します。

サンプル
「Tips_削除項目の文字列を探し該当するセルを削除」

```
Cells.Find("削除項目").Delete
```

例03 D列に「非会員」の文字を含むレコードをシアンで塗りつぶす

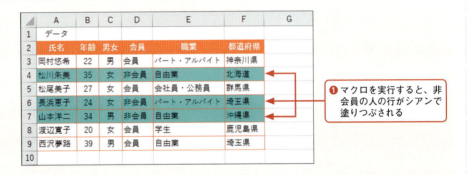

❶マクロを実行すると、非会員の人の行がシアンで塗りつぶされる

プログラム 標準モジュールに記述 **サンプル**「非会員だけ色を付ける」

```
Sub 非会員だけ色を付ける()
    Set MyCell = Range("D:D").Find("非会員")                          ❶
    hazime = MyCell.Address                                            ❷
    Do Until MyCell Is Nothing                                         ❸
        Range(MyCell.Offset(0, -3), MyCell.Offset(0, 2)).Interior.Color = vbCyan  ❹
        Set MyCell = Range("D:D").FindNext(MyCell)                     ❺
        If hazime = MyCell.Address Then                                ❻
            Exit Do
        End If
    Loop
End Sub
```

ポイント01 連続してFindメソッドを実行するには

Findメソッドは最初に見つかったセルしか返しません。ここでは検索の対象が複数あるときの処理を考えてみましょう。複数のセルを検索するときはFindNextメソッドを使います。FindNextメソッドは、Findメソッドによって実行された検索を、指定する位置

CHAPTER 13 さまざまなデータ処理

から再度実行します。FindNextメソッドで引数として指定するのは、再検索を開始するセルになります。

FindNextメソッド ➡ 同じ設定で次を検索する

書　式	Rangeオブジェクト.**FindNext**(After)
引　数	After：ここで指定したセルの次から検索を開始します。
戻り値	最初に見つかったセルのRangeオブジェクトを返します。見つからなかった場合はNothingを返します。

これをDo Until ～ Loopステートメントなどで繰り返すことによって、連続した検索が可能になります。

ポイント02 プログラムの流れ

サンプルプログラムでは次のような処理をしています。

1では、D列（Range("D:D")）から「非会員」の文字列を検索し、戻り値を変数MyCellに代入しています。MyCellには、「非会員」が見つかったらそのセルのRangeオブジェクトが、見つからなければNothingが代入されます。

▶Addressプロパティについては、P.151を参照。

次にMyCellのAddressプロパティの値をhazimeに代入します。これは最初に見つかったセルのセル番地を記憶しておくためです。

3のDo Until ～ Loopステートメントは、MyCellがNothingになるまで検索を繰り返します。

Do Until ～ Loop内では、まず検索されたMyCellを含む行の色をシアンにします（**4**）。

▶Offsetプロパティについては、P.70を参照。

ここでは見つかった「非会員」のセルからOffsetプロパティで左へ3つずらしたセルと、右へ2つずらしたセルで囲まれた範囲の背景色を変更しています。

5では、FindNextメソッドにより再度同じ条件で検索を行っていますが、引数に「MyCell」を指定することで、前回見つかったセルの次から検索を行っています。そして、その結果をもう一度オブジェクト変数MyCellに代入します。

6のIfステートメントは、再度検索したセルの番地（MyCell.Address）が、最初のセル番地であるhazimeと同じなら「Exit Do」で処理を終了します。これはFindNextメソッドで検索を続けていくとはじめに見つかったセルに戻ってしまうためです。「**Exit Do**」ははじめて登場しますが、これはDo Until ～ Loopの繰り返しを抜ける命令です。

▶P.103で勉強した「Exit Sub」はプロシージャの処理を停止する（抜ける）命令。

終了の条件を確実に記述しないと、いつまでたっても繰り返し処理が終了しなくなってしまうので注意が必要です。

256

04 ピボットテーブルを使う

ピボットテーブルを活用しましょう。ピボットテーブルを使わずに、2次元あるいは3次元の集計を行うのは大変なことです。ここでは、ピボットテーブルを作成し、「値」として別のワークシートに貼り付け、元のピボットテーブルを削除する、という流れのプログラムを作ります。

例01　ピボットテーブルを作成する

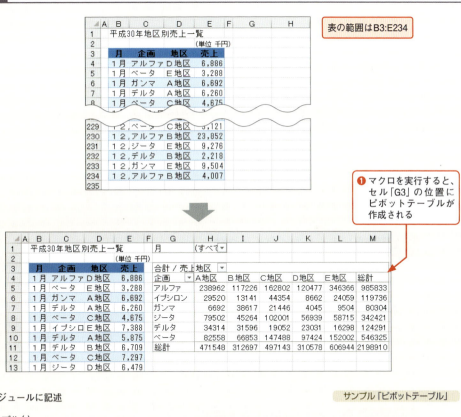

❶ マクロを実行すると、セル「G3」の位置にピボットテーブルが作成される

プログラム 標準モジュールに記述　　　　　　　　　　　　　サンプル「ピボットテーブル」

```
Sub ピボットテーブル()
    Worksheets("Sheet1").PivotTableWizard xlDatabase, _
            Range("B3:E234"), Range("G3"), "myPiv"
    With Worksheets("Sheet1").PivotTables("myPiv")
        .PivotFields("月").Orientation = xlPageField
        .PivotFields("企画").Orientation = xlRowField
        .PivotFields("地区").Orientation = xlColumnField
        .PivotFields("売上").Orientation = xlDataField
    End With
End Sub
```

257

CHAPTER 13 さまざまなデータ処理

ポイント01 PivotTableWizardメソッドで新規作成

Worksheetオブジェクトの PivotTableWizard メソッドを実行すると、ピボットテーブルを新規に作成します。

PivotTableWizardメソッド ➡ ピボットテーブルを作成する

書 式 Worksheetオブジェクト**.PivotTableWizard** SourceType,
SourceData, TableDestination, TableName

引 数 SourceType ：集計元データの内容を指定します（ExcelではxlDatabaseを指定）。

SourceData ：元となるデータ範囲を指定します。

TableDestination ：ピボットテーブルを挿入する位置の左上の位置を指定します。

TableName ：ピボットテーブルの名前を文字列で指定します。

第1引数SourceTypeが少々わかりにくいですが、「普通のワークシートのデータ」でピボットテーブルを作成する場合、**xlDatabase**（または値の1）を設定すると覚えてください。

■では、「セル範囲B3:E234を対象に」、「セルG3の位置に」、「myPivの名前で」作成するため、PivotTableWizardメソッドの各引数は、次のようになります。

第1引数SourceType ▶xlDatabase
第2引数SourceData ▶Range("B3:E234")
第3引数TableDestination ▶Range("G3")
第4引数TableName ▶"myPiv"

ポイント02 ピボットテーブルの名前

ピボットテーブルは、PivotTableオブジェクトです。PivotTableオブジェクトは、Worksheetオブジェクトの**PivotTablesメソッド**により取得できます。このメソッドは引数で指定した名前、もしくは番号を持つピボットテーブルのPivotTableオブジェクトを返します。このためワークシート「Sheet1」にある、「myPiv」という名前のピボットテーブルは、「Worksheets("Sheet1").PivotTables("myPiv")」で取得できます。

▶PivotTables(1)でも可能。

サンプルプログラムではこのピボットテーブルに対し、連続して処理を行うためWithステートメントを使っています（■）。

ポイント03 各フィールドの位置を設定

ピボットテーブルを作成しただけでは、実際の集計は行われません。リストにある「月」「企画」、「地区」、「売上」の各フィールドを、ピボットテーブルの構造を示す「ページ」、「行」、「列」、「データ」の各フィールドに関連付ける必要があります。

これはPivoteFieldオブジェクトの**Orientationプロパティ**に、次の定数により各フィールドの構造（位置）を設定します。PivotFieldはピボットテーブルが持つ各フィールドを表すオブジェクトです。

258

●Orientationプロパティに設定する値

指定するフィールドの種類	定数	値
列	xlColumnField	2
データ	xlDataField	4
非表示	xlHidden	0
ページ	xlPageField	3
行	xlRowField	1

　PivotFieldオブジェクトは、PivotTableオブジェクトの**PivotFields**プロパティに項目名を指定して取得します。3では「PivotFields("月")」のようにして、「月」の列のPivotFieldオブジェクトを取得して、「ページ」フィールドに設定しています。

```
.PivotFields("月").Orientation = xlPageField ………………3
```

　他も同様に、4で「企画」を「行フィールド」に、5で「地区」を「列フィールド」に、6で「売上」を「データフィールド」に設定しています。

例02　ピボットテーブルの値を新規ワークシートにコピーする

❶マクロを実行すると、まずピボットテーブルが作成される

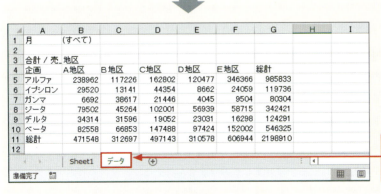

❷次に「データ」という名前の新規ワークシートが作られ、ピボットテーブルのデータを貼り付ける

259

CHAPTER 13 さまざまなデータ処理

	A	B	C	D	E	F	G	H	I	J	K	L
1		平成30年地区別売上一覧										
2					(単位 千円)							
3		月	企画	地区	売上							
4		1月	アルファ	D地区	6,886							
5		1月	ベータ	E地区	3,288							
6		1月	ガンマ	A地区	6,692							
7		1月	デルタ	A地区	6,260							
8		1月	ベータ	C地区	4,675							
9		1月	イプシロ	E地区	7,388							
10		1月	デルタ	A地区	5,875							
11		1月	デルタ	B地区	6,709							
12		1月	ベータ	C地区	7,297							
13		1月	ジータ	D地区	6,479							
14		1月	アルファ	C地区	19,379							
15		2月	イプシロ	A地区	6,903							
16		2月	ジータ	D地区	6,102							
17		2月	ベータ	C地区	8,855							

❸ コピー元のピボットテーブルが削除される

プログラム 標準モジュールに記述　　　　　サンプル「ピボットテーブル作成_値を新規ワークシート貼り付け_削除」

```
Sub ピボットテーブル作成_値を新規ワークシート貼り付け_削除()
    Worksheets("Sheet1").PivotTableWizard xlDatabase, _
            Range("B3:E234"), Range("G3"), "myPiv"
    With Worksheets("Sheet1").PivotTables("myPiv")
        .PivotFields("月").Orientation = xlPageField
        .PivotFields("企画").Orientation = xlRowField
        .PivotFields("地区").Orientation = xlColumnField
        .PivotFields("売上").Orientation = xlDataField
        .PivotSelect ""                                         ❶
    End With

    Selection.Copy                                             ❷
    Worksheets.Add After:=ActiveSheet                          ❸
    ActiveSheet.Name = "データ"                                 ❹
    ActiveSheet.Range("A1").PasteSpecial xlPasteValues         ❺

    Worksheets("Sheet1").Activate                              ❻
    Selection.ClearContents                                    ❼
    Selection.ClearFormats                                     ❽
End Sub
```

ポイント01 これは何を行うプログラムなのか？

サンプルプログラムでは、ピボットテーブル作成し、ワークシートを新規作成、ピボットテーブルのデータを値として貼り付け、ピボットテーブルを削除しています。

多次元的な集計を行う場合、ピボットテーブルは実に便利です。もちろん単純にピボットテーブルを作るだけなら、VBAを使わず通常のExcelの操作でも時間はかかりません。

しかし、ピボットテーブルはメモリを多く消費するので、1つのブックにたくさんのピボットテーブルを存在させるのは好ましくありません。そこで、複数のピボットテーブルを使用する場合は、このサンプルのような連続処理をVBAで記述して、ピボットテーブルを別のワークシートに値として置いておく方が望ましいのです。

▶P.264ではピボットテーブルを使った連続処理について紹介する。

ピボットテーブルを使う **04**

ポイント02 ピボットテーブルの選択とコピー

このサンプルの前半は「例01」と同じなので、P.257を参照してください。

作成したピボットテーブルに対して処理を行う場合、まずはピボットテーブルを選択しましょう。ピボットテーブルは、PivotTableオブジェクトのPivotSelectメソッドで選択します。

PivotSelectメソッド ➡ ピボットテーブルを選択する

書　式	PivotTableオブジェクト.**PivotSelect** Name
引　数	Name：ピボットテーブルで選択する部分を表す文字列を指定します。""を指定すると、ピボットテーブル全体を選択します。

引数の指定方法は、次の表を参考にしてください。

●引数Nameの指定例

選択する対象	指定方法	指定例
1つの行／列を選択する場合	行／列のラベル名	"B地区"、"イプシロン"
連続した複数の行／列を選択する場合	最初の行／列のラベル名： 最後の行／列のラベル名	"ガンマ:デルタ"
列ラベルをすべて選択する場合	列ラベル名[All]	"地区[All]"
行ラベルをすべて選択する場合	行ラベル名[All]	"企画[All]"
各列ラベルの総計（最下端の横1行）をすべて選択する場合	Column Grand Total	"Column Grand Total"
各行ラベルの総計（最右端の縦1列）をすべて選択する場合	Row Grand Total	"Row Grand Total"

このサンプルでは**1**でピボットテーブル全体を選択して、**2**でクリップボードにコピーしています。

Applicationオブジェクトの**Selectionプロパティ**は、アクティブなウィンドウで選択されているオブジェクトを表し、Applicationは省略できます。たとえばセル範囲が選択されていればそのRangeオブジェクトを返します。

3、**4**では「データ」という名前のワークシートを作成しています。

▶ワークシートの新規作成はP.90を参照。

ポイント03 値のみの貼り付け

5ではクリップボードにコピーされたデータの、値のみを貼り付けます。RangeオブジェクトのPasteSpecialメソッドは、引数にxlPasteValuesを指定すると「値のみを貼り付け」ます。

PasteSpecialメソッド ➡ 形式を選択してデータを貼り付ける

書　式	Rangeオブジェクト.PasteSpecial Paste
引　数	Paste：貼り付ける場合の形式を以下の定数で指定します。

261

CHAPTER 13 さまざまなデータ処理

●引数pasteに指定する値

定数	解説	値
xlPasteAll	すべてを貼り付ける	-4104
xlPasteAllExceptBorders	罫線を除くすべてを貼り付ける	7
xlPasteFormats	書式だけを貼り付ける	-4122
xlPasteFormulas	数式として貼り付ける	-4123
xlPasteValues	値として貼り付ける	-4163

ポイント04 ピボットテーブルを削除

新規ワークシートへの値貼り付けが終了したら、最後にピボットテーブルを削除します。ピボットテーブルを選択後、ClearContentsメソッドでデータ（数式と文字）だけを削除し、さらにClearFormatsメソッドで書式も削除します。

サンプルプログラムでは、すでに**1**でワークシート「Sheet1」にあるピボットテーブルを選択しています。このため**6**の「Worksheets("Sheet1").Activate」でワークシート「Sheet1」をアクティブにすれば、Selectionはコピーしたピボットテーブルのセル範囲になります。この状態で**7**の「Selection.ClearContents」および**8**の「Selection.ClearFormats」を実行すれば、ピボットテーブルは削除されます。

▶Rangeオブジェクトの ClearContents、ClearFormatsメソッドについては、P.37を参照。

例03　既存のピボットテーブル「myPiv」を更新する

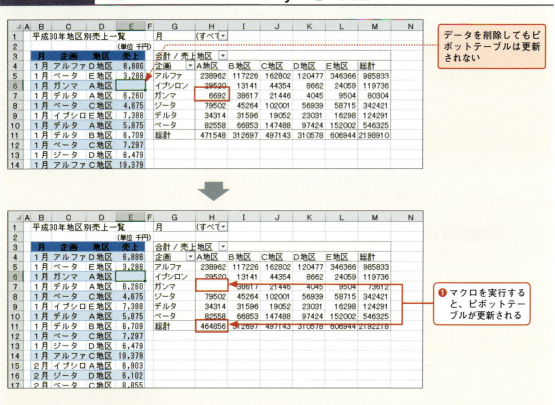

❶マクロを実行すると、ピボットテーブルが更新される

プログラム 標準モジュールに記述　　　　　　　　　　　サンプル「ピボットテーブルを更新」

```
Sub ピボット更新()
    ActiveSheet.PivotTables("myPiv").RefreshTable
End Sub
```

ポイント01　ピボットテーブルの更新

ピボットテーブルの基になるデータが変更されても、ピボットテーブル自体が自動的に更新されることはありません。既存のピボットテーブルを一度削除してから、新規にピボットテーブルを作るか、あるいはピボットテーブルを更新する必要があります。

ここでは、既存のピボットテーブルを更新する方法を紹介します。

ピボットテーブルを更新する場合、**RefreshTableメソッド**を実行します。

サンプルプログラムは、P.257で作成した「myPiv」という名前のピボットテーブルを更新しています。

関連知識

Tips01　複数のピボットテーブルをすべて更新する

アクティブシートに複数のピボットテーブルが存在するとき、そのすべてを更新する場合For Each ～ Nextステートメントを使います。たとえば次はワークシート「Sheet1」に存在する複数のピボットテーブルを、すべて更新するプログラムです。

サンプル「Tips_すべてのピボットテーブルを更新」

```
For Each p In Worksheets("Sheet1").PivotTables
    p.RefreshTable
Next
```

例04　ちょっと複雑な自動処理

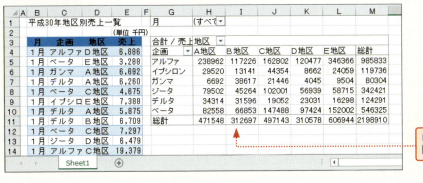

CHAPTER 13 さまざまなデータ処理

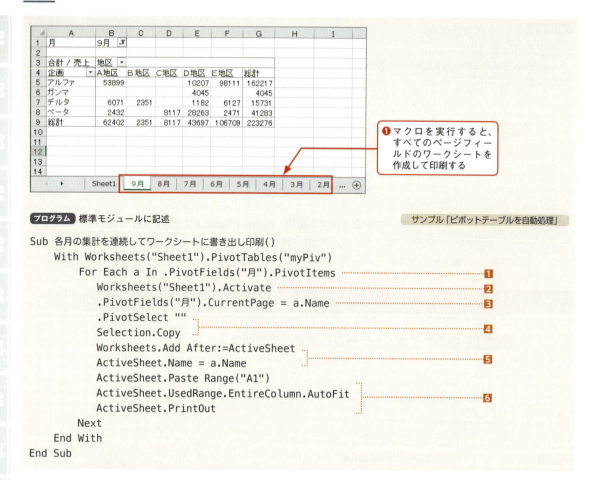

❶ マクロを実行すると、すべてのページフィールドのワークシートを作成して印刷する

プログラム 標準モジュールに記述　　　　　　　　　　　　　　サンプル「ピボットテーブルを自動処理」

```
Sub 各月の集計を連続してワークシートに書き出し印刷()
    With Worksheets("Sheet1").PivotTables("myPiv")
        For Each a In .PivotFields("月").PivotItems        ━━━ ❶
            Worksheets("Sheet1").Activate                  ━━━ ❷
            .PivotFields("月").CurrentPage = a.Name        ━━━ ❸
            .PivotSelect ""
            Selection.Copy                                 ━━━ ❹
            Worksheets.Add After:=ActiveSheet
            ActiveSheet.Name = a.Name                      ━━━ ❺
            ActiveSheet.Paste Range("A1")
            ActiveSheet.UsedRange.EntireColumn.AutoFit     ━━━ ❻
            ActiveSheet.PrintOut
        Next
    End With
End Sub
```

ポイント01　ピボットテーブルを利用した自動処理を実現する

　　ピボットテーブルを利用した自動処理のサンプルです。ワークシート「Sheet1」に、P.257で作成した「myPiv」という名前のピボットテーブルが存在するものとします。このピボットテーブルのページフィールドを1月から12月まで連続的に変化させ、それぞれ集計したデータを、別々のワークシートに書き出し、印刷するプログラムです。

　　PivotItemsコレクションは、ピボットテーブルのフィールドのすべての項目を表します。❶のFor Each～Nextステートメントでは、ページフィールドである「月」のすべての項目に対して繰り返し処理を行います。

　　❷では、ピボットテーブルが存在するワークシート「Sheet1」をアクティブにしています。

　　CurrentPageは、ページフィールドに表示するページを設定するプロパティです。これに「a.Name」で表される「1月」～「12月」の項目名を代入することで、各月のページを表示します（❸）。

　　❹ではピボットテーブル全体を選択してコピーします。さらに❺で新規ワークシートをアクティブなシートの後に追加し、項目名をワークシートの名前とします。

　　❻では新規に作成したワークシートのセル「A1」にデータを貼り付け、列の幅を適正化し、印刷を実行します。Rangeオブジェクトの**AutoFitメソッド**は、対象の幅や行の高さを内容に合わせて自動調節します。

CHAPTER

14

ワークシート関数と
オリジナル関数

実はVBAでも、ワークシート関数を使うことができます。そして、ワーク
シート関数を作り出すこともできます。この章ではワークシート関数と
VBAの関係を勉強しましょう。任意の引数と任意の機能を持つ、あなたの
環境に最適なオリジナルワークシート関数を作ってください。

01　ワークシート関数をVBAで使う ··· P.266

02　オリジナル関数を作る ··· P.270

01 ワークシート関数をVBAで使う

「××の文字がいくつあるか？」のような処理はFor ～ NextとIfで、一致したセルの数を数えれば実現します。でもそんな面倒なことをしなくとも、ワークシート関数であるCOUNTIFを使えば簡単です。通常、マクロの中でワークシート関数をそのまま使うことはできませんが、オブジェクトを介することで利用可能になります。

例01 「アルファ」の文字列がいくつあるかを調べる

	A	B	C	D	E	F
1	企画	地区	売上			
2	アルファ	E地区	49,390			
3	ベータ	E地区	25,260			
4	ジータ	B地区	17,315			
5	アルファ	E地区	16,480			
6	ベータ	D地区	12,483			
7	アルファ	D地区	10,493			
8	アルファ	E地区	8,872			
9	ベータ	C地区	8,855			
10	ベータ	B地区	7,523			
11	ベータ	C地区	7,487			
12	ベータ	D地区	7,114			
13	ジータ	E地区	6,958			
14	イプシロン	A地区	6,903			
15	デルタ	E地区	6,779			
16	ジータ	D地区	6,102			
17	ベータ	D地区	6,071			
18	アルファ	B地区	6,031			
19	デルタ	D地区	5,794			
20	ベータ	E地区	5,438			

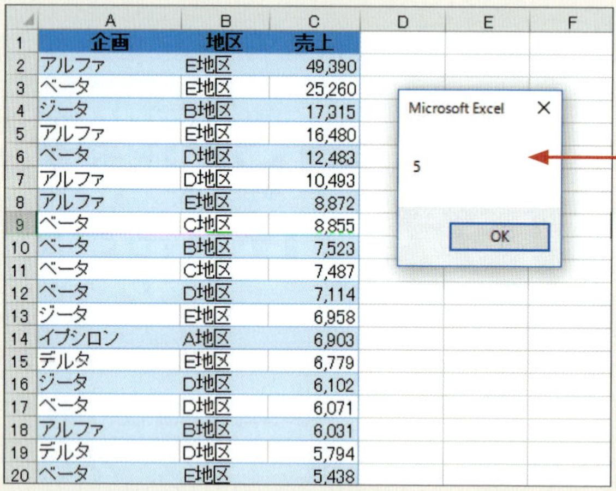

❶マクロを実行すると、セル範囲A2:A20に「アルファ」の文字がいくつあるかがメッセージボックスで表示される

プログラム 標準モジュールに記述　　サンプル「ワークシート関数」

```
Sub CountIf()
    MsgBox WorksheetFunction.CountIf(Range("A2:A20"), "アルファ")
End Sub
```

ポイント01 ワークシート関数をVBAで使う

Excelには300を超えるワークシート関数があり、その機能は多彩です。VBAでもワークシート関数が利用できるようになれば、処理の幅はぐっと広がります。VBAでワークシート関数を利用するときはApplicationオブジェクトのWorksheetFunctionプロパティから**WorksheetFunctinオブジェクト**を取得します。ワークシート関数は、このオブジェクトのメソッドとして実装されており、Applicationオブジェクトは記述を省略できるので、結局、次のような書式でワークシート関数が利用できます。

ワークシート関数をVBAで使う **01**

構文	VBAでワークシート関数を使う

```
WorksheetFunction.ワークシート関数(引数)
```

　このサンプルではワークシート関数のCOUNTIFを利用して、指定した範囲の中から「アルファ」の文字を探して、その数を表示しています。

　このようにWorksheetFunctionオブジェクトを利用すれば、「SUM」、「MAX」、「AVERAGE」、「COUNT」、「RANK」、「VLOOKUP」などをはじめ、主だったワークシート関数がVBAでも利用可能ですが、1つ気をつけなければならないことがあります。それは、**セル範囲を指定する場合はRangeオブジェクトで指定する必要がある**ということです。

　たとえばここで使用しているワークシート関数のCOUNTIFは、「COUNTIF(A2：A20,"アルファ")」のように第1引数にはセル範囲を直接記述できますが、WorksheetFunctionオブジェクトのCountIfでは「CountIf(Range("A2:A20"), "アルファ")」のように、第1引数をRangeオブジェクトで指定します。

　これはCountIfに限った話ではなく、WorksheetFunctionオブジェクト以下のワークシート関数で引数にセル範囲を指定する場合は同じです。

例02　　VBA関数とワークシート関数の違い

```
0.0 ～ 5.0までの0.5間隔の数値
```

❶ マクロを実行すると、B列には「銀行型」で丸めた整数、C列には「算術型」で丸めた整数が入力される

プログラム	標準モジュールに記述	サンプル「銀行型丸めと算術型丸め」

```
Sub 銀行型丸めと算術型丸め()
    For y = 2 To 12                                              ──1
        Cells(y, 2).Value = Round(Cells(y, 1).Value, 0)
        Cells(y, 3).Value = WorksheetFunction.Round(Cells(y, 1).Value, 0)  ──2
    Next
End Sub
```

ポイント01 「算術型の丸め処理」と「銀行型の丸め処理」

　四捨五入を行う関数**ROUND**は、ワークシート関数にもVBA関数にもあります。直接セルに、ワークシート関数のROUNDを使った数式「= ROUND(2.5, 0)」を入力すれば、「2.5

267

CHAPTER 14 ワークシート関数とオリジナル関数

を四捨五入して整数」にした「3」が表示されます。

一方、次のようにVBA関数のRoundを使用した場合は、「2」と表示されます。

```
MsgBox Round(2.5, 0)
```

これはVBA関数の**Round**はいわゆる「銀行型の丸め処理」を行うため、「2」となってしまうのです。「銀行型の丸め処理」では**端数が0.5の場合、偶数となるように処理**します。たとえば「2.5」は「2」になりますが、「3.5」は「4」になります。これにより、端数処理を繰り返したときの誤差を少なくすることができるとされています。

通常の「2.5が3になるような四捨五入」をVBAで行うには、次のようにしてワークシート関数のROUNDを使うことになります。

```
MsgBox WorksheetFunction.Round(2.5, 0)
```

サンプルでは、セル範囲A2:A12にある数値に対し銀行型の丸め処理の結果をB2:B12に、また算術型の丸め処理の結果をC2:C12に入力します。

1では処理する行の位置をyとして、For ～ Nextステートメントでyを2から12まで変化させます。

1列目の元の数値は「Cells(y, 1).Value」で表せるので、これをそれぞれの関数の引数に指定して、その戻り値を2列目および3列目に代入しています（**2**）。

ポイント02 ワークシート関数とVBA関数の処理が異なるとき

文字列の一部を取り出すMIDとLEFTは、VBA関数にもワークシート関数にも存在します。そしてその基本的な使い方も同じです。ところがTIME関数やDATE関数は、VBA関数とワークシート関数で使い方が異なります。

たとえばワークシート関数のTIMEは、引数に「時」、「分」、「秒」の数値を指定すると、対応する時刻を表す小数を返します。これに対してVBA関数のTimeは、引数を付けずにそのまま「現在のシステムの時刻」を返します。

このようにワークシート関数とVBA関数では、「関数名が同じで機能も同じもの」、「関数名が同じでも機能は異なるもの」があるので注意が必要です。またCOUNTIF関数のように、ワークシート関数にだけあるもの。そしてStrReverse関数のように、VBA関数だけにしか存在しないものもあります。

▶VBA関数のStrReverse
関数は、引数に指定した
文字列を逆に並べて返す
関数。

MID、LEFT	▶名前が同じで機能も同じ
TIME、DATE	▶名前は同じだが機能が違う
COUNTIF	▶ワークシート関数だけに存在する
StrReverse	▶VBA関数だけに存在する

268

ワークシート関数をVBAで使う **01**

関連知識

Tips01 入力した住所から都道府県名だけを取り出して表示する

次はVBA関数を使って文字列を取り出す例です。ここで使用しているMid関数、Left関数は、次のような機能を持っています。これはワークシート関数のMIDやLEFTと同じです。

Mid関数 ➡ 指定した位置から文字列を取り出す

書　式 **Mid**("文字列", 取り出し開始の位置, 取り出す文字数)

解　説 文字列の取り出し開始の位置から取り出す文字数だけ取り出した文字列を返します。

Left関数 ➡ 左から文字列を取り出す

書　式 **Left**("文字列", 取り出す文字数)

解　説 文字列の左から取り出す文字数だけ取り出した文字列を返します。

サンプル
「Tips_都道府県名だけ
を取り出す」

```
a = InputBox("住所")
If InStr("都道府県", Mid(a, 3, 1)) <> 0 Then      ■1
    ken = Left(a, 3)
ElseIf InStr("県", Mid(a, 4, 1)) <> 0 Then        ■2
    ken = Left(a, 4)
Else                                              ■3
    ken = "該当なし"
End If
MsgBox ken
```

都道府県名は3または4文字です。そこで「都道府県名を含む住所文字列の3または4文字目には、都道府県のいずれかの文字が入っている」として処理を行います。

▶InStr関数については、
P.54参照。

「InStr("都道府県", Mid(a, 3, 1))」は、文字列aの3番目の1文字を取り出し、この文字が「都道府県」の何番目にあるかを返します。これが0でない、つまり3文字目に「都道府県」のどれかの文字が含まれている場合は、Left(a,3)で、aの文字列の左から3文字だけを取り出して変数kenに代入します（**1**）。

▶都道府県名が4文字な
のは「県」だけ。

また、4文字目に「県」の文字が含まれている場合は、Left(a,4)で、aの文字列の左から4文字だけを取り出して変数kenに代入します（**2**）。

3文字目にも4文字目にも「都道府県」のいずれの文字もない場合は、「該当なし」の文字列を変数kenに代入します（**3**）。

最後に変数kenをMsgBoxで表示させます。

269

02 オリジナル関数を作る

「偏差値を返す」という機能を持つ関数は、VBA関数にもワークシート関数にもありません。ここではファンクションプロシージャを使って、「偏差値を返す」オリジナル関数を作ってみましょう。せっかくオリジナルな関数を作るのですから、関数名も漢字にして「偏差値」としてみます。

例01 偏差値を返すワークシート関数を作る

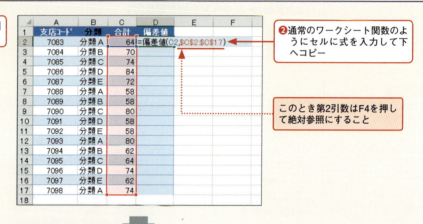

❶ オリジナル関数「偏差値」を作成する
❷ 通常のワークシート関数のようにセルに式を入力して下へコピー
このとき第2引数はF4を押して絶対参照にすること
❷ 偏差値が入力された

プログラム 標準モジュールに記述　　　　　　　　　　　　　　サンプル「偏差値_自作関数」

```
Function 偏差値(r1 As Integer, r2 As Range) ………… 1
    av = WorksheetFunction.Average(r2) ………… 2
    st = WorksheetFunction.StDevP(r2) ………… 3
    偏差値 = (r1 - av) * 10 / st + 50 ………… 4
End Function
```

オリジナル関数を作る **02**

ポイント01 ファンクションプロシージャの基礎知識

ファンクション（Function）プロシージャとは、**関数を作成するためのプロシージャ**です。これまで解説してきたサブプロシージャやイベントプロシージャと違って、引数と戻り値を設定することができます。

ファンクションプロシージャは、次のような書式で作成します。

構文 ファンクションプロシージャ

```
Function 関数名(引数)
        行いたい処理
        関数名 = 戻り値とする値
End Function
```

引数と戻り値に関する記述は必須というわけではなく、たとえば引数だけとか戻り値だけを設定することも可能です。

作成したファンクションプロシージャは、ワークシートのセルに直接入力することできますし、VBAのプログラムから呼び出すこともできます。プログラム中から呼び出す場合はWorksheetFunctionオブジェクト（→P.266）を使用する必要はありません。

ポイント02 引数の設定方法

ファンクションプロシージャの引数の記述方法は次のようになり、複数の引数を設定する場合は「,」（カンマ）で区切ります。

引数名 **As** データ型

ここで指定している引数名は、プログラム中でそのまま変数として使用することができます。データ型とは変数の種類のことで、整数（Integer）、文字列（String）などのほか、オブジェクトも指定可能です。

▶基本的なデータ型については P.279参照。

サンプルで作成している「偏差値」関数は、「r1」、「r2」という2つの引数を持っており、r1は整数で、r2はセル範囲（Rangeオブジェクト）で指定します。

```
Function 偏差値(r1 As Integer, r2 As Range)  ························1
```

つまりこの関数はr2のセル範囲におけるr1の偏差値を返すことになります。

ポイント03 偏差値の計算方法

偏差値は次のようにして計算されます。

$$\frac{(偏差値を求めたい数値-全体の平均)}{全体の標準偏差} \times 10 + 50$$

271

CHAPTER 14 ワークシート関数とオリジナル関数

つまり「全体の平均」と「全体の標準偏差」が必要なわけですが、サンプルではそれぞれの値を計算するのに、ワークシート関数の**AVERAGE**および**STDEVP**を利用しています。

```
av = WorksheetFunction.Average(r2)           ❷
st = WorksheetFunction.StDevP(r2)            ❸
```

ここではr2で受け取ったセル範囲を、AverageおよびStDevPの引数に設定し、計算した平均と標準偏差の値をそれぞれ変数avとstに代入しています。

これで「全体の平均」と「全体の標準偏差」が取得できましたので、後は先ほどの偏差値を算出する式に当てはめて、計算結果をこのファンクションプロシージャの戻り値としています。

```
偏差値 = (r1 - av) * 10 / st + 50            ❹
```

ポイント04 「偏差値」は普通のワークシート関数と同じに扱われる

ここで作成した「偏差値」という名前の関数は、SUMやAVERAGEなどと、まったく同じように利用できます。ツールバーの「fx」ボタンをクリックして、「関数の挿入」ダイアログボックスを開いてみてください。

●「関数の挿入」ダイアログボックス

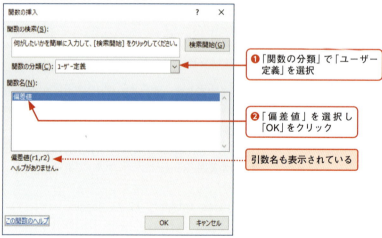

❶「関数の分類」で「ユーザー定義」を選択

❷「偏差値」を選択し「OK」をクリック

引数名も表示されている

同じく、「関数の引数」ダイアログボックスでは、通常のワークシートと同様に引数が設定できます。

APPENDIX

01	本書でExcelVBAを勉強するための準備	P.274
02	変数の扱い	P.279
03	Accessのデータベースを読み込む、書き込む	P.283

APPENDIX 01 本書でExcelVBAを勉強するための準備

1 サンプルのダウンロード

本書で使用しているサンプルデータは、次のリンクからダウンロードできます。

http://isbn.sbcr.jp/86813

ZIPファイルを解凍すると各章ごとのフォルダが現れ、中にサンプルのワークシートが保存されています。ワークシートのファイル名については、本文の側注に記載されていますので、該当するファイルを開いてください。

2 マクロを含むブックを開いたときの警告

マクロは強力な機能を持っていますので、悪意のある危険なマクロが勝手に実行されることがないように注意が必要です。マクロを含むブックを開くと、次のように「セキュリティの警告」が表示されます。

●セキュリティの警告

本書のサンプルなど信頼できるブックでしたら、「コンテンツの有効化」をクリックしてください。有効化を行わないと、プログラムは動作しません。また、「セキュリティに関する通知」ダイアログボックスが表示されることもあります。この場合は、「マクロを有効にする」をクリックすればプログラムが使えるようになります。

●セキュリティに関する通知

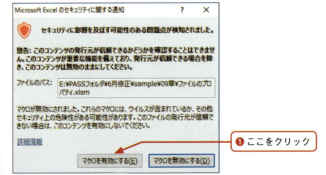

3 「開発」タブを表示する

Excelの初期設定では、VBAに関するメニューが置かれた「開発」タブが表示されていません。VBAに関するコマンドメニューは「開発」タブにあります。VBAの勉強を始める前に表示しておきましょう。

▶これはExcel2016／2013／2010／2007でマクロを勉強するために必要な設定。

手順解説　「開発」タブの表示（Excel2016／2013／2010の場合）

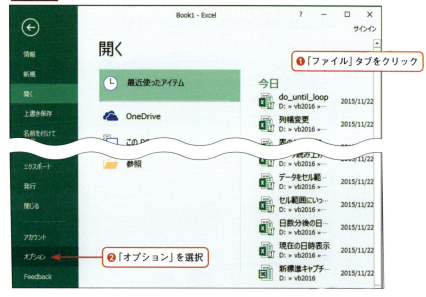

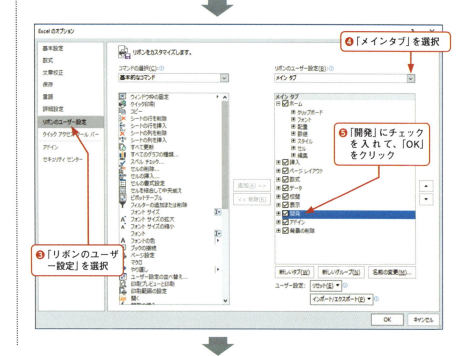

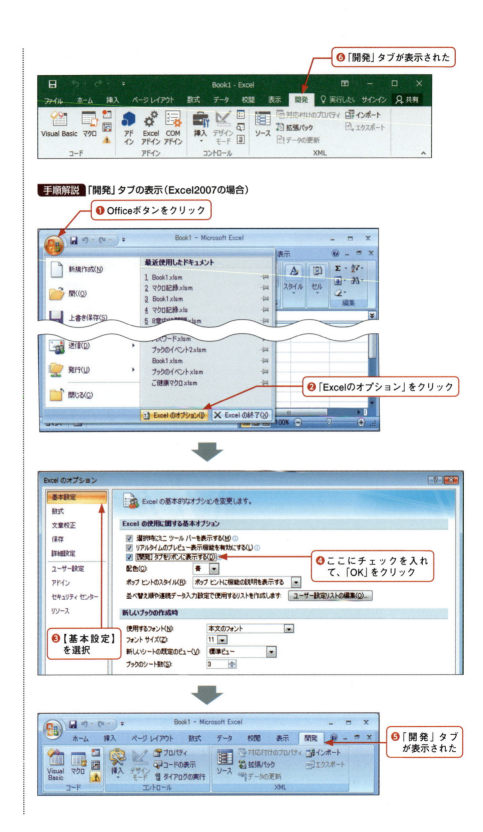

本書でExcelVBAを勉強するための準備 01

4 ファイルの拡張子が表示される設定にする

　本書では**拡張子**（ファイル名の最後に付く「.xlsx」など）が表示されていることを前提として解説します。Windowsの初期設定では、拡張子が非表示になっています。もし拡張子が非表示の設定になっている場合、次の操作で、表示されるように設定しておいてください。

●Windows10 ／ Windows8.1の場合

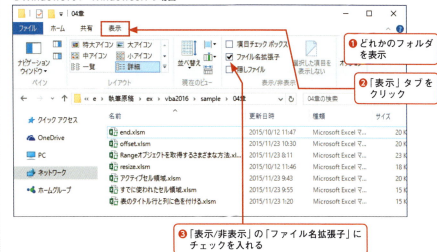

●Windows7の場合

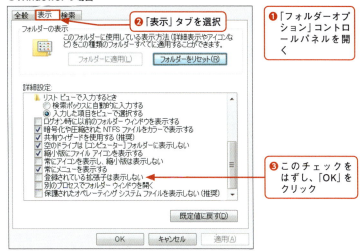

APPENDIX 02 変数の扱い

　ExcelVBAでは、宣言することなく変数を使っても、適切なデータ型に設定してくれます。本書ではプログラムの記述を簡潔にするため、変数を宣言しないで使用しています。ここでは、ExcelVBAでの変数に関する知識をまとめて解説します。

1 変数の設定規則

　変数として使用する文字は、ユーザーが任意で選ぶことができます。別に「k」でも「kazu」でも、あるいは「数字」のように日本語を使ってもかまいません。ただし、たとえば「Now」、「MsgBox」のように、VBAが使っているキーワードは使うことができません。
　また、次のような規則があります。

・半角で255文字以内
・英数字、漢字、ひらがな、カタカナとアンダースコア（_）が使える
・変数名の先頭の文字は、英字、漢字、ひらがな、カタカナのいずれか
・スペースや記号は使えない
・大文字、小文字は区別しない

2 変数の宣言

　変数を使用する際、正式にはあらかじめ変数名とデータ型を明らかにして、その使用を宣言します。変数の宣言にはいくつかの方法がありますが、一般的には**Dimステートメント**などを使って以下のように宣言します。

●変数を定義する方法

3 データ型

VBAで使用できる変数のデータ型には、以下の表のようなものがあります。

●VBAのデータ型

データ型	記述	値の有効範囲
バイト型	Byte	0 〜 255
ブール型	Boolean	真（True）か偽（False）
整数型	Integer	-32,768 〜 32,767
長整数型	Long	-2,147,483,648 〜 2,147,483,647
通貨型	Currency	-922,337,203,685,477.5808 〜 922,337,203,685,477.5807
10進型	Decimal	-79,228,162,514,264,337,593,543,950,335 〜 79,228,162,514,264,337,593,543,950,335
単精度浮動小数点数型	Single	負の値は-3.402823E38 〜 -1.401298E-45、正の値は1.401298E-45 〜 3.402823E38
倍精度浮動小数点数型	Double	負の値は-1.79769313486231E308 〜 -4.94065645841247E-324 正の値は4.94065645841247E-324 〜 1.79769313486232E308
日付型	Date	西暦100年1/1 〜西暦9999年12/31。時刻は0:00:00 〜 23:59:59
文字列型	String	約2GBまでの文字列
オブジェクト型	Object	32ビットのアドレス
バリアント型	Variant	不定（状況に応じて、あらゆるデータ型の役割をする）

ExcelVBAでは、変数を宣言せずに使用した場合、自動的に**バリアント型**が設定されます。バリアント型とは「すべての種類のデータが格納できる」便利なデータ型です。バリアント型の場合、変数に値を代入したときに検査が行われ、代入した値に最も適したデータ型で処理されるようになります。

たとえば次の例で、変数aを宣言せずに実行すると、変数aは「自動的に整数型（Integer）で処理されるバリアント型」のデータとして保存します。これはあくまでバリアント型ですが、処理は整数型（Integer）で行われるということです。

```
a=123
```

同様に次で、「自動的に文字列型（String）で処理されるバリアント型」のデータとして保存されます。

```
a="test"
```

ExcelVBAは変数の扱いが厳密ではなく、その状況に応じて、最適な処理をするように設計されています。本書のサンプルでは、特に必要のない場合は変数を宣言していません。このため本書本文で登場する変数は、ほとんどがバリアント型になっています。

APP

4 ExcelVBAでの変数の扱い

ExcelVBAでは、いちいちDim等で宣言することなく変数を使っても、適切なデータ型のものとして処理してくれます。これは変数にバリアント型が設定されるからです。

ただしバリアント型の変数だと、「実際には何のデータ型として扱われるか」をExcelが判断します。つまり、プログラムの作成者が意図しないデータ型で処理されてしまう可能性もあるのです。これに対してDim等で変数を宣言すれば、予想しないデータ型で処理されるのを防ぐことができます。

VBAのメソッドや関数の引数にもデータ型が設定されています。ぜひ一度ヘルプで確認してみてください。メソッドや関数の引数の多くはバリアント型になっています。たとえばVBA関数であるLeftは次のようになり、2番目の引数はバリアント型になっています。

▶Left関数はP.269を参照。

```
Left(string, length)
string 文字列式
length バリアント型 (内部処理形式 Long の Variant)
```

Left関数の2番目の引数には、左から取り出す「文字数」である数値を指定します。ここにたとえば文字列を指定すれば当然エラーになってしまいます。ヘルプにはこの引数の説明に「内部処理形式LongのVariant」と書かれています。つまり、内部的には長整数型であるバリアント型だ、ということです。

バリアント型というのは、受け取ったデータの種類によって内部的に文字列型や整数型など形式を決めて処理をしているのです。たとえバリアント型の引数であっても、どんな種類のデータを指定してもよい、ということではないのです。

5 変数を宣言しないと問題が発生することも・・・

変数を宣言しないと問題が発生する例を1つ紹介します。たとえば次を実行すると、ダイアログボックスが表示されユーザーの入力を待ちます。ユーザーが、それぞれ「1」、「2」を入力すると「3」ではなく「12」が表示されてしまいます。これは、InputBoxはユーザーが入力した値を「文字列」として返す関数であるため、文字列の「1」と「2」を結合するからです。

```
a = InputBox("数値を入力してください")
b = InputBox("数値を入力してください")
MsgBox a + b
```

変数a、bを整数型(Integer)としてあらかじめ宣言しておけば、同様の条件で「3」と表示されます。

サンプル
「Dimで変数を宣言」

```
Dim a As Integer
Dim b As Integer
a = InputBox("数値を入力してください")
b = InputBox("数値を入力してください")
MsgBox a + b
```

　ただし本書のサンプルプログラムでは上記のような問題は発生しないので、安心してください。

　なお変数を宣言することによるメリットはたくさんあります。たとえば「上記のような問題が発生しなくなる」、「実行に必要なメモリが少なくなる」、「オブジェクト変数のときに入力アシストが適切に表示される」などです。またここでは詳細の説明を省きますが、「**Option Explicit**で変数の宣言を強要することにより、変数のスペルミスが防げる」などもあります。

　本書では、記述を簡潔にしてプログラムをわかりやすくするため変数の宣言を省略しています。

6 変数の適用範囲

　変数が変数として認識される範囲を、変数の「**適用範囲**」といいます。「適用範囲」には、「プロシージャレベル」、「プライベートモジュールレベル」、「パブリックモジュールレベル」の3つのレベルがあります。

▶プロシージャレベル

　プロシージャレベルで宣言された変数は、その**プロシージャ内でのみ適用**されます。適用するプロシージャ内で、DimステートメントまたはStaticステートメントで宣言します。

▶本書では基本的に宣言せずに変数を使用しているため、適用範囲はこのプロシージャレベルとなる。

　次のサンプルプログラムでは、プロシージャの中で変数strを宣言しています。このため、同じプロシージャの中でのみ変数strを使用することができます。他のプロシージャやモジュールから使用することはできません。

●プロシージャレベルの変数を使った例

サンプル
「プロシージャレベル」

```
Sub プロシージャレベル()
    Dim str As String ……………………… このプロシージャ内でのみ使用可能な変数
    str = "このプロシージャ内のみで使用"
    MsgBox str
End Sub
```

▶プライベートモジュールレベル

　プライベートモジュールレベルで宣言された変数は、その**モジュール内のすべてのプロシージャで適用**されます。適用するモジュールの「宣言セクション」で、DimステートメントまたはPrivateステートメントで宣言します。「宣言セクション」とは、プロシージャの記述より上、つまりモジュールの一番上の領域のことです

　次のサンプルプログラムでは、「宣言セクション」で変数strを宣言しています。このた

281

め、同じモジュール内の別のプロシージャでも変数strが使用できます。

●プライベートモジュールレベルの変数を使った例

サンプル
「プライベートモジュー
ルレベル」

```
Dim str As String ················· 宣言セクション

Sub 変数の設定() ················· プロシージャ
    str = "このモジュール内のみで使用"
End Sub

Sub プライベートモジュールレベル() ········ 同じモジュール内の別のプロシージャ
    変数の設定
    MsgBox str ················· 別のプロシージャの変数が使える
End Sub
```

▶パブリックモジュールレベル

　本書では標準モジュールを1つしか使用していませんが、1つのブックに複数の標準モジュールを挿入することも可能です。

　パブリックモジュールレベルで宣言された変数は、**すべてのモジュールで適用**されます。宣言セクションで、Publicステートメントで宣言します。

　次のサンプルプログラムでは、モジュールModule1の宣言セクションで変数strをPublicステートメントで宣言しています。このため、別のモジュールModule2でも変数strを使用することができます。

●Module1の記述

サンプル
「パブリックモジュール
レベル」

```
Public str As String ················· 宣言セクション

Sub 変数の設定( ················· Module1のプロシージャ
    str = "すべてのモジュールで使用"
End Sub
```

●Module2の記述

```
Sub パブリックモジュールレベル() ········ Module2のプロシージャ
    変数の設定
    MsgBox str ················· 別のモジュールの変数が使える
End Sub
```

APPENDIX 03

Accessのデータベースを読み込む、書き込む

1 ADOでAccessデータベースに接続する

ExcelVBAでAccessデータベースを直接制御することができます。ここでは、ExcelVBAによる、Accessデータベースへのアクセスに関する概略、および「Accessデータベースからの読み込み」と「Accessデータベースに対する書き込み」の具体的な方法のみを解説します。

▶データベースにアクセスする方法は、本来、それぞれのデータベース・システムごとに異なる。

ADO（ActiveX Data Objects）を利用すると、さまざまなデータベースにアクセスすることが可能になります。ADOは、共通の仕様でデータベースにアクセスすることを実現したオブジェクトです。ユーザーは、直接データベースに命令を出すのではなく、ADOに出します。命令を受け取ったADOは、対応するデータベースに応じた命令に変換してくれるのです。データベースの種類が異なっていても、ADOに対する命令が変わることはありません。

▶APIとはプログラムの集まりだと考えてよい。OLEDBプロバイダはOfficeとともにインストールされるので、すぐに使用できる状態になっている。

OLEDBプロバイダ（provider）とは、データベースにアクセスするための機能を提供するAPI（Application Programming Interface）を意味します。ExcelVBAをはじめVisual BasicやC++などさまざまな言語で利用することができます。

ADOはOLEDBプロバイダなどを通して、それぞれのデータベースに接続します。ExcelからADOを使うことで、OLEDBプロバイダを通してデータベースに接続し、データベースを直接制御することが可能になるのです。つまりAccessがなくても、ExcelVBAで直接Accessデータベースを読み書きすることができるのです。

▶参照設定をしなくとも動作するようにCreate Object関数を利用する。

ADOはExcelのオブジェクトではありません。ExcelVBAでADOを利用するには、P.115で解説したFileSystemObjectオブジェクトのときと同様に、外部のオブジェクトを利用する手続きが必要です。

2 Accessのデータをワークシートにコピーする

▶データベースでは表のことを「テーブル」という。

最初にADOを使ってAccessデータベースのデータを読み込んでみます。例として、「C:¥data」フォルダにあるAccessデータベース「会員名簿.accdb」の「会員テーブル」から全データを読み込み、Excelのワークシートのセル「A1」から書き出します。

あらかじめCドライブのdataフォルダにAccessデータベース「会員名簿.accdb」のファイルを保存しておいてください。

283

●会員名簿.accdbの内容

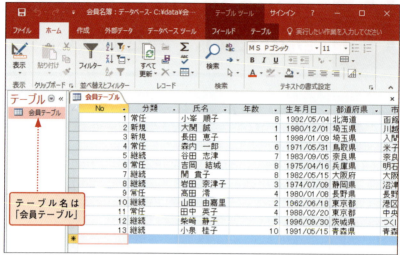

サンプル
「会員名簿.accdb」

テーブル名は
「会員テーブル」

マクロの内容は、次のようになります。標準モジュールに記述してください。

```
Sub ADOでデータベースに接続しデータをワークシートにコピー()
    Set myConnect = CreateObject("ADODB.Connection")          1
    Set myRec = CreateObject("ADODB.Recordset")               2
    myConnect.Open "Provider=Microsoft.ACE.OLEDB.12.0;Data
Source=C:\data\会員名簿.accdb"                                 3
    myRec.Open "会員テーブル", myConnect                       4
    Range("A1").CopyFromRecordset myRec                       5
    myRec.Close
    myConnect.Close                                           6
End Sub
```

❶ マクロを実行すると、「会員名簿.accdb」の「会員テーブル」のデータが取り込まれる。

サンプル
「ado.xls」

1 データベースに接続してテーブルを開くまで

ADOはExcelとは別の外部のオブジェクトであるため、ExcelVBAで直接利用することはできません。最初にCreateObject関数を使って外部オブジェクトであるADOを扱えるようにします。❶でデータベースとの接続操作を表すConnectionオブジェクトへの参照

Accessのデータベースを読み込む、書き込む **03**

▶データベースでは1件のデータを「レコード」という。データの一覧表示では、行を「レコード」、列を「フィールド」と呼ぶ。

を作成し、オブジェクト変数myConnectに代入します。

同様に **2** では、データベースから取り出したレコード全体を表すRecordsetオブジェクトへの参照を作成し、オブジェクト変数myRecに代入します。

今回は、このmyConnectおよびmyRecの、2つのオブジェクト変数を通して操作を行います。

次にデータベースに接続します。この場合、ConnectionオブジェクトのOpenメソッドを使用します。

Openメソッド ➡ データベースを開く

書 式	Connectionオブジェクト.**Open** ConnectionString
引 数	ConnectionString：データベースへの接続に必要な情報を指定する文字列（接続文字列と呼びます）を指定します。

接続文字列の書式は次のとおりです。この文字列には改行を入れないように注意してください。

Provider=プロバイダの名前;Data Source=データベースファイルのパス

▶ACEとはAccessで主に使用されるデータベースの基本的なプログラム（データベースエンジン）のこと。Access2003まではJETが使われていた。

Accessデータベースに接続する場合、「プロバイダの名前」は「Microsoft.ACE. OLEDB.12.0」となりますので、Cドライブのdataフォルダにある「会員名簿.accdb」を開くときは **3** のようなコードになります。

4 ではRecordsetオブジェクトのOpenメソッドでテーブルを開きます。

Openメソッド ➡ テーブルを開く

書 式	Recordsetオブジェクト.**Open** Source, ActiveConnection, CursorType, LockType
引 数	Source ：開くテーブル名を指定します。
	ActiveConnection：接続に使用するConnectionオブジェクトを指定します。
	CursolType ：カーソルの種類について設定します。
	LockType ：ロックの種類を設定します。読み取り専用でテーブルを開く場合は「1」を、書き込みをできるようにする場合は「2」を指定します。詳しくはP.288を参照してください。

▶カーソルとは現在処理中のレコードを指し示すポインタのようなものだが、本書では詳しく解説しない。

ここでは第2引数に、**1** で作成したオブジェクト変数「myConnect」を指定しています。

2 すべてのレコードの取り込み

テーブルのデータを取り込む方法はいくつかありますが、ここではCopyFromRecordsetメソッドを使って、一括した処理を行います。この場合、Recordsetオブジェクトを引数にして、RangeオブジェクトのCopyFromRecordsetメソッドを使います。

285

CopyFromRecordset メソッド ➡ Recordsetオブジェクトの内容をワークシートにコピー

書　式	Rangeオブジェクト.**CopyFromRecordset** Data, MaxRows, MaxColumns
引　数	Data ：セル範囲にコピーするRecordset オブジェクトを指定します。
	MaxRows ：ワークシートにコピーするレコードの最大数を指定します。省略するとすべてのレコードをコピーします。
	MaxColumns ：ワークシートにコピーするフィールドの最大数を指定します。省略するとすべてのフィールドをコピーします。

5では、テーブル内のすべてのデータをセル「A1」から貼り付けています。

■3 データベースとの切断

▶オブジェクト変数を解放する場合、最後に「Set myRec = Nothing」、「Set myConnect = Nothing」を実行する。

レコードの取り込みが終わったら、レコードセットと接続を閉じて終了します。この場合、Recordsetオブジェクトおよび、Connectionオブジェクトの**Closeメソッド**を実行します（**6**）。

3 Accessのデータベースにレコードを挿入する

今度はADOを使ってExcelから直接、Accessデータベースのテーブルにレコードを挿入します。

次は現在のAccessデータベース「会員名簿.accdb」の「会員テーブル」です。もう一度フィールドの名前を確認しておいてください。

●「会員テーブル」の構造

これがフィールドの名前

このテーブル「会員テーブル」の最後に、14番目のレコードとして次のレコードを挿入します。

●今回挿入するレコード

フィールド名	データ
No	14
分類	臨時
氏名	西沢夢路
年数	0
生年月日	1986/1/1

サンプル
「ADO」

Accessのデータベースを読み込む、書き込む **03**

コードは次のようになります。

```
Sub レコード追加()
    Set myConnect = CreateObject("ADODB.Connection")
    Set myRec = CreateObject("ADODB.Recordset")
    myConnect.Open "Provider=Microsoft.ACE.OLEDB.12.0;Data
Source=C:\data\会員名簿.accdb"
    With myRec
        .Open "会員テーブル", myConnect, LockType:=2      1
        .AddNew                                          2
        .Fields("No").Value = "14"
        .Fields("分類").Value = "臨時"
        .Fields("氏名").Value = "西沢夢路"                3
        .Fields("年数").Value = "0"
        .Fields("生年月日").Value = "1986/1/1"
        .Update                                          4
        .Close                                           5
    End With
    myConnect.Close
End Sub
```

▶入力しないフィールド
には、特に設定してなけ
ればNullが入る。

No	分類	氏名	年数	生年月日	都道府県	市町村	住所
1	常任	小峯　順子	8	1992/05/04	北海道	函館市	昭和……
2	新規	大関　誠	1	1980/12/01	埼玉県	川越市	南田島…
3	新規	長田　恵子	1	1998/01/09	埼玉県	入間市	高根…
4	常任	森内　一郎	6	1971/05/31	鳥取県	米子市	米原…
5	継続	谷田　志津	7	1983/09/05	奈良県	奈良市	杉ケ町…
6	常任	吉岡　結城	8	1975/04/16	兵庫県	明石市	小久保…
7	継続	関　貴子	8	1982/05/15	大阪府	大阪市	北区中崎
8	継続	岩田　奈津子	3	1974/07/09	静岡県	沼津市	魚町…
9	常任	高田　澪	4	1980/01/08	長野県	長野市	南石堂町
10	継続	山田　由嘉里	2	1962/06/18	東京都	港区	芝…
11	常任	田中　英子	4	1988/02/20	東京都	中央区	日本橋…
12	継続	柴崎　静子	5	1996/09/30	茨城県	つくば市	春日…
13	継続	小泉　桂子	10	1991/05/15	青森県	青森市	新町…
14	臨時	西沢夢路	0	1986/01/01			

❶ マクロを実行すると、テーブルに
レコードが追加される

データベースへ接続するまでの手順は、P.284のサンプルと同じなので割愛します。

接続したら、次はRecordsetオブジェクト（オブジェクト変数myRec）に対する処理になります。まず **1** では引数LockTypeに「2」を設定して、書き込みが可能な状態でテーブルを開きます。

データベースは、本来複数の人間によってデータの変更が行われる可能性があり、同時にデータを更新すると混乱してしまいます。そこで、誰かがデータを更新しているときは別の人は更新できないようにすることをロックといい、引数LockTypeに「2」を指定するとテーブルへの書き込みが可能になると同時にロックされます。このロックはCloseメソッド（**5**）が実行されるまで続きます。

▶ロックにはいろいろな
方法があり、LockType
に設定できる値も「1」と
「2」だけではないが、本
書では解説しない。

次に**AddNewメソッド**でレコードを追加します（**2**）。AddNewメソッドは引数なしで

287

APP

▶このような処理をトランザクションという。

実行すると新しいレコードを用意し、以降はそのレコードが処理対象となります。しかし、テーブルへの追加が実際に行われるのは、**4**の**Updateメソッド**が実行されたときです。

3ではレコードの各フィールドにデータを入力しています。レコードの各フィールドはFieldオブジェクトで表されますが、これはRecordsetオブジェクトの**Fieldsプロパティ**にフィールド名を指定して取得します。そしてFieldオブジェクトのValueプロパティに値を設定することでデータを入力します。

レコードの挿入が完了したら最後に、「レコードセット」と「データベースとの接続」を閉じて処理を終了します。これはRecordsetオブジェクトおよびConnectionオブジェクトのCloseメソッドを実行します。

4 ワークシートのデータをAccessのデータベースに挿入する

先ほどのサンプルでは挿入するレコードを直接プログラムに記述していましたが、今度はExcelのワークシートにあるデータを連続して読み出し、Accessデータベースに書き込んでみましょう。

最初に、何もデータが入力されていないAccessデータベース「新規会員名簿.accdb」を用意してください。これは今まで登場してきた「会員名簿.accdb」とまったく同じ構造であり、テーブル「会員テーブル」には同じ名前のフィールドが存在するものとします（→P.286）。

マクロの内容は、次のようになります。標準モジュールに記述してください。

サンプル
「excelからaccessへ」

```
Sub excelからaccessへ()
    Set myConnect = CreateObject("ADODB.Connection")
    Set myRec = CreateObject("ADODB.Recordset")
    myConnect.Open "Provider=Microsoft.ACE.OLEDB.12.0;Data Source=C:\
data\新規会員名簿.accdb"
    With myRec
        .Open "会員テーブル", myConnect, LockType:=2
        y = 1                                                    ──1
        Do While Cells(y, 1).Value <> ""                        ──2
            .AddNew                                             ──3
            For x = 1 To 8
                .Fields(x - 1).Value = Cells(y, x).Value        ──4
            Next
            .Update
            y = y + 1                                           ──5
        Loop
        .Close
    End With
    myConnect.Close
End Sub
```

288

Accessのデータベースを読み込む、書き込む 03

Accessデータベースに取り込むデータ。「会員テーブル」のフィールドと同じ順番でデータが入力されている。

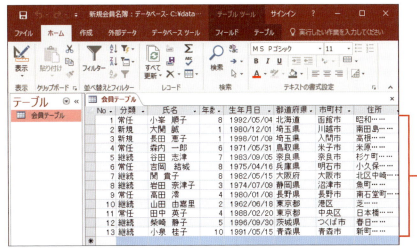

❶ マクロを実行すると、ワークシートに入力されていたデータが「新規会員名簿.accdb」の「会員テーブル」のデータとして取り込まれる

　データベースに接続し、書き込みが可能な状態でテーブルを開くまでのプログラムはP.284のサンプルと同じです。

　ワークシート上の読み込む行の位置（行数）を変数yとし、「y=1」とすることで1行目から読み込むようにします（❶）。

　❷のDo While ～ Loopステートメントでは、ワークシートのA列のデータがなくなるまで処理を繰り返すようにしています。

　❸のAddNewメソッドによる処理も、基本的な流れはP.287のサンプルと同様です。ただし今回はExcelワークシートの各行の1列目（No）から8列目（住所）までの8列分の値を取得し、これを該当するテーブルのフィールドのデータとして代入します。また先ほどはフィールドを指定するために「Fields("No")」のようにフィールド名を使用しましたが、ここではフィールド番号で指定しています。フィールド番号は0から始まりますので、たとえば「No」フィールドは「Fields(0)」、「住所」フィールドは「Fields(7)」となります。

したがってワークシートの1列目のデータを、左から1番目のフィールドに代入する場合は「.Fields(0).Value = Cells(y, 1).Value」となります。4のFor 〜 Nextステートメントでは、xを1から8まで変化させながら「.Fields(x - 1).Value = Cells(y, x).Value」を実行しています。

　1つのレコードの書き込みが終わったら、5で行の位置（行数）を1増やし、これを繰り返します。

索 引

INDEX

■記号

-	21
'	19
""	14、26、46
&	14
( )	18
*	21
/	21
:=	35
[ ]	33、66
_	7
\	21
+	21
<	45
<>	45
=	18
=	45
=<	45
>	45
>=	45

■A

Access	283
Access.Application	191
Activateイベント	145、148、149
Activateメソッド	38、158
ActiveCellプロパティ	85
ActiveChartプロパティ	177
ActiveSheetプロパティ	69、91
Addメソッド（Attachmentsコレクション）	203
Addメソッド（Chartsコレクション）	169
Addメソッド（Worksheetsコレクション）	90
AddItemメソッド	230
AddNewメソッド	288
Addressプロパティ	151
AddShapeメソッド	87
ADO	283
Applicationオブジェクト	24、29
Arrangeメソッド	158
Attachmentsプロパティ	203
Attributeプロパティ	126
AutoFilterメソッド	245
AutoFitメソッド	264
AVERAGE関数	271
Axesコレクション	26

Axesメソッド	171
Axisオブジェクト	26

■B

BackColorプロパティ	216、220
Bccプロパティ	202
BeforeCloseイベント	145
BeforeDoubleClickイベント	149
BeforePrintイベント	145
BeforeRightClickイベント	149
Bodyプロパティ	202
BorderColorプロパティ	216
BorderStyleプロパティ	216
Busyプロパティ	196

■C

Calculateイベント	149
Captionプロパティ	215、222
Case Is	50
Ccプロパティ	202
Cellsプロパティ	40
Changeイベント	149、151、212、216
ChartObjectsプロパティ	165
ChartObjectオブジェクト	164
ChartTitleプロパティ	173
ChartTypeプロパティ	166
Chartオブジェクト	164
Chartプロパティ	166
ClearContentsメソッド	37、262
ClearFormatsメソッド	37、262
Clearメソッド	37
Clickイベント	212
Closeメソッド	112、127、286
Colorプロパティ	32、58
ColumnsWidthプロパティ	28
Columnsコレクション	26
Columnオブジェクト	26
CommandBarsコレクション	26
CommandBarオブジェクト	26
Connectionオブジェクト	285
Constステートメント	15
ControlSourceプロパティ	220
ControlTipTextプロパティ	220
CopyFileメソッド	115
CopyFolderメソッド	132

291

索 引

CopyFromRecordset メソッド.............................286
Copy メソッド (Range オブジェクト).....................71
Copy メソッド (Worksheet オブジェクト) 96
COUNTIF 関数...267
Count プロパティ..97、158
CreateFolder メソッド..128
CreateItem メソッド..202
CurrentPage プロパティ......................................264
CurrentRegion プロパティ....................................69

■D

DateCreated プロパティ.............................126、134
DateLastAccessed プロパティ..........................134
DateLastModified プロパティ.............126、134
DateSerial 関数...134
DblClick イベント...212
Deactive イベント...149
DeleteFile メソッド...119
DeleteFolder メソッド...134
Delete メソッド..92
DeteLastAccessed プロパティ.........................126
Dialogs コレクション...106
Dialog オブジェクト..140
Dim ステートメント..278
Dir 関数...102
DisplayAlerts プロパティ.....................................93
Do Until ～ Loop ステートメント.........................56
Do While ～ Loop ステートメント......................56
Do ～ Loop Until ステートメント........................53
Do ～ Loop While ステートメント.......................55
Document オブジェクト.......................................198
docx..194
DoEvents 関数..85
Drive プロパティ...126

■E

Element オブジェクト..198
Enabled プロパティ..216
End プロパティ..74
EnterKeyBehavior プロパティ..........................216
EntireColumn プロパティ......................................65
EntireRow プロパティ..65
Excel.Application...191
Exit Sub ステートメント.....................................103

■F

False..45
Fields プロパティ...288
FildDialog プロパティ...139
FileCopy ステートメント......................................136
FileDialog オブジェクト......................................139

FileSystemObject オブジェクト.........................114
Files コレクション...26、123
Files プロパティ...123、134
File オブジェクト...26
FindNext メソッド...256
Find メソッド..254
FolderExist メソッド..130
Folders コレクション...135
Folder オブジェクト.....................................123、134
FollowHyperlink イベント..................................149
Font プロパティ..216
For Each ～ Next ステートメント........................60
For ～ Next ステートメント.................................40
ForeColor プロパティ..220
Format 関数...109、129
Forms コレクション..198
Formula プロパティ..31
Form オブジェクト..198

■G

GetDefaultFolder メソッド.................................201
GetFile メソッド..126
GetFolder メソッド..123
GetNamespace メソッド.....................................201
GetOpenFilename メソッド...................105、125
GetPhonetic メソッド..239
GroupName プロパティ.......................................223

■H

HasLegend プロパティ..172
HasTitle プロパティ...173
Height プロパティ...216
Hide メソッド...212

■I

If ～ Else If ステートメント.................................51
If ～ Then ステートメント....................................44
IMEMode プロパティ...............................216、237
InputBox 関数...17
InputBox メソッド...67
InStr 関数..54
Interior プロパティ...32
Internet Explorer..195
IsEmpty 関数...95

■K

Kill ステートメント..119

■L

Left 関数...269
Left プロパティ..85

索 引

ListIndexプロパティ 230
Listプロパティ ....230、233

M

MailItemオブジェクト.......................................202
MAPI...201
MaximumScaleプロパティ...............................171
Maxプロパティ 220
Microsoft Scripting Runtime 117
Mid関数..269
MinimunScaleプロパティ 171
Minプロパティ 220
MkDirステートメント.......................................136
Mod 21
MouseDownイベント.......................................212
MouseMoveイベント 212
MouseUpイベント 212
MoveAfterReturnDirectionプロパティ...........149
MoveAfterReturnプロパティ 148
MoveFileメソッド..121
MoveFolderメソッド..135
Moveメソッド 97
MsgBox関数 ....10、48

N

NameSpaceオブジェクト................................201
Nameステートメント 136
Nameプロパティ ....58、61、91、126、134
Navigateメソッド..196
NewWindowメソッド 158
Not...130、172
Now関数 10

O

Offsetプロパティ 70
OLEDBプロバイダ..283
On Error Gotoステートメント........................103
OnTimeメソッド 79
Openイベント 145
Openメソッド（Connectionオブジェクト）.........285
Openメソッド（Documentsコレクション）.............190
Openメソッド（Recordsetオブジェクト）................285
Openメソッド（Workbooksコレクション）
.... 101、106、127
Option Explicitステートメント 281
Or...197
Orientationプロパティ.....................................258
Outlook 200
Outlook.Application 191

P

Paragraphオブジェクト ....190、193
ParentFolderプロパティ 126
PasswordCharプロパティ ....216、237
PasteSpecialメソッド 261
Pasteメソッド 190
Pathプロパティ .... 124、126、134
PivotFieldsプロパティ 259
PivotFieldオブジェクト....................................258
PivotSelectメソッド 261
PivotTablesメソッド..258
PivotTableUpdateイベント 149
PivotTableWizardメソッド 258
PivotTableオブジェクト...................................258
PowerPoint.Application 191
PrintOutメソッド 38
PrintOutメソッド（Word）................................191
Privateステートメント 281
Protectメソッド 99
Publicステートメント 282

Q

Quitメソッド ....146、191

R

Rangeオブジェクト ....24、64
ReadyStateプロパティ 196
Recordsetオブジェクト....................................285
RefEditコントロール..210
RefreshTableメソッド 263
Replaceメソッド...252
Resizeプロパティ 72
RGB関数 33
RmDirステートメント 136
Rotationプロパティ 177
ROUND関数..267
Round関数..268
RowHeightプロパティ 28
RowSourceプロパティ 232
Rowsコレクション...26
Rowオブジェクト 26

S

SaveAsメソッド..108
Saveメソッド 110
Scripting.FileSystemObject..........................115
Select ～ Caseステートメント.........................49
SelectedItemsプロパティ 139
SelectionChangeイベント.......................149、152
Selectionプロパティ 261
Selectメソッド..65

293

SendKeysステートメント 187
SetFocusメソッド.................................242
SetSourceDataメソッド 167
Setステートメント 58
Shapesコレクション 86
Shapeオブジェクト 86
SheetChangeイベント............................145
Sheetsコレクション 27
Shell関数..180
Showメソッド................... 106、139、212
Sizeプロパティ ....58、126、134
SmallChangeプロパティ 220
Sortメソッド...248
Speakメソッド(Rangeオブジェクト) 37
Speakメソッド(Speechオブジェクト) 35
SpecialCellsメソッド 247
Speechオブジェクト 34
Splitプロパティ 155
SplitColumnプロパティ 155
SplitRowプロパティ 155
Staticステートメント 281
StatusBarプロパティ 83
STDEVP関数...271
StrConv関数 240
StrReverse関数 268
SubFoldersプロパティ 135
Subjectプロパティ 202
Submitメソッド.....................................199
Subプロシージャ 6

■T
TextAlignプロパティ 216
Textプロパティ 173
ThisWorkbook ....124、144
TimeValue関数..81
Topプロパティ ....85、216
Toプロパティ 202
TripleStateプロパティ 227
True 45
Typeプロパティ 126

■U
Unloadステートメント 238
Unprotectメソッド..................................99
Updateメソッド.....................................288
UsedRangeプロパティ 69
UserFormオブジェクト 212

■V
Valueプロパティ ....28、31、222
VBA 2

VBA関数 268
vbCrLf 14
VBE...6
vbNo 48
vbYes 48
Visibleプロパティ .... 162、190、216

■W
Waitメソッド..81
Widthプロパティ 216
Windowsプロパティ 158
Withステートメント 57
Word 189
Word.Application...................................191
Workbooksコレクション 26
Workbooksプロパティ 30
Workbookオブジェクト 24
WorksheetFunctionオブジェクト 266
Worksheetsコレクション 26
Worksheetsプロパティ 30
Worksheetオブジェクト 24
xlsm...109
xlsx 109

■Z
Zoomプロパティ 160

■あ行
アクティブセル領域.................................68
イベント..143
イベントプロシージャ 143
イメージコントロール............................210
インデント 7
ウィンドウ 154
埋め込みグラフ 164
演算子...20
オートフィルタ 244
オブジェクト 24
オブジェクト型.......................................279
オブジェクトブラウザー 32
オブジェクト変数............................58、115
オプションボタンコントロール.......210、221

■か行
開発タブ..3、275
拡張子...3、277
空文字...46
カレントフォルダ...................................104
キーコード 187
クイックウォッチ....................................22
グラフ...164

グラフシート	168
検索	252
コマンドボタンコントロール	206
コメント	19
コレクション	26、60
コンテンツの有効化	3、274
コントロール	209
コンパイルエラー	9
コンボボックスコントロール	210

■さ行

最小値	171
最大値	171
算術演算子	20
参照設定	116
シートモジュール	100、144
軸	171
実行時エラー	9
ショートカットキー	16
スクロールバーコントロール	210
ステータスバー	83
ステートメント	41
ステップモード	22
スピンボタンコントロール	210、218
整数型	279
セル	24

■た行

タブストリップコントロール	210
単精度浮動小数点数型	279
チェックボックスコントロール	210、225
置換	252
通過型	279
ツールボックス	209
定数	14
データ型	18
データベース	283
テキストボックスコントロール	210、213、234
デバッグ	22
トグルボタンコントロール	210

■な行

名前付き引数	35、67
並べ替え	248
ネームスペース	201

■は行

倍精度浮動小数点数型	279
バイト型	279

パブリックモジュールレベル	282
バリアント型	279
比較演算子	45
引数	10、35
日付型	279
ピボットテーブル	257
表示タブ	11
標準モジュール	6、144
ファンクションプロシージャ	271
ブール型	279
ブール値	45
フォーカス	181
ブック	24
ブックモジュール	144
プライベートモジュールレベル	281
フレームコントロール	210、224
プロシージャ	6
プロシージャレベル	281
プロジェクトエクスプローラ	207
プロパティ	28
プロパティウィンドウ	207
変数	18、278

■ま行

マクロ有効ブック	12、109
マルチページコントロール	210
無限ループ	9
メソッド	34
モーダル	233
文字列	14
文字列型	279
戻り値	10

■や行

ユーザーフォーム	209、144

■ら行

ラベルコントロール	210
リストボックスコントロール	210、228
論理エラー	9
論理演算子	130

■わ行

ワークシート	24、90
ワークシート関数	266
ワイルドカード	115

できるビジネスパーソンのための
Excel VBAの仕事術
URL http://isbn.sbcr.jp/86813/

○本書をお読みいただいたご感想、ご意見を上記URLにお寄せください。

○本書に関する正誤情報など、本書に関する情報も掲載予定ですので、あわせてご利用ください。

できるビジネスパーソンのための
Excel VBAの仕事術

2016年9月5日　初版第一刷発行	
著　者	西沢　夢路
発行者	小川　淳
発行所	SBクリエイティブ株式会社
	〒106-0032 東京都港区六本木2-4-5 六本木Dスクエアビル
	TEL 03-5549-1201 (営業)
	http://www.sbcr.jp/
印　刷	株式会社 シナノ
装　丁	大島　恵理子
組　版	三門　克二 (株式会社コアスタジオ)
編　集	平山　直克 (Gimme The Goods)

落丁本、乱丁本は小社営業部にてお取替えいたします。

定価はカバーに記載されております。

Printed in Japan ISBN978-4-7973-8681-3